新工科建设之路·机器人技术与应用系列

机器人动力学控制

房立金　编著

電子工業出版社
Publishing House of Electronics Industry
北京·BEIJING

内 容 简 介

本书面向机器人工程专业教学需求，结合电机拖动及自动控制相关内容，介绍机器人运动学和动力学控制的基础知识，主要包括绪论、机器人运动学及动力学模型、机器人关节传动系统、机器人关节驱动与控制、机器人轨迹规划与独立关节控制、机器人非线性动力学控制、机器人力控制及力位柔顺控制等内容，旨在使学生掌握机器人控制系统的基本原理和相关知识，形成并建立对机器人这一类特殊控制对象的系统性概念，为深入学习机器人高级智能控制奠定必要的理论基础。

本书既可作为高等院校机器人工程专业及其他相关交叉专业本科生的教材，也可供研究生及工程技术人员参考。

图书在版编目（CIP）数据

机器人动力学控制 / 房立金编著. —北京：电子工业出版社，2023.3

ISBN 978-7-121-45329-8

Ⅰ. ①机…　Ⅱ. ①房…　Ⅲ. ①机器人—动力学—高等学校—教材②机器人控制—高等学校—教材
Ⅳ. ①TP24

中国国家版本馆 CIP 数据核字(2023)第 055612 号

责任编辑：刘　瑀　　　特约编辑：王　楠

印　　刷：三河市龙林印务有限公司

装　　订：三河市龙林印务有限公司

出版发行：电子工业出版社

　　　　　北京市海淀区万寿路 173 信箱　　邮编：100036

开　　本：787×1 092　1/16　印张：13.75　字数：352 千字

版　　次：2023 年 3 月第 1 版

印　　次：2023 年 8 月第 2 次印刷

定　　价：55.00 元

凡所购买电子工业出版社图书有缺损问题，请向购买书店调换。若书店售缺，请与本社发行部联系，联系及邮购电话：(010)88254888，88258888。

质量投诉请发邮件至 zlts@phei.com.cn，盗版侵权举报请发邮件至 dbqq@phei.com.cn。

本书咨询联系方式：liuy01@phei.com.cn。

前言

PREFACE

工业机器人自20世纪80年代在工业领域成功应用以来，一直迅猛发展，正以“机器人+”的形态延伸到工业、农业、医疗、建筑等多个领域，发挥着越来越重要的作用。我国工业机器人市场已连续多年位居世界第一。与此同时，机器人技术的进步及其应用领域的扩大也促进了机器人学科专业教育的快速发展。

机器人应用领域的快速发展，对机器人学科专业建设和相关人才培养提出了迫切的需求。我国自2015年开始设立机器人工程本科专业，截至2022年，我国已有323所高校开设了机器人工程专业。

机器人学科是一门多学科交叉、特点十分突出的新工科学科，在知识体系、专业内涵、课程设置及教材建设等方面面临着诸多挑战。首先，在我国实施机器人工程专业教育之前，学生对机器人学科知识的学习一般在研究生阶段进行，相关的参考书也主要适用于研究生阶段的教学，不适用于本科生阶段的教学。其次，多学科交叉的特点为机器人学科的知识点和知识体系的梳理也带来较大的困难，学生在理解上存在较多的难点。最后，机器人作为一种多自由度的运动系统有别于其他传统机械设备，相比于传统设备的直角坐标控制，机器人的位姿形态更为复杂，运动学和动力学的耦合也更为明显。因此，本书针对上述背景和需求，面向机器人工程专业培养计划需求，围绕动力学控制问题进行提炼归纳，从关节伺服到机械臂整机控制进行全面梳理，建立统一的知识点架构及知识点关联体系，为机器人专业基础课程的教学提供参考。

希望本书能在机器人知识的普及化教育、复合型人才自主创新能力培养、促进机器人技术进步、促进原创性实用化成果产出等方面发挥作用，在强国有我的伟大进程中贡献一份力量。

本书包括绪论、机器人运动学及动力学模型、机器人关节传动系统、机器人关节驱动与控制、机器人轨迹规划与独立关节控制、机器人非线性动力学控制、机器人力控制及力位柔顺控制等内容，涵盖了从关节到机械臂整机系统，从关节伺服到机械臂位姿轨迹控制，以及机械臂力位柔顺控制的基本内容。在简要介绍机器人运动学、动力学模型的基础上，本书细化了对关节电机控制系统的论述，并将机器人关节和整机相结合，阐述机器人的位姿轨迹控制及力位柔顺控制的相关理论和方法。

本书内容已在东北大学机器人工程专业多个年级的教学实践中使用。东北大学自2016

级本科生开始设立机器人工程专业，在培养计划中将机器人学基础的相关内容分为两个部分，以“机器人基础原理”和“机器人动力学控制”两门课程分别讲授。“机器人基础原理”在大二下学期开设，主要讲授运动学、动力学建模部分；“机器人动力学控制”在大三上学期开设。通过 2016～2020 级 5 年的教学实践，验证了本书内容及知识点体系在机器人工程专业本科阶段的合理性。

教师使用本书时可根据具体授课目标及授课要求选取其中的部分章节进行讲授。本课程的先修内容为机器人运动学和动力学建模部分。教学时也可将本课程放在大三下学期或者大四开设。读者在学习本书前应预先学习机器人坐标变换及运动学和动力学建模的相关知识。本书既可用于机器人工程专业本科教学，也可供其他相关交叉专业的高年级本科生使用，同时可供研究生及机器人工程技术人员参考。本书的配套教学资源可在华信教育资源网（www.hxedu.com.cn）免费下载。

本书得以出版感谢电子工业出版社及刘瑀编辑的信任和大力支持。同时，在书稿撰写过程中参考了多个国内外相关文献，在此一并向各位作者表示感谢。

由于作者水平有限，书中难免存在差错及不当之处，在此欢迎同人批评指正。

房立金

于东北大学

目 录

CONTENTS

第0章 绪论

0.1 机器人的概念及其发展历程

人类对制造机器人的渴望从很久以前就开始了。由于受到技术条件的限制，机器人的发展和进步并没有如人类期望的那样很快得到实现。相反地，机器人的进步经历了一个非常漫长的演进过程。这个过程与人类社会整体的科技发展进程息息相关。

人类从制作和使用工具开始，便开启了制造、使用机器的进程。随着技术的发展和进步，人们能够制造的机器日益复杂，功能越来越多，性能也越来越优越。同时，人们一直期望能够制造出像自己一样的机器，让它们完成那些自己不愿做或不适合完成的工作，满足人们的各种愿望和需求，以减轻人类自身的负担。

机器人最初的含义就是指那些像人一样，能够替代人来完成工作的机器。人类对机器人的愿望是长期的，始终存在于技术进步的过程当中。很显然，实现这一愿望的过程是漫长而困难的。

直至20世纪70年代，出现了用于搬运、焊接等作业的工业机器人，机器人才真正进入了实用化的发展阶段。这一时期的机器人以多自由度串联机械臂为主要表现形式。

工业机器人在焊接和搬运等领域的成功应用有力促进了机器人技术的广泛发展，同时人们也开始了针对其他各种类型机器人的研究和开发，机器人的表现形式日益丰富了起来。如今，各种形式的机器人已经在人们日常生产生活的方方面面发挥作用。机器人应用领域不断扩大，机器人与各行各业应用技术的结合使得机器人技术日益普及，机器人技术本身的内涵和外延日益丰富。如今，机器人已成为一种共性使能技术，被广泛应用到生产生活中，发挥着越来越大的作用。

1. 从幻想中的机器人奴隶到简单的自动机械

机器人一词来源于捷克作家的科幻作品，其中虚构的机器人奴隶表达了人类对机器人的渴望。在达芬奇设计的自动机械、诸葛亮设计的木牛流马等中都可以看到人们追求机器人的身影。社会上出现的水车、风车、钟表等机械装置开始具有一些“自动”的特征，人类设计机械的能力得到进一步提升。但这些机械的动力多来自自然界中水和风等能源。钟表中使用了弹簧，能源利用的方式有所改变，但钟表的运动是周而复始的重复运动，一旦启动就按既定的过程进行，不能改变中间的过程。

2. 多自由度机械臂

20 世纪中叶，人类对机器人的研究进入了全新的阶段，真正实用化的机器人得以实现。这一时期出现了多自由度机械臂，即目前常见的工业机器人。

机械臂具有多个自由度，其串联的手臂结构与人类的手臂很像。机械臂可以在较大的自由空间中运动，以所需的位姿到达期望的作业位置搬运工件、进行焊接或完成其他形式的工作。该类机器人短时间内即得到迅速的应用，20 世纪后期已在工厂中得到广泛应用。除机械臂之外，自动引导车(AGV)也得到快速发展。机械臂与 AGV 一起满足了机械工厂装配作业中对物料搬运、上下料、焊接、喷漆等任务的需求，提高了生产效率和产品质量。机械臂和 AGV 也构成了工业机器人的主要品类，至今在工业生产中发挥着广泛而重要的作用。

3. 工业机器人之外多种类型机器人的研发

工业机器人的成功应用极大促进了机器人技术的进步。20 世纪后期出现了各类形式机器人的研发热潮。全世界机器人领域的学者设计出了很多种不同形式的机器人样机，从新型机械臂到作业工具。针对陆地环境出现了从轮式移动机器人到腿足式、履带式、轮腿复合式等多种地面行走机器人。针对水下环境出现了无缆水下机器人、有缆水下机器人及模仿水下生物等多种水下仿生机器人。针对空间环境出现了旋翼无人机、固定翼无人机及模仿鸟类扑翼等多种飞行机器人。针对太空环境出现了月球车、火星车和空间站机械臂等在外太空环境中作业的机器人。多种应用环境及各种应用场合机器人的出现极大丰富了机器人的种类，促进了机器人研究和应用领域的拓展。除传统的工业机器人之外，以并联结构为特征的机器人以其独有的特点在机床及运动仿真系统中得到应用，丰富了机器人结构设计的类型。

与此同时，类人机器人的研究也在这一进程中占有重要的地位，多种模仿人体四肢结构的拟人机器人出现，人类最初对机器人的愿望又前进了一步。21 世纪初期，四足机器人的研发和应用有了显著进展，使得该类机器人可以在冰面、山地中负重行走，极大提高了机器人的应用水平。很快地，类人机器人的运动能力也得以大幅提升。机器人可以在台阶环境及有障碍的环境中跳跃行走，甚至可以完成空翻等高难度动作。

如今，在人们日常生产生活中各种各样的机器人已经无处不在了。

4．目前机器人还存在不足

目前机器人的应用领域已拓展到人们日常生产生活的方方面面，但从应用角度看，机器人并非在所有方面都能满足人类的期望和需求，现在的机器人与最初人类梦想中的机器人还存在较大的差距。在一些应用领域，人们尝试用机器人替代人却没有取得预期的效果，其中的原因主要来自机器人的技术层面，机器人在能力上与人类还存在差距。这种差距主要表现在以下方面。

(1) 柔顺性。目前的工业机器人虽然在自由度、操作空间和位姿控制方面具有很好的灵活性，但机器人本体基本上还是高刚性的，对机器人的控制也是基于机械设备操控的模式来设计的。在柔顺性方面，机器人难以与人类相提并论。

(2) 精确性。这里的精确性不是指机床等传统机械设备高刚性意义下的精确性。人类身体的刚性远不如机械设备，但人类完成精确操作的能力并不差。熟练的工人可以制作出精细度非常高的产品，而现在的机器人却不能。

(3) 适应性。这里的适应性包含两方面的含义，一是对未知环境的适应性，二是对动态任务的适应性。现有的机器人在这两方面均存在明显不足。机器人在未知环境中难以自主控制并自主完成所需的任务，机器人在面对动态任务时也难以做出合适的思考和判断。

总体上，目前的机器人在面对非结构化复杂环境和复杂动态任务时还难以达到人类的期望目标，机器人在人机交互及进行具体操作时也难以达到人类所具有的精细化、柔顺水平。

机器人在上述方面存在的不足是深层次的，难以在短时间内得到解决，未来机器人的研发和技术进步还有很长的路要走。

5．机器人的概念及分类

(1) 狭义机器人：即类人机器人。

(2) 广义机器人：既包括类人机器人，也包括模仿其他动物的仿生机器人，还包括由机器人技术衍生至其他机械设备而形成的广泛的自动化、自主运行及智能化的系统。广义机器人家族及其分类如图 0.1.1 所示。

机器人按照广义的概念可分为如下三种主要类型。

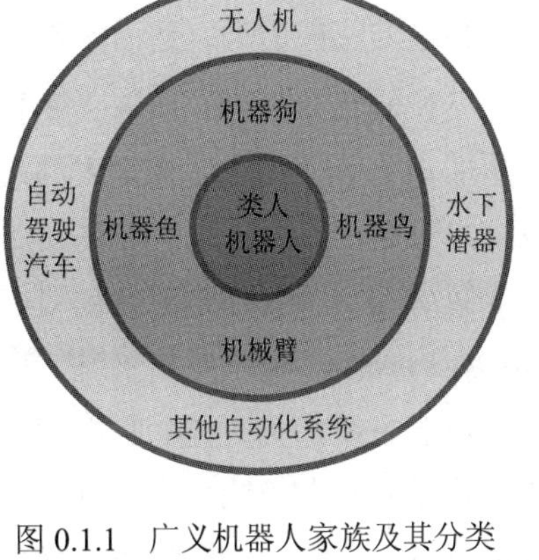

图 0.1.1　广义机器人家族及其分类

第一类机器人：类人机器人。

第二类机器人：其他仿生机器人，如机器狗、机器鱼、机器鸟、蛇形机器人，以及局部或部分具有仿生功能的机器人，如工业机器人或机械臂等。

第三类机器人：其他类型机器人，由机器人技术衍生至其他机械设备而成的自动化、自主运行、智能化的系统，如无人机、自动驾驶汽车等。

0.2 机器人的组成与结构

按上一节中给出的机器人的概念，机器人本质上是一种自动化系统。依据该定义可将自动化系统与广义机器人概念统一起来，即自动化系统包含了由基础自动化到高级智能自动化的各种层次水平。

在广义机器人概念中，从负载能力来看，机器人涵盖了从轻载到重载的各种功率和负载能力。

类似地，从系统的刚性指标来衡量，传统的机械设备一般是刚性较强的，机械臂、工业机器人的刚性是相对较弱的，而仿生机器人一般具有更弱的刚性。因此，在广义机器人概念下，机器人也涵盖了从弱刚性到高刚性的所有刚度范围。

此外，广义机器人包含了固定安装的及海、陆、空范围内的各种移动设备。

按广义机器人的概念对机器人进行统一后，考察所有的广义机器人可以发现，从机器人的结构上看，所有机器人的共同组成部分是机器人的关节和连杆，即关节和连杆是机器人的基本组成单元。也就是说，机器人是由关节和连杆组成的。

关节和连杆按不同的方式组合后，即得到串联的、并联的或串联和并联混合的各种机构形式的机器人。需要指出的是，轮子、螺旋桨等部件属于特殊形式的关节和连杆的组合。鸟的羽翼可以看作一种更为复杂的机构，由更多的关节和连杆组成。也就是说，对于广义的不同形式的机器人而言，从结构上看，都是由多个关节和连杆组合而成的。

机器人的驱动和控制作用是在关节上实现的。机器人通过对各个关节的驱动和控制，带动相应的连杆运动，进而实现整体的运动。

从控制系统来看，机器人的控制包括关节控制、机器人整机控制及机器人作业控制三个层面。关节控制属于机器人的底层伺服和运动控制，包括控制关节的位移、速度、加速度、力矩等。当然，这里的关节位移、速度、加速度、力矩等都是指广义的关节控制变量，对于转动关节来说，这些变量对应的是角度、角速度、角加速度、力矩；对于移动关节来说，它们对应的是位移、速度、加速度、力。

一般来说，关节控制具有位置、速度的反馈，也有力信号的反馈。对于机器人整机控制及机器人末端控制来说，目前还没有十分有效的综合位姿反馈。视觉、激光等可以较好地提供机器人综合位姿反馈，目前在自动驾驶汽车等领域已经得到应用，但是在处理速度等实时性方面还存在一些技术问题亟待解决。

多自由度机械臂是各类机器人中的重要部件。以类人机器人为例，多自由度机械臂是类人机器人的一条手臂，腿的结构与手臂的结构是类似的。因此，可以认为，类人机器人的四肢是四条多自由度机械臂。进一步地，考察手指后也可以发现，手指机构也是与多自由度机械臂一致的。也就是说，机器人由多个多自由度机械臂构成，而多自由度机械臂又由多个关节和连杆构成。

因此，通过对机械臂进行建模和分析，可以获得很多有意义的反映机器人整机性能的结论。正因如此，对机器人的研究大多以多自由度机械臂为参考来进行。本书也将以多自由度机械臂为主要参考对象进行阐述。

总体上，机器人关节可分为旋转关节和移动关节两大类，它们是机器人的基本关节。

对于两自由度以上的复合关节，该类关节可看成由上述基本关节组合而成。如万向节是由两个旋转关节组合而成的，其中，两个关节之间的杆长为零。对于球副，它是由三个旋转关节组合而成的，同样地，旋转关节之间的内部杆长也为零。

对于并联机构机器人，该类并联机器人可以分解为若干并联分支，而每个分支均可等效成串联的机械臂机构。

综上所述，对于所有的机器人类型，不论外部形状如何，其内部结构均可分解为两层结构，即机械臂(串联机构、并联机构)——关节和连杆，如图 0.2.1 所示。

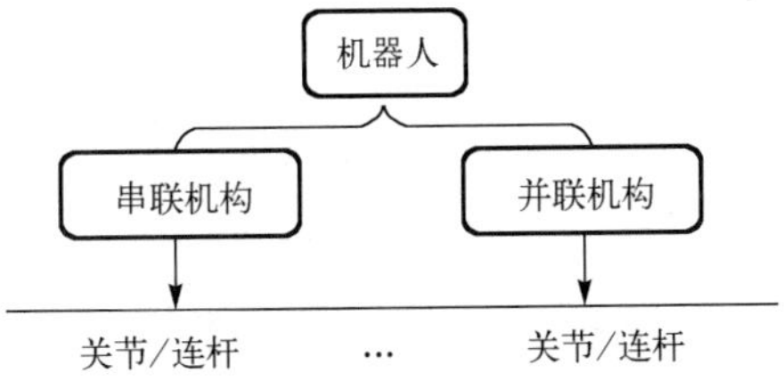

图 0.2.1　机器人的结构与组成

串联机构的多自由度机械臂是机器人的重要组成部分，如典型的六轴工业机器人、协作机器人、仿生手臂、仿生腿及并联机构中的串联分支等都具有这种典型结构。

0.3　机器人与传统机械的关系

机器人虽然表现形式千差万别，但如上所述，从其组成结构上看，都是由关节和连杆构成的，而关节包括转动关节和移动关节两种形式。因此，从关节角度看，机器人与传统机械在组成上是一致的，构成关节的部件如驱动系统、传动系统及关节的伺服控制系统都是相似的。

但是，机器人与传统机械又存在一些不同，有些方面的差别也较为显著。

(1) 自由度的数量：传统机械的自由度数量一般比较少，并且多为直角坐标形式。比如，机床由进给轴组成，进给轴一般布置在直角坐标系的 *XYZ* 轴上。四轴联动或五轴联动的数控机床包含摆动轴，使机床的主轴刀具可以以某种倾角完成零件的加工。但是在这种多轴联动机床的设计中，摆动轴的设计是非常严格的，结构需设计得非常紧凑，以避免偏转扭矩的增加，以及尽量使机床的受力变形最小。而更多自由度的传统机械基本没有这种设计。有些传统机械采用了复杂的空间机构，但机构中的运动副多为被动运动副，主动驱动的运动副较少。机器人则不然，机器人的机构主要有串联和并联两种形式，但机器人机构的自由度配置非常灵活，数量可以有很多，甚至有些机器人是具有冗余自由度的。机器人中的主动运动副也很多，串联机械臂的每个关节上都有驱动装置，基本都是主动运动副。因此，从机构结构及自由度配置上来看，机器人包含了所有可能的形式和类型。从机构特征来看，机器人机构包含了传统机械的机构种类，某个具体的传统机械可以归类为机器人机构的一种。更一般地，可以认为传统机械都包含在机器人中，即传统机械与机器人之间是一种包含关系。

(2) 仿生及软体结构的机器人：工业机器人与传统机械更为接近，都具有较显著的刚体特征。而对于仿生特征更明显的机器人而言，机器人的结构可能不再是刚性的，有些甚至是软体的。此时，机器人与传统机械的差别非常明显，甚至传统机械装备的制造装配模式将不再适用于机器人，因此，机器人需要采用新的设计分析方法，这对系统的分析和设计都提出了新的挑战。

(3) 微小尺度机器人：当机器人的尺度小型化或微型化之后，机器人与传统机械的差别也因此变得更加显著。机器人不能再被拆分为部件进行组合。特殊材料的应用也将更为典型，对材料本身物理特性及有机材料生物特征的关注将变得更为重要。该类机器人的制造也应采用新的完全有别于传统机械的方法。

(4) 仿生机器人：从仿生角度来看，机器人已突破了人类最初幻想出的奴隶机器人形象，其已从模仿人类拓展为模仿各种各样的生物，机器人的内涵和外延已经是广泛的了。在一些传统机械设计中，有些机械的设计是偏离仿生意义的，有些甚至是与仿生目标相悖的。比如，自然界的生物中完全没有轮式结构的，而人类社会中各种轮式车辆被普遍使用，采用轮式设计极大提高了机械车辆的移动速度和运行效率。

(5) 控制及智能：传统机械在自动化及智能化方面是存在较大不足的，传统机械系统的自动化更为典型。而且，传统机械一般是在人类设计好的工厂车间里使用，或者是在确定的环境中使用。比如，飞机、火车、轮船及太空中的飞行器等都需要在尽可能已知和确定的条件下使用。当环境或使用条件发生的变化超出了预设的范围时，这些设备是不能正常工作的。而机器人的概念则不限于此，人们希望机器人具备自主的能力，当环境改变时，机器人可以自主地做出适应性调整和改变。因此，机器人在自主和智能方面的特征将更为突出，而不仅仅是一种自动化的设备。

如上所述，机器人这一概念囊括了所有类型的自动化机械系统。但作为新型的自动化系统，机器人与传统装备在感知、驱动及控制等方面的区别还是十分显著的。因此，虽然机器人包含了传统装备，但从狭义上说，当传统机械在具备了更高水平的感知和控制能力后，将其称为机器人更为适合。例如，当一辆汽车具有自动驾驶能力后，该汽车则可成为机器人中的一员。一架飞机、一艘轮船等也是如此，只要其自动化水平提高到一定程度，该系统就具备了机器人的典型特征，可以将其纳入机器人家族。因此，从通俗角度来说，可以认为这些机器人是传统机械的升级款。

0.4　机器人的感知、驱动与控制

“感知、驱动、控制”是机器人系统最重要的组成部分。与人类相比，机器人在感知、驱动和控制方面都存在较大的不足，而传统机械在这些方面与人类的差距尤为显著。

人体的感知系统非常发达，集成了各种各样的获取外界及自身状态信息的感知功能。人类在某些方面的感知能力虽然不是最高的和最优的，但从集成的综合性的感知能力来说，人类对环境和自身的感知无疑是最优的。基于人体良好的感知功能，人类可以做出自主性的决策判断，并且具有高级抽象思维能力。感知是决策控制及思维判断的前提，没有良好的感知，控制也就无从谈起。这一点可以从反馈控制系统的原理中得以体现，没有反馈的开环系统是难以实现更多控制功能的，当系统偏离既定目标时，系统没有能力进行纠正。

目前人们对机器人感知的研究已发展成一个相对独立的学科，以视觉为代表的对机器人感知系统的研究取得了飞速发展，相关研究成果已在很多领域得到广泛应用。视觉感知能力的提高反过来也有力促进了机器人自身的发展，逐步形成了包括可见光及红外光的视觉、激光、惯导、超声、卫星定位及力觉和触觉等感知系统的多模态综合感知局面。自动驾驶汽车的快速发展正是感知技术发展成果的一个典型印证。

在驱动方面，目前的机器人仍然是以类似传统机械的关节驱动为主的，新型的驱动系统尚未达到人们期望的目标，还不能在机器人系统中广泛应用，但对机器人新型驱动系统的相关研究是十分活跃的，大量学者通过研究提出了很多形式的驱动方案。其中，从仿生角度出发提出的驱动方案最为突出，它能模仿人体骨骼肌肉系统的驱动特点，基于机构设计及仿生功能材料等实现类似于骨骼肌肉系统的运动和驱动能力，提出了许多人工肌肉系统设计方案和实验样机系统。但由于材料等方面的限制，目前的人工肌肉系统相比于人类肌肉，在驱动负载能力及控制性能等方面都差得很远，从仿生角度出发提出的机器人驱动系统的研发还处于初期阶段。以工业机器人为代表的机器人系统的驱动方式是基于电机实现的。在机器人每个关节上都布置有对应的驱动电机。早期的电机类型是直流电机，随着电机技术的发展，特别是永磁同步电机应用的普及，机器人中的电机均以交流永磁同步电机或无刷直流电机为主。矢量控制技术的发展使得交流异步电机的力矩控制性能得以大幅提高，使其能够应用于高性能驱动和控制场合，并且在成本上具有优势。随着异步电机控制技术的发展和电机性能的提高，交流异步伺服电机也将有较大的发展和应用空间。

机器人的控制与感知和驱动密切相关，是构成闭环系统的必要组成部分。随着感知技术和驱动技术的进步，机器人运动控制系统的水平和性能也得以大幅提高。但从机器人本体的特点来说，由于很多机器人是弱刚性的，因此传统的基于多刚体动力学的机器人运动学和动力学建模方法与机器人实际系统之间存在较大的误差，导致基于模型的控制方法在实际机器人中的应用效果并不理想。如何对复杂的机器人机械结构进行建模和控制仍然是机器人控制领域长期需要解决的难题之一。人体系统也是一个复杂的运动学和动力学系统，但人类可以实现良好的自身协调控制功能，而机器人与人类相差甚远。其中的内在原因和运行机制至今并不明了。人们对人体脑神经、脊髓神经及骨骼肌肉运动系统的研究仍有待进一步加强。

除运动控制之外，机器人的自主和智能控制也是机器人控制领域的重要内容，而且是更高层次的内容。与运动控制相比，对机器人自主智能控制研究的难度和挑战更大。近年来，人工智能技术得到快速发展，有力促进了机器人智能控制的研究工作。总体上看，人工智能技术在大数据、云计算等数据计算处理方面的应用较为成功和广泛，但在机器人的智能控制方面，其应用还十分有限。

0.5 人、机器人与环境

随着机器人技术的发展和机器人应用的快速普及，机器人在人类社会中的作用日益突出，机器人的数量大幅增加。群体机器人、机器人与人的交互及机器人应用环境的范围都有了显著的变化，很多机器人是在野外环境中工作的。人与机器人之间、机器人与机器人之间及机器人与环境之间的相关问题日益凸显。机器人编队运行，群体机器人自主协调控制，人机协作作业，室外机器人在复杂环境中自主运动及自主作业等都是机器人研究领域新的课题，也吸引了大量学者关注。甚至，一些学者从社会学的角度对机器人的行为进行了研究，使机器人领域的研究从工程技术领域拓展到了社会科学领域。从工程技术角度来说，机器人与人和环境的交互控制问题仍然是值得关注的。

与单体机器人的研究有所不同，对机器人群体的研究一般不涉及机器人单体的运动学和动力学问题，机器人单体被抽象为一个个智能体。因此，机器人群体的研究和机器人单体的研究之间还是存在本质区别的。

人与机器人交互的过程不仅涉及语言、肢体动作、情感层面的交互，还包括接触或非接触的协同操作。通过语言、面部表情等的人机协作不涉及与机器人的接触，因此也不涉及运动学、动力学的细节问题。但是当机器人与人一同完成装配等作业任务时，则必须涉及机器人自身的运动学、动力学问题及机器人与人体的运动学和动力学协调控制方面的问题。因此，人机接触作业的协调控制器研究具有一定的挑战性和难度。这方面的控制问题恰恰是机器人控制的最典型的问题之一。

环境复杂多变，障碍物众多，以及自然气候条件的四季变化、风霜雨雪的影响，使得机器人与环境的交互对机器人自身提出了更高的要求。高低温、湿度、雨雪、灰尘泥土、砂石瓦砾、隧道、水下、空中及外太空等不同环境对机器人提出了不同的要求。由于环境条件过于复杂，因此不可能要求机器人一机多能，而是应该构建机器人家族，甚至机器人社会，让不同机器人有不同的分工，协作运行。

关于机器人的自主和智能，很多人担心机器人与人类会产生冲突。机器人与人类冲突的问题由来已久，但机器人发展的历史已经表明，机器人并不是人类的威胁。相反地，机器人始终是为人类服务的，人类是机器人的设计者和使用者，这一点不会因为机器人智能水平的提高而改变。机器人始终是人类的有利助手和得力工具，仅此而已。

第 1 章
机器人运动学及动力学模型

1.1 机器人位姿求解

机器人是由其基本单元(关节和连杆)组成的，机器人的位姿(位置和姿态)自然与连杆的位姿相关。因此可在连杆上建立坐标系，并利用连杆坐标系对机器人的总体位姿进行描述。机器人末端连杆的位姿反映了机器人总的位姿。

⟹ 正运动学问题

当已知连杆坐标系的位姿时，可通过运动学模型求得机器人的末端位姿，这一求解过程称为机器人的正运动学问题。

⟹ 逆运动学问题

相反地，已知机器人的末端位姿，通过运动学模型求解连杆的位姿的过程称为机器人的逆运动学问题。

⟹ 运动学与动力学

运动学问题是相对于动力学问题而言的，运动学问题包括位姿及速度的求解问题。而动力学问题则考虑机器人的质量、受力或变形等因素对动态过程的影响。

⟹ 连杆坐标系之间的关系

连杆坐标系反映了连杆的位姿，自然地，不同连杆之间的相对位姿也就可以通过其坐标系之间的相对位姿来描述，即两个连杆之间相对位姿的描述实际上可归结为两个坐标系之间相对位姿的描述。

任意两个坐标系之间的相对位姿都是由坐标系原点的位置和坐标系的姿态两方面来确定的。图 1.1.1 描述了两坐标系之间的相对位姿关系，即在坐标系$\{A\}$中描述坐标系$\{B\}$。

坐标系$\{A\}$和$\{B\}$在基坐标系$\{O\}$中描述时，可以用 4×4 齐次矩阵来描述。

描述坐标系$\{B\}$与$\{A\}$的相对位姿关系时，可以采用 D-H 坐标方法。这种方法与机器人关节和连杆的特点是一致的，四个 D-H 参数反映了一般情况下相邻连杆之间的相对位姿关系。

如图 1.1.2 所示，在机械臂每个连杆上绑定相应的坐标系，利用 D-H 坐标方法确定对应的 D-H 参数后，就可以确定机械臂上各连杆坐标系及机械臂末端的位姿关系。

$$ {}^{0}_{n}\boldsymbol{T} = {}^{0}_{1}\boldsymbol{T}(q_1)\,{}^{1}_{2}\boldsymbol{T}(q_2)\cdots{}^{i-1}_{\ \ i}\boldsymbol{T}(q_i)\cdots{}^{n-1}_{\ \ n}\boldsymbol{T}(q_n) $$

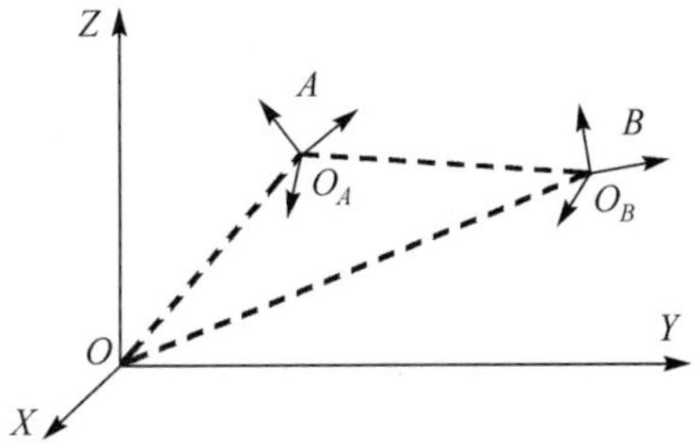

图 1.1.1　两坐标系之间相对位姿的描述

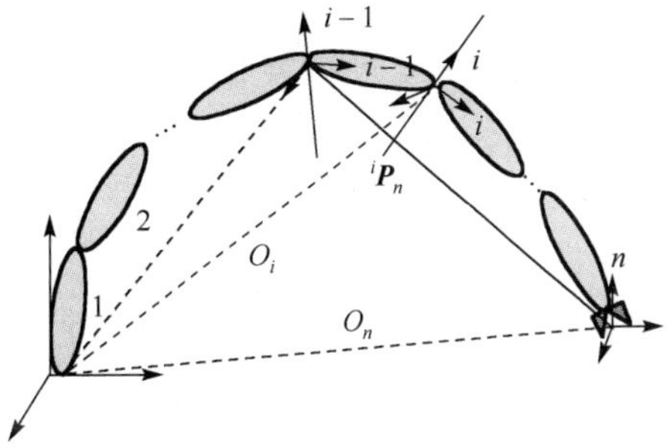

图 1.1.2　机械臂位姿描述

四个 D-H 参数中包含一个移动或者转动的关节变量，另外的三个参数是常数，对机器人的控制是通过对关节变量的控制来实现的。改变关节变量后，机械臂的末端位姿将发生改变，根据控制的需要改变关节变量的大小，就可以控制机械臂到达所需的位姿。

连杆坐标系的绑定形式主要有两种，一种是将坐标系的原点设置在连杆的始端，如图 1.1.3 所示；另一种是将坐标系的原点设置在连杆的末端，如图 1.1.4 所示。

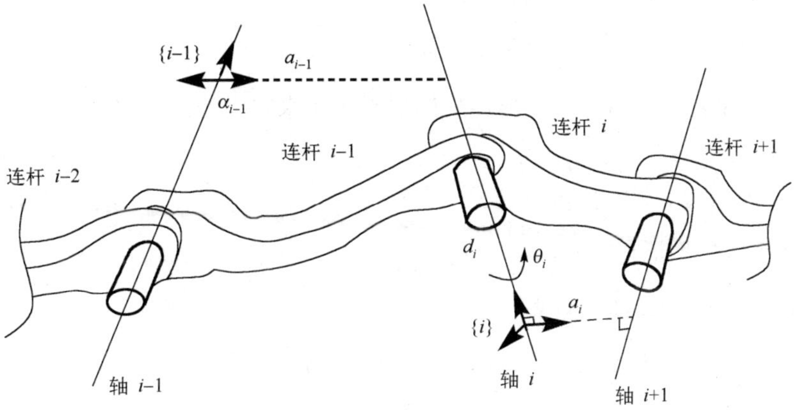

图 1.1.3　坐标系原点位于连杆始端

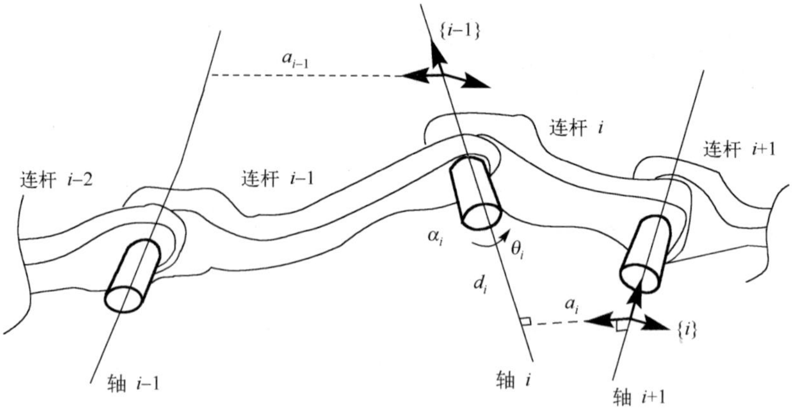

图 1.1.4　坐标系原点位于连杆末端

由于两种坐标系的设置方法不同，因此相邻连杆间的位姿描述也不同。采用第一种表示方法时，相邻连杆的位姿变换矩阵为

$$
\begin{aligned}
{}^{i-1}_{\ i}\boldsymbol{T} &= \boldsymbol{R}_x(\alpha_{i-1})\boldsymbol{D}_x(a_{i-1})\boldsymbol{R}_z(\theta_i)\boldsymbol{D}_z(d_i) \\
&= \begin{bmatrix} c(\theta_i) & -s(\theta_i) & 0 & a_{i-1} \\ s(\theta_i)c(\alpha_{i-1}) & c(\theta_i)c(\alpha_{i-1}) & -s(\alpha_{i-1}) & -d_i s(\alpha_{i-1}) \\ s(\theta_i)s(\alpha_{i-1}) & c(\theta_i)s(\alpha_{i-1}) & c(\alpha_{i-1}) & d_i c(\alpha_{i-1}) \\ 0 & 0 & 0 & 1 \end{bmatrix}
\end{aligned}
\tag{1-1-1}
$$

式中，$c(\cdot)=\cos(\cdot), s(\cdot)=\sin(\cdot)$。

式(1-1-1)是相邻连杆间的位姿描述矩阵，该矩阵是通过四个依次进行的基本变换得到的，即

第一步：$\boldsymbol{R}_x(\alpha_{i-1})$，绕 x_{i-1} 轴旋转 α_{i-1} 角度；

第二步：$\boldsymbol{D}_x(a_{i-1})$，沿 x_{i-1} 轴移动 a_{i-1} 距离；

第三步：$\boldsymbol{R}_z(\theta_i)$，绕 z_{i-1} 轴旋转 θ_i 角度；

第四步：$\boldsymbol{D}_z(d_i)$，沿 z_{i-1} 轴移动 d_i 距离。

相关的参数是基于图 1.1.3 中的连杆始端坐标系来定义的，参数的正方向都是由{i-1}指向{i}。其中，

θ_i 为两个坐标系 X 轴之间的夹角；

a_{i-1} 为两个坐标系原点之间沿 X 方向（x_{i-1} 轴）的距离；

α_{i-1} 为两个坐标系 Z 轴之间的夹角；

d_i 为两个坐标系 X 轴之间沿 Z 方向（z_i 轴）的距离。

另一种典型的连杆间位姿变换矩阵如下所示，它是基于图 1.1.4 所示的连杆末端坐标系得到的：

$$
\begin{aligned}
\boldsymbol{A}_i = {}^{i-1}_{i}\boldsymbol{T} &= \boldsymbol{R}_z(\theta_i)\boldsymbol{D}_z(d_i)\boldsymbol{D}_x(a_i)\boldsymbol{R}_x(\alpha_i) \\
&= \begin{bmatrix} c(\theta_i) & -s(\theta_i)c(\alpha_i) & s(\theta_i)s(\alpha_i) & a_i c(\theta_i) \\ s(\theta_i) & c(\theta_i)c(\alpha_i) & -c(\theta_i)s(\alpha_i) & a_i s(\theta_i) \\ 0 & s(\alpha_i) & c(\alpha_i) & d_i \\ 0 & 0 & 0 & 1 \end{bmatrix}
\end{aligned} \tag{1-1-2}
$$

两种坐标系的建立方式不同，因此相邻连杆间的位姿变换矩阵自然也不同，应根据所选取的坐标系建立方法使用不同的位姿变换矩阵及相应的连杆参数。

1.2 机器人速度分析

与机械臂末端位姿的变化相似，机械臂速度的改变也是通过改变关节变量的速度来实现的，关节速度（移动的线速度或转动的角速度）的改变与机械臂末端速度的改变具有对应关系，在机器人中用雅可比矩阵来描述这种速度之间的关系。

对于六关节机械臂，其雅可比矩阵及速度关系可表示为如下形式：

$$
\begin{bmatrix} v_x \\ v_y \\ v_z \\ \omega_x \\ \omega_y \\ \omega_z \end{bmatrix} = [\boldsymbol{J}_1 \ \cdots \ \boldsymbol{J}_6] \begin{bmatrix} \dot{q}_1 \\ \dot{q}_2 \\ \dot{q}_3 \\ \dot{q}_4 \\ \dot{q}_5 \\ \dot{q}_6 \end{bmatrix} \tag{1-2-1}
$$

1. 雅可比矩阵的构建（矢量积法）

使用矢量积法构建雅可比矩阵时，分别构建对应的列向量，i 关节对应雅可比矩阵的第 i 列。分析 i 关节时，仅考虑该关节的速度与机械臂末端速度的对应关系，并假定所有其他关节都是固定不动的。

机械臂末端相对于 i 关节的位姿矩阵为 ${}^{i}_{n}\boldsymbol{T}$，对应的位置向量为 ${}^{i}\boldsymbol{P}_n$（参见图 1.2.1）。该向量是容易得到的，它与位姿矩阵 ${}^{i}_{n}\boldsymbol{T}$ 的第 4 列相对应。关节上的速度向量为 $\dot{q}_i\boldsymbol{z}_i$，$\boldsymbol{z}_i$ 是 i 关节坐标系 Z 轴上的单位向量，并且等于矩阵 ${}^{0}_{i}\boldsymbol{T} = \begin{bmatrix} {}^{0}_{i}\boldsymbol{R} & {}^{0}\boldsymbol{P}_i \\ \boldsymbol{0} & 1 \end{bmatrix}$ 中 ${}^{0}_{i}\boldsymbol{R}$ 的第 3 列。

这里需要注意的是，上述对机械臂的相关描述都是相对于基坐标系进行的。

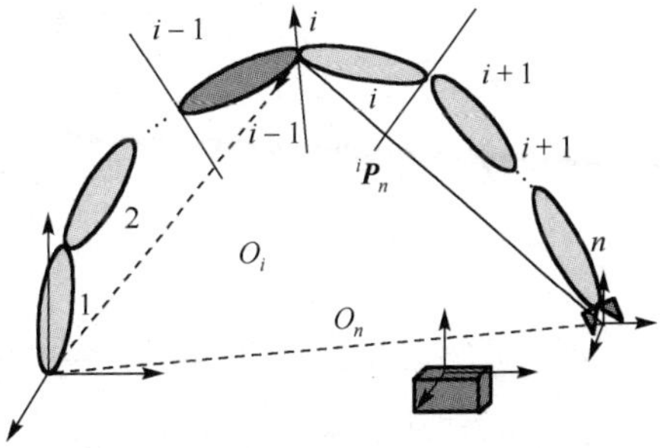

图 1.2.1　i 关节到末端 n 的位姿描述

(1) 对于转动关节，机械臂末端的线速度和角速度分别为

$$\boldsymbol{V}_n^0 = \dot{q}_i \boldsymbol{z}_i^0 \times {}^i\boldsymbol{P}_n^0$$

$$\boldsymbol{\omega}_n^0 = \dot{q}_i \boldsymbol{z}_i^0$$

由上面两个表达式可得

$$\begin{bmatrix} \boldsymbol{V}_n^0 \\ \boldsymbol{\omega}_n^0 \end{bmatrix} = \begin{bmatrix} \boldsymbol{z}_i^0 \times {}^i\boldsymbol{P}_n^0 \\ \boldsymbol{z}_i^0 \end{bmatrix} \dot{q}_i$$

即所构建的雅可比矩阵的第 i 列为

$$\boldsymbol{J}_i^0 = \begin{bmatrix} \boldsymbol{z}_i^0 \times {}^i\boldsymbol{P}_n^0 \\ \boldsymbol{z}_i^0 \end{bmatrix} \tag{1-2-2}$$

上面的表达式中，上角标 0 表示所有的描述都是相对于基坐标系进行的。

(2) 对于移动关节，机械臂末端的线速度和角速度分别为

$$\boldsymbol{V}_n^0 = \dot{q}_i \boldsymbol{z}_i^0$$

$$\boldsymbol{\omega}_n^{\ 0} = 0$$

可得

$$\begin{bmatrix} \boldsymbol{V}_n^0 \\ \boldsymbol{\omega}_n^0 \end{bmatrix} = \begin{bmatrix} \boldsymbol{z}_i^0 \\ 0 \end{bmatrix} \dot{q}_i$$

即所构建的雅可比矩阵的第 i 列为

$$\boldsymbol{J}_i^0 = \begin{bmatrix} \boldsymbol{z}_i^0 \\ 0 \end{bmatrix} \tag{1-2-3}$$

式 (1-2-2) 和式 (1-2-3) 给出了雅可比矩阵第 i 列的构建方法。可在位姿矩阵 ${}_i^0\boldsymbol{T}$ 中找到对应的向量 $\boldsymbol{z}_i$ 和 $\boldsymbol{P}_i$，${}^i\boldsymbol{P}_n = \boldsymbol{P}_n - \boldsymbol{P}_i$。$\boldsymbol{z}_i$ 对应于位姿矩阵 ${}_i^0\boldsymbol{T}$ 的第 3 列，而 $\boldsymbol{P}_i$ 则对应于 ${}_n^i\boldsymbol{T}$ 的第 4 列。

2. 雅可比矩阵的构建（微分变换法）

坐标系 i 与坐标系 n 之间的位姿变换矩阵 $\boldsymbol{T}$ 可表示为如下形式，即

$$\boldsymbol{T} = {}_n^i\boldsymbol{T} = \begin{bmatrix} n_x & o_x & a_x & p_x \\ n_y & o_y & a_y & p_y \\ n_z & o_z & a_z & p_z \\ 0 & 0 & 0 & 1 \end{bmatrix} \tag{1-2-4}$$

利用式 (1-2-4) 可以得到所有关节与机械臂末端的位姿关系矩阵。

按微分变换法构建雅可比矩阵时，按下面的公式分别对机械臂的关节进行计算，即可得到雅可比矩阵对应的列向量。

(1) 对于移动关节，有

$$^{T}\boldsymbol{J}_i=\begin{bmatrix} n_z \\ o_z \\ a_z \\ 0 \\ 0 \\ 0 \end{bmatrix} \tag{1-2-5}$$

(2) 对于转动关节，有

$$^{T}\boldsymbol{J}_i=\begin{bmatrix} (\boldsymbol{P}\times\boldsymbol{n})_z \\ (\boldsymbol{P}\times\boldsymbol{o})_z \\ (\boldsymbol{P}\times\boldsymbol{a})_z \\ n_z \\ o_z \\ a_z \end{bmatrix} \tag{1-2-6}$$

所构建的雅可比矩阵可表示为

$$^{T}\boldsymbol{J}={}^{n}\boldsymbol{J}=\begin{bmatrix} ^{T}\boldsymbol{J}_1 & ^{T}\boldsymbol{J}_2 & \cdots & ^{T}\boldsymbol{J}_i & \cdots & ^{T}\boldsymbol{J}_n \end{bmatrix}$$

这里需要指出的是，由于每个关节的推导都是基于位姿描述矩阵 ${}^{i}_{n}\boldsymbol{T}$ 进行的，使用矩阵 ${}^{i}_{n}\boldsymbol{T}$ 来推导微分运动关系时，仅仅确定了每个关节与末端之间的相对位姿关系，因此用微分变换法构建的雅可比矩阵实际上是相对于末端“手”坐标系进行的。在上面的公式中，用左上角标 T 来表示雅可比矩阵是相对于机械臂的末端坐标系来建立的。

3. 用速度递推的方法获得雅可比矩阵

建立相邻连杆之间的速度关系表达式。首先，只考察相邻的两个连杆，将连杆 $i+1$ 的线速度和角速度描述在连杆坐标系 $\{i\}$ 中。

(1) 对于转动关节，有

$$^{i}\boldsymbol{V}_{i+1}={}^{i}\boldsymbol{V}_i+{}^{i}\boldsymbol{\omega}_i\times{}^{i}\boldsymbol{P}_{i+1}$$

$$^{i}\boldsymbol{\omega}_{i+1}={}^{i}\boldsymbol{\omega}_i+{}^{i}_{i+1}\boldsymbol{R}\,{}^{i+1}\boldsymbol{z}_{i+1}\dot{\theta}_{i+1}$$

(2) 对于移动关节，有

$$^{i}\boldsymbol{V}_{i+1}={}^{i}\boldsymbol{V}_i+{}^{i}\boldsymbol{\omega}_i\times{}^{i}\boldsymbol{P}_{i+1}$$

$$^{i}\boldsymbol{\omega}_{i+1}={}^{i}\boldsymbol{\omega}_i$$

然后，将连杆 $i+1$ 的速度描述在连杆坐标系 $\{i+1\}$ 中。

(3) 对于转动关节，有

$$^{i+1}\boldsymbol{V}_{i+1}={}^{i+1}_{i}\boldsymbol{R}\,{}^{i}\boldsymbol{V}_{i+1}={}^{i+1}_{i}\boldsymbol{R}({}^{i}\boldsymbol{V}_i+{}^{i}\boldsymbol{\omega}_i\times{}^{i}\boldsymbol{P}_{i+1}) \tag{1-2-7}$$

$$^{i+1}\boldsymbol{\omega}_{i+1} = {}^{i+1}_{\ i}\boldsymbol{R}\,{}^{i}\boldsymbol{\omega}_{i+1} = {}^{i+1}_{\ i}\boldsymbol{R}\,{}^{i}\boldsymbol{\omega}_{i} + {}^{i+1}\boldsymbol{z}_{i+1}\dot{\theta}_{i+1} \tag{1-2-8}$$

(4) 对于移动关节，有

$$^{i+1}\boldsymbol{V}_{i+1} = {}^{i+1}_{\ i}\boldsymbol{R}({}^{i}\boldsymbol{V}_{i} + {}^{i}\boldsymbol{\omega}_{i} \times {}^{i}\boldsymbol{P}_{i+1}) + {}^{i+1}\boldsymbol{z}_{i+1}\dot{d}_{i+1} \tag{1-2-9}$$

$$^{i+1}\boldsymbol{\omega}_{i+1} = {}^{i+1}_{\ i}\boldsymbol{R}\,{}^{i}\boldsymbol{\omega}_{i} \tag{1-2-10}$$

计算时，从机器人的基座开始，利用式(1-2-7)～式(1-2-10)，按步骤进行迭代计算，就可以得到机器人末端的速度表达式 $^{n}\boldsymbol{V}_{n}$ 和 $^{n}\boldsymbol{\omega}_{n}$。

末端速度表达式包含了对应的关节速度，因此可以进一步获得雅可比矩阵。

4. 分析雅可比矩阵

对于机械臂来说，雅可比矩阵描述的是末端速度与关节速度之间的关系。机械臂末端位姿包含末端坐标系原点的位置及坐标系的姿态。

那么，是否可以通过对末端位姿进行求导来获得末端速度，进而得到雅可比矩阵呢？显然，对于坐标系原点位置来说，对位置向量求导是很方便的。但是对于末端坐标系的姿态而言，对姿态求导则存在一定的困难。

如果将末端坐标系的位置和姿态用下面的向量来表示：

$$\boldsymbol{X} = \begin{bmatrix} \boldsymbol{d}(q) \\ \boldsymbol{\alpha}(q) \end{bmatrix} \tag{1-2-11}$$

进而对上式中的位置向量 $\boldsymbol{d}(q)$ 和姿态向量 $\boldsymbol{\alpha}(q)$ 求导，则可以得到对应的速度描述：

$$\dot{\boldsymbol{X}} = \begin{bmatrix} \dot{\boldsymbol{d}}(q) \\ \dot{\boldsymbol{\alpha}}(q) \end{bmatrix}$$

显然，对位置向量 $\boldsymbol{d}(q)$ 的三个坐标轴分量进行求导就可以得到对应的线速度：

$$\dot{\boldsymbol{d}}(q) = \begin{bmatrix} v_x \\ v_y \\ v_z \end{bmatrix} = \begin{bmatrix} \dot{d}_x \\ \dot{d}_y \\ \dot{d}_z \end{bmatrix}$$

但是，与位置的表示有所不同，末端坐标系姿态存在一些特殊性。一种解决方法是利用欧拉角来描述姿态。比如，当使用 *ZYZ* 欧拉角来描述末端坐标系的姿态时，可以将姿态向量表示为如下形式：

$$\boldsymbol{\alpha}(q) = \begin{bmatrix} \phi \\ \theta \\ \psi \end{bmatrix} \tag{1-2-12}$$

式中，三个 *ZYZ* 欧拉角 ϕ、θ、ψ 都是关节变量 q 的函数。可以对这些函数进行求导，得到姿态的速度描述：

$$\dot{\boldsymbol{\alpha}}(q)=\begin{bmatrix}\dot{\phi}\\ \dot{\theta}\\ \dot{\psi}\end{bmatrix} \tag{1-2-13}$$

这样，利用式(1-2-5)和式(1-2-7)给出的线速度和角速度表达方法，雅可比矩阵可表示为

$$\dot{\boldsymbol{X}}=\begin{bmatrix}\dot{\boldsymbol{d}}(q)\\ \dot{\boldsymbol{\alpha}}(q)\end{bmatrix}=\boldsymbol{J}_a\dot{\boldsymbol{q}} \tag{1-2-14}$$

可以看出，当选取不同的末端速度描述方式时，将得到不同形式的雅可比矩阵。基于上述速度描述方法所建立的雅可比矩阵 $\boldsymbol{J}_a$ 与由微分变换法得到的雅可比矩阵是不同的，将这种雅可比矩阵称为分析雅可比矩阵。相应地，将由微分变换法构建的雅可比矩阵称为几何雅可比矩阵。

应该注意的是，式(1-2-13)所给出的角速度并不是常规意义上的角速度。它是对 *ZYZ* 欧拉角的求导，是对坐标系姿态变化速率的另一种描述。当然，也可以将其看成角速度的另外一种描述形式。

按 *ZYZ* 欧拉角描述方法，末端坐标系的姿态可以表示为

$$\boldsymbol{R}=\boldsymbol{R}_{z,\phi}\boldsymbol{R}_{y,\theta}\boldsymbol{R}_{z,\psi}=\begin{bmatrix}c(\phi)c(\theta)c(\psi)-s(\phi)s(\psi) & -c(\phi)c(\theta)s(\psi)-s(\phi)c(\psi) & c(\phi)s(\theta)\\ s(\phi)c(\theta)c(\psi)+c(\phi)s(\psi) & -s(\phi)c(\theta)s(\psi)+c(\phi)c(\psi) & s(\phi)s(\theta)\\ -s(\theta)c(\psi) & s(\theta)s(\psi) & c(\theta)\end{bmatrix}$$

利用反对称矩阵，对旋转矩阵 $\boldsymbol{R}$ 求导，有 $\dot{\boldsymbol{R}}=\boldsymbol{S}(\omega)\boldsymbol{R}$，由此可得到角速度 ω。

$$\begin{aligned}\boldsymbol{S}(\omega)=\dot{\boldsymbol{R}}\boldsymbol{R}^{\mathrm{T}}&=\begin{bmatrix}\dot{r}_{11} & \dot{r}_{12} & \dot{r}_{13}\\ \dot{r}_{21} & \dot{r}_{22} & \dot{r}_{23}\\ \dot{r}_{31} & \dot{r}_{32} & \dot{r}_{33}\end{bmatrix}\begin{bmatrix}r_{11} & r_{21} & r_{31}\\ r_{12} & r_{22} & r_{32}\\ r_{13} & r_{23} & r_{33}\end{bmatrix}\\ &=\begin{bmatrix}\dot{r}_{11}r_{11}+\dot{r}_{12}r_{12}+\dot{r}_{13}r_{13} & \dot{r}_{11}r_{21}+\dot{r}_{12}r_{22}+\dot{r}_{13}r_{23} & \dot{r}_{11}r_{31}+\dot{r}_{12}r_{32}+\dot{r}_{13}r_{33}\\ \dot{r}_{21}r_{11}+\dot{r}_{22}r_{12}+\dot{r}_{23}r_{13} & \dot{r}_{21}r_{21}+\dot{r}_{22}r_{22}+\dot{r}_{23}r_{23} & \dot{r}_{21}r_{31}+\dot{r}_{22}r_{32}+\dot{r}_{23}r_{33}\\ \dot{r}_{31}r_{11}+\dot{r}_{32}r_{12}+\dot{r}_{33}r_{13} & \dot{r}_{31}r_{21}+\dot{r}_{32}r_{22}+\dot{r}_{33}r_{23} & \dot{r}_{31}r_{31}+\dot{r}_{32}r_{32}+\dot{r}_{33}r_{33}\end{bmatrix}\end{aligned}$$

可以证明，上面的矩阵为反对称矩阵。根据反对称矩阵及角速度关系，可得

$$\begin{bmatrix}\omega_x\\ \omega_y\\ \omega_z\end{bmatrix}=\begin{bmatrix}-(\dot{r}_{21}r_{31}+\dot{r}_{22}r_{32}+\dot{r}_{23}r_{33})\\ \dot{r}_{11}r_{31}+\dot{r}_{12}r_{32}+\dot{r}_{13}r_{33}\\ -(\dot{r}_{11}r_{21}+\dot{r}_{12}r_{22}+\dot{r}_{13}r_{23})\end{bmatrix}=\begin{bmatrix}c(\phi)s(\theta)\dot{\psi}-s(\phi)\dot{\theta}\\ s(\phi)s(\theta)\dot{\psi}+c(\phi)\dot{\theta}\\ \dot{\phi}+c(\theta)\dot{\psi}\end{bmatrix}=\begin{bmatrix}0 & -s(\phi) & c(\phi)s(\theta)\\ 0 & c(\phi) & s(\phi)s(\theta)\\ 1 & 0 & c(\theta)\end{bmatrix}\begin{bmatrix}\dot{\phi}\\ \dot{\theta}\\ \dot{\psi}\end{bmatrix}=\boldsymbol{B}(\boldsymbol{\alpha})\dot{\boldsymbol{\alpha}}$$

上式建立了常规意义下的角速度 ω 与 *ZYZ* 欧拉角角速度 $\dot{\boldsymbol{\alpha}}(q)$ 之间的相互关系。

由于角速度描述方法不同，分析雅可比矩阵和几何雅可比矩阵之间的关系可表示为

$$J_a(q)=\begin{bmatrix} I & 0 \\ 0 & B^{-1}(\alpha) \end{bmatrix} J(q)$$

1.3 机器人静力分析

机器人的连杆之间是通过关节上的运动副相互连接的。典型的关节分为转动关节和移动关节，在机械臂的各种运动过程中，机械臂的末端工具在作业时会受到各种外部力的作用，这些力会传递到关节的驱动系统中，与关节的驱动力相互作用。此外，连杆和关节等部件也具有相应的质量，也会受到重力的作用。在加速或减速运动过程中，由于存在加速度，在考虑连杆和关节的质量或惯量的情况下，机器人还将受到惯性力的作用。上述所有的力的作用结合起来，决定了机械臂的状态和运动特性。

在静态或平衡状态下，没有惯性力和惯性力矩的作用，机械臂每个连杆所受的合力及合力矩均为零。

考察连杆 i，如图 1.3.1 所示，连杆 i 所受的外力主要包括如下几类：

(1) 与连杆 $i-1$ 之间的相互作用力，相关的力和力矩分别用 ${}^i\boldsymbol{f}_i$ 及 ${}^i\boldsymbol{n}_i$ 表示，其正方向为作用在连杆 i 上的力和力矩的方向；

(2) 与连杆 $i+1$ 之间的相互作用力，分别用 ${}^i\boldsymbol{f}_{i+1}$ 和 ${}^i\boldsymbol{n}_{i+1}$ 表示，其正方向为作用到连杆 $i+1$ 上的力和力矩的方向；

(3) 连杆 i 自身的重力。

左上角标表示描述这些力和力矩的坐标系，角标 i 表示它们都是在坐标系 $\{i\}$ 中描述的。图 1.3.1 中没有标出连杆自身的重力。这里，在讨论连杆间静力的传递关系时，先不考虑连杆自身重力的影响，即暂时忽略连杆自身的重力作用。

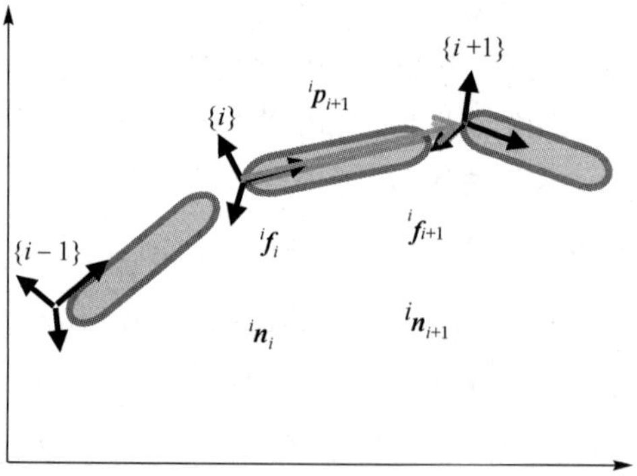

图 1.3.1　连杆 i 的受力情况示意图

连杆 i 和连杆 $i+1$ 之间的作用力和反作用力大小相等，方向相反。因此，连杆 $i+1$ 作用在连杆 i 上的反作用力和力矩分别为 $-{}^{i+1}\boldsymbol{f}_{i+1}$ 和 $-{}^{i+1}\boldsymbol{n}_{i+1}$。将其描述到坐标系 $\{i\}$ 中，即可得

到 ${}^{i}\boldsymbol{f}_{i+1}$ 和 ${}^{i}\boldsymbol{n}_{i+1}$，即

$$ {}^{i}\boldsymbol{f}_{i+1} = {}_{i+1}^{\ \ i}\boldsymbol{R}\,{}^{i+1}\boldsymbol{f}_{i+1} $$

$$ {}^{i}\boldsymbol{n}_{i+1} = {}_{i+1}^{\ \ i}\boldsymbol{R}\,{}^{i+1}\boldsymbol{n}_{i+1} $$

由于机械臂处于静态，合力及合力矩为零，因此有：

$$ {}^{i}\boldsymbol{f}_{i} - {}^{i}\boldsymbol{f}_{i+1} = 0 $$

$$ {}^{i}\boldsymbol{n}_{i} - {}^{i}\boldsymbol{n}_{i+1} - {}^{i}\boldsymbol{P}_{i+1} \times {}^{i}\boldsymbol{f}_{i+1} = 0 $$

可以将上式写成如下力的“传递”描述形式，即

$$ {}^{i}\boldsymbol{f}_{i} = {}_{i+1}^{\ \ i}\boldsymbol{R}\,{}^{i+1}\boldsymbol{f}_{i+1} $$

$$ {}^{i}\boldsymbol{n}_{i} = {}_{i+1}^{\ \ i}\boldsymbol{R}\,{}^{i+1}\boldsymbol{n}_{i+1} + {}^{i}\boldsymbol{P}_{i+1} \times {}^{i}\boldsymbol{f}_{i} $$

利用以上两式可以对机械臂的静态受力(简称静力)状态进行分析，通过静力分析，可以得出机械臂末端静态负载与关节力矩之间的静态平衡关系。当已知机械臂末端施加的力和力矩时，通过静力平衡关系可以计算所需的关节力矩。机械臂的静力分析结果反映了该机械臂的静态承载能力。

上述公式是一种迭代关系式。在已知末端受到的力和力矩的情况下，由末端连杆到基座逐级迭代，即可得到各个连杆和基座所需的驱动力或力矩。

关节的驱动力则可由 ${}^{i}\boldsymbol{f}_{i}$ 及 ${}^{i}\boldsymbol{n}_{i}$ 计算得到。对于转动关节，有

$$ \boldsymbol{\tau}_{i} = ({}^{i}\boldsymbol{n}_{i})^{\mathrm{T}}\boldsymbol{z}_{i} $$

对于移动关节，有

$$ \boldsymbol{\tau}_{i} = ({}^{i}\boldsymbol{f}_{i})^{\mathrm{T}}\boldsymbol{z}_{i} $$

式中，$\boldsymbol{z}_i$ 为坐标系$\{i\}$的 Z 轴单位矢量。

也可以用雅可比矩阵描述机械臂关节与末端之间的静力关系。

在静态下，机械臂各部分的受力处于平衡状态。利用虚功原理，机械臂所有关节力所做的虚功的总和将与机械臂末端外力所做的虚功相等，即

$$ \boldsymbol{F} \cdot \delta\boldsymbol{X} = \boldsymbol{\tau} \cdot \delta\boldsymbol{\theta} \tag{1-3-1} $$

式中，$\boldsymbol{F}$ 是作用在机械臂末端的 6×1 维笛卡儿力和力矩矢量，$\delta\boldsymbol{X}$ 是 6×1 维笛卡儿无穷小矢量，$\boldsymbol{\tau}$ 是 6×1 维关节力矩矢量，$\delta\boldsymbol{\theta}$ 是 6×1 维无穷小关节位移矢量。

根据矢量点积的含义，式(1-3-1)可改写为

$$ \boldsymbol{F}^{\mathrm{T}}\delta\boldsymbol{X} = \boldsymbol{\tau}^{\mathrm{T}}\delta\boldsymbol{\theta} \tag{1-3-2} $$

根据雅可比矩阵概念，可有

$$ \delta\boldsymbol{X} = \boldsymbol{J}\delta\boldsymbol{\theta} $$

将其代入式(1-3-1)中，可得

$$\boldsymbol{\tau}=\boldsymbol{J}^{\mathrm{T}}\boldsymbol{F} \tag{1-3-3}$$

式(1-3-3)反映了关节力矩与末端力之间的关系。

机械臂关节速度 $\dot{q}$、末端速度 v_e 及机械臂关节力 $\boldsymbol{\tau}$ 与末端力 $\boldsymbol{\gamma}_e$ 之间的关系如图 1.3.2 和图 1.3.3 所示。图 1.3.2 表示出了末端的可达、不可达空间及关节的零空间，如冗余机械臂中就会存在零空间。图 1.3.3 表示了关节力的有效作用空间、无效空间及末端力的零空间。

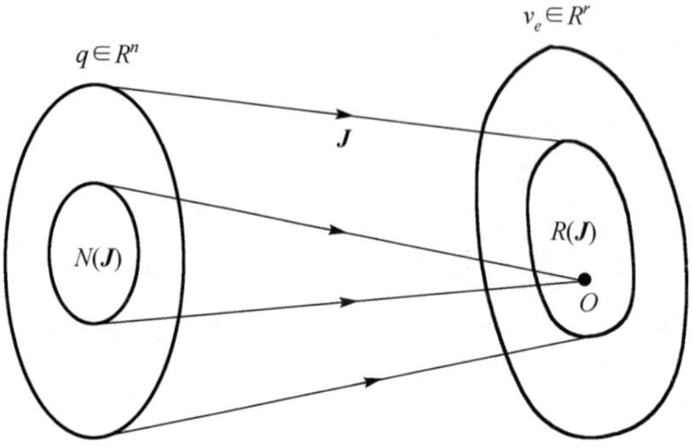

图 1.3.2　关节速度与末端速度

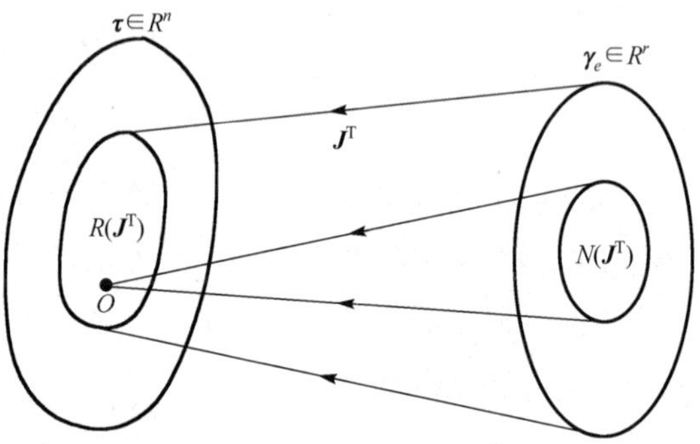

图 1.3.3　关节力与末端力

1.4　转动惯量及惯性张量

物体在运动过程中，质量会对运动产生影响。在质量和加速度的共同作用下，会产生惯性力。反之，在外力作用下，由于质量的存在，物体会产生加速度。

分析惯性力影响时，可以将惯性力视为一种“静力”。与加速度所对应的惯性力与外力相等，外力与惯性力的合力为零。惯性力与物体所受的其他类型的力合在一起，系统处于一种“静平衡”的状态。

上述对惯性力的处理方法在日常生活中是十分常见的。重力实际上是一种惯性力，其加速度为重力加速度。在分析重力的影响时，常常将重力看成一种静力。

与直线运动不同，物体做旋转运动时对应的惯性力是惯性力矩，其加速度为角加速度。由于机器人的关节主要包括转动关节和移动关节两类，因此机器人的运动将与相应的惯性力和惯性力矩相联系。与在进行机器人的位姿、速度与角速度等讨论时所遇到的情况一样，在不引起歧义时，可将对应直线运动的惯性力和对应转动运动的惯性力矩笼统地称为惯性力。

关节旋转时带动机器人转动，转动部件的质量将构成转动惯量。转动惯量的大小与旋转轴相关，不同的旋转轴对应着不同的转动惯量。比如，在电机的参数中有一个重要的参数就是转动惯量。由于电机的旋转轴总是不变的，因此电机的转动惯量是一个常数。

对于机器人的一个关节来说，由于关节轴线也是固定不变的，因此该关节的转动惯量是常数。但是对于机器人整体来说，情况将不同。机器人末端执行器的运动综合了所有关节的合成运动，是所有转动和移动状态的复合，变化过程复杂。而且在运动过程中，各个关节的旋转轴线及末端工具的姿态都是不断变化的。因此，机器人总体上的转动惯量将不再是常数，而是与位姿变化相关联的变量。

1．单轴旋转物体的转动惯量

这里以单连杆机械臂为例介绍单轴旋转物体的转动惯量。

图 1.4.1 所示为单连杆机械臂，电机通过减速器驱动连杆运动。减速器由两级减速齿轮构成，减速比分别为 i_1 和 i_2。连杆的质量为 m，质心到关节轴的距离为 l，电机转子的转动惯量为 I_m。减速器中齿轮的转动惯量分别为 I_1、I_2、I_3 和 I_4。

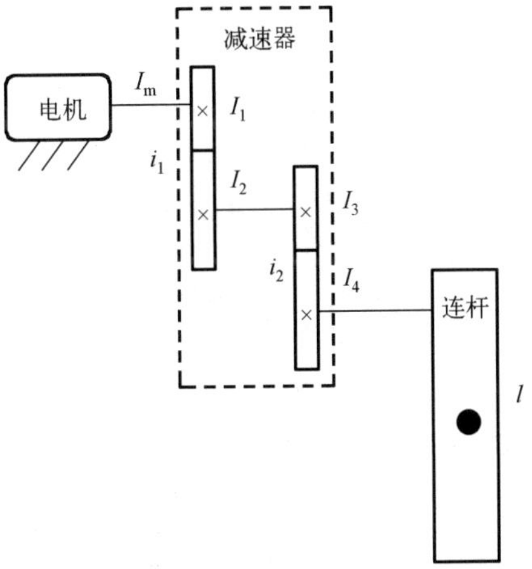

图 1.4.1　单连杆机械臂示意图

连杆绕关节轴转动，对应的转动惯量为

$$I_l = ml^2$$

将减速器和连杆的转动惯量换算到电机轴上，有

$$I_\Sigma = I_m + I_1 + \frac{I_2}{i_1^2} + \frac{I_3}{i_1^2} + \frac{I_4}{(i_1 i_2)^2} + \frac{I_l}{(i_1 i_2)^2}$$

2．惯性张量

对于三维空间中自由运动的刚体来说，可能存在无穷个旋转轴。在刚体绕某轴做旋转

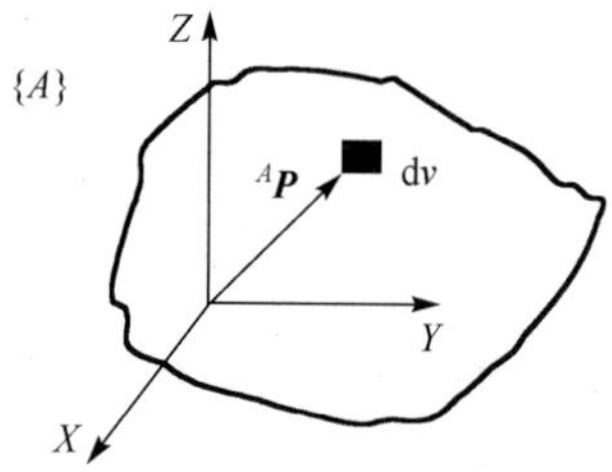

图 1.4.2　刚体的质量分布

运动时，需要一种能够表示刚体质量分布的方法，而惯性张量即可对物体的惯量分布情况进行描述。

图 1.4.2 表示一个刚体的质量分布。刚体的惯性张量可以在任意坐标系中定义。通常的处理方法是：在物体上绑定一个坐标系，然后针对固连于刚体上的坐标系来定义惯性张量。在图 1.4.2 中，将坐标系$\{A\}$固连于刚体上。

设刚体上小单元体的体积为 $\mathrm{d}v$，密度为 ρ，坐标为 $^A\boldsymbol{P}$，有

$$^A\boldsymbol{P}=\begin{bmatrix}x\\y\\z\end{bmatrix}$$

在坐标系$\{A\}$中描述的惯性张量由如下矩阵表示：

$$^A\boldsymbol{I}=\begin{bmatrix}I_{xx} & -I_{xy} & -I_{xz}\\-I_{xy} & I_{yy} & -I_{yz}\\-I_{xz} & -I_{yz} & I_{zz}\end{bmatrix} \tag{1-4-1}$$

矩阵中的各元素分别为

$$I_{xx}=\iiint_v (y^2+z^2)\rho\mathrm{d}v$$

$$I_{yy}=\iiint_v (x^2+z^2)\rho\mathrm{d}v$$

$$I_{zz}=\iiint_v (x^2+y^2)\rho\mathrm{d}v$$

$$I_{xy}=\iiint_v xy\rho\mathrm{d}v$$

$$I_{xz}=\iiint_v xz\rho\mathrm{d}v$$

$$I_{yz}=\iiint_v yz\rho\mathrm{d}v$$

I_{xx}、I_{yy} 和 I_{zz} 称为惯量矩。在对应的积分中，是单元质量 $\rho\mathrm{d}v$ 与其到对应的旋转轴距离平方的乘积。其余三个交叉项 I_{xy}、I_{xz} 和 I_{yz} 称为惯量积。

对于一个刚体来说，这六个相互独立的参量取决于所在的坐标系。选取不同的坐标系后，坐标系的位姿不同，对应的惯性张量也不同。当选取的坐标系使得三个交叉项对应的惯量积为零时，惯性张量矩阵 $^A I$ 为对角线矩阵。此时，坐标系的轴称为主轴，相应对角线上的惯量矩称为主惯量矩。

⟹ 有关惯性张量的一些性质

(1) 惯量矩永远为正值，而惯量积既可能是正值，也可能是负值。

(2) 如果坐标系的两个坐标轴构成的平面为刚体质量分布的对称平面，则正交于这个对称平面的坐标轴与另一个坐标轴的惯量积为零。

(3) 不论参考坐标系的方位如何变化，三个惯量矩的和保持不变。

(4) 惯性张量的特征值为刚体的主惯量矩，相应的特征矢量为主轴。

大多数机械臂连杆的几何形状及结构组成比较复杂，难以通过对应的公式进行求解。一般使用测量装置(如惯量摆)来测量每个连杆的惯量矩，而不是通过计算求得的。

1.5　机器人动力学建模方法

1. 机器人动力学建模(牛顿-欧拉方程法)

牛顿方程和欧拉方程提供了连杆所受惯性力或惯性力矩的计算方法，即如果已知连杆的速度和加速度，就可以根据牛顿方程和欧拉方程计算出相应的惯性力或惯性力矩。

牛顿方程为质心平移运动的动力学方程，具体方程可表示为

$$\boldsymbol{f}_{ci} = \mathrm{d}\left(m_i \boldsymbol{v}_{ci}\right) / \mathrm{d}t = m_i \dot{\boldsymbol{v}}_{ci}$$

欧拉方程描述了连杆作为刚体时的旋转运动动力学过程，欧拉方程具体形式如下：

$$\boldsymbol{n}_{ci} = \mathrm{d}\left({}^{c}\boldsymbol{I}_i \boldsymbol{\omega}_i\right) / \mathrm{d}t = {}^{c}\boldsymbol{I}_i \dot{\boldsymbol{\omega}}_i + \boldsymbol{\omega}_i \times \left({}^{c}\boldsymbol{I}_i \boldsymbol{\omega}_i\right)$$

在刚体上绑定坐标系后，刚体在自身坐标系中的惯性张量 ${}^{c}\boldsymbol{I}_i^i$ 为常量。若相对于基坐标系的旋转矩阵为 $\boldsymbol{R}_i$，则有 ${}^{c}\boldsymbol{I}_i = \boldsymbol{R}_i\, {}^{c}\boldsymbol{I}_i^i \boldsymbol{R}_i^{\mathrm{T}}$。可对以下欧拉方程中的求导进行如下解释：

$$\begin{aligned}
&\frac{\mathrm{d}}{\mathrm{d}t}({}^{c}\boldsymbol{I}_i \boldsymbol{\omega}_i) = \frac{\mathrm{d}}{\mathrm{d}t}(\boldsymbol{R}_i\, {}^{c}\boldsymbol{I}_i^i \boldsymbol{R}_i^{\mathrm{T}} \boldsymbol{\omega}_i) \\
&= \dot{\boldsymbol{R}}_i\, {}^{c}\boldsymbol{I}_i^i \boldsymbol{R}_i^{\mathrm{T}} \boldsymbol{\omega}_i + \boldsymbol{R}_i\, {}^{c}\boldsymbol{I}_i^i \dot{\boldsymbol{R}}_i^{\mathrm{T}} \boldsymbol{\omega}_i + \boldsymbol{R}_i\, {}^{c}\boldsymbol{I}_i^i \boldsymbol{R}_i^{\mathrm{T}} \dot{\boldsymbol{\omega}}_i \\
&= \boldsymbol{S}(\boldsymbol{\omega}_i) \boldsymbol{R}_i\, {}^{c}\boldsymbol{I}_i^i \boldsymbol{R}_i^{\mathrm{T}} \boldsymbol{\omega}_i + \boldsymbol{R}_i\, {}^{c}\boldsymbol{I}_i^i \dot{\boldsymbol{R}}_i^{\mathrm{T}} \boldsymbol{S}^{\mathrm{T}}(\boldsymbol{\omega}_i) \boldsymbol{\omega}_i + \boldsymbol{R}_i\, {}^{c}\boldsymbol{I}_i^i \boldsymbol{R}_i^{\mathrm{T}} \dot{\boldsymbol{\omega}}_i \\
&= \boldsymbol{S}(\boldsymbol{\omega}_i) \boldsymbol{R}_i\, {}^{c}\boldsymbol{I}_i^i \boldsymbol{R}_i^{\mathrm{T}} \boldsymbol{\omega}_i + \boldsymbol{R}_i\, {}^{c}\boldsymbol{I}_i^i \boldsymbol{R}_i^{\mathrm{T}} \dot{\boldsymbol{\omega}}_i \\
&= \boldsymbol{S}(\boldsymbol{\omega}_i)\, {}^{c}\boldsymbol{I}_i \boldsymbol{\omega}_i + \boldsymbol{R}_i\, {}^{c}\boldsymbol{I}_i^i \boldsymbol{R}_i^{\mathrm{T}} \dot{\boldsymbol{\omega}}_i \\
&= {}^{c}\boldsymbol{I}_i \dot{\boldsymbol{\omega}}_i + \boldsymbol{\omega}_i \times {}^{c}\boldsymbol{I}_i \boldsymbol{\omega}_i
\end{aligned}$$

牛顿-欧拉方程法的具体计算过程是：从基座开始，依次计算每个连杆质心的加速度，进而得到对应的惯性力或惯性力矩，这一过程是正向的计算过程。上述计算完成后，再从机械臂的末端开始，建立连杆的力平衡方程，进行逆向计算并依次计算出关节力或关节力矩。即整个动力学的求解包含了正向和逆向两个迭代计算过程。

在正向过程中进行速度、加速度及惯性力的迭代计算，在逆向过程中完成关节力或关节力矩的计算。

以转动关节为例，迭代计算过程如下。

正向外推： $i:0 \to n-1$

$$ {}^{i+1}\boldsymbol{\omega}_{i+1} = {}^{i+1}_{i}\boldsymbol{R}\,{}^{i}\boldsymbol{\omega}_{i} + \dot{\theta}_{i+1}\,{}^{i+1}\boldsymbol{z}_{i+1} \tag{1-5-1} $$

$$ {}^{i+1}\dot{\boldsymbol{\omega}}_{i+1} = {}^{i+1}_{i}\boldsymbol{R}\,{}^{i}\dot{\boldsymbol{\omega}}_{i} + {}^{i+1}_{i}\boldsymbol{R}\,{}^{i}\boldsymbol{\omega}_{i} \times \dot{\theta}_{i+1}\,{}^{i+1}\boldsymbol{Z}_{i+1} + \ddot{\theta}_{i+1}\,{}^{i+1}\boldsymbol{z}_{i+1} \tag{1-5-2} $$

$$ {}^{i+1}\dot{\boldsymbol{v}}_{i+1} = {}^{i+1}_{i}\boldsymbol{R}[{}^{i}\dot{\boldsymbol{\omega}}_{i} \times {}^{i}\boldsymbol{P}_{i+1} + {}^{i}\boldsymbol{\omega}_{i} \times ({}^{i}\boldsymbol{\omega}_{i} \times {}^{i}\boldsymbol{P}_{i+1}) + {}^{i}\dot{\boldsymbol{v}}_{i}] \tag{1-5-3} $$

$$ {}^{i+1}\dot{\boldsymbol{v}}_{ci+1} = {}^{i+1}\dot{\boldsymbol{v}}_{i+1} + {}^{i+1}\dot{\boldsymbol{\omega}}_{i+1} \times {}^{i+1}\boldsymbol{P}_{ci+1} + {}^{i+1}\boldsymbol{\omega}_{i+1} \times ({}^{i+1}\boldsymbol{\omega}_{i+1} \times {}^{i+1}\boldsymbol{P}_{ci+1}) \tag{1-5-4} $$

$$ {}^{i+1}\boldsymbol{F}_{i+1} = \boldsymbol{m}_{i+1}\,{}^{i+1}\dot{\boldsymbol{v}}_{i+1} \tag{1-5-5} $$

$$ {}^{i+1}\boldsymbol{N}_{i+1} = {}^{ci+1}\boldsymbol{I}_{i+1}\,{}^{i+1}\dot{\boldsymbol{\omega}}_{i+1} + {}^{i+1}\boldsymbol{\omega}_{i+1} \times {}^{ci+1}\boldsymbol{I}_{i+1}\,{}^{i+1}\boldsymbol{\omega}_{i+1} \tag{1-5-6} $$

逆向内推： $i:n \to 1$

$$ {}^{i}\boldsymbol{f}_{i} = {}^{i}_{i+1}\boldsymbol{R}\,{}^{i+1}\boldsymbol{f}_{i+1} + {}^{i}\boldsymbol{F}_{i} \tag{1-5-7} $$

$$ {}^{i}\boldsymbol{n}_{i} = {}^{i}\boldsymbol{N}_{i} + {}^{i}_{i+1}\boldsymbol{R}\,{}^{i+1}\boldsymbol{n}_{i+1} + {}^{i}\boldsymbol{P}_{ci} \times {}^{i}\boldsymbol{F}_{i} + {}^{i}\boldsymbol{P}_{i+1} \times {}^{i}_{i+1}\boldsymbol{R}\,{}^{i+1}\boldsymbol{f}_{i+1} \tag{1-5-8} $$

$$ \boldsymbol{\tau}_{i} = {}^{i}\boldsymbol{n}_{i}^{\mathrm{T}}\,{}^{i}\boldsymbol{z}_{i} \tag{1-5-9} $$

上面的正向外推公式中，式(1-5-1)计算角速度，式(1-5-2)计算角加速度，式(1-5-3)计算线加速度，式(1-5-4)计算质心的线加速度，式(1-5-5)和式(1-5-6)分别计算与加速度对应的力和力矩。以上公式均从基座计算至末端。

逆向内推公式中，式(1-5-7)和式(1-5-8)从末端开始，根据已知的外力和内推出的惯性力，依次计算每个连杆的力和力矩，从末端计算至基座。

式(1-5-9)计算关节的驱动力矩，对应力矩中的 Z 轴分量。

⟹ 关于重力的计算

令 ${}^{0}\dot{\boldsymbol{v}}_{0} = \boldsymbol{G}$ 就可以简单地将作用在连杆上的重力因素包含到动力学方程中。加速度 $\boldsymbol{G}$ 的大小与重力加速度相等，方向与其相反。这等效于机器人以重力加速度 g 做向上的加速运动，这个加速运动是假想的。增加了假想的重力加速度之后，机器人处于一种假想的不受重力作用的状态，与机器人的实际状态相一致。

2. 机器人动力学建模(拉格朗日方程法)

牛顿-欧拉方程描述的是连杆的力平衡关系，对应的动力学建模方法也是基于这些力平衡方程来进行的，比较直观地反映了具体的受力情况。而拉格朗日方程则是一种基于能量的方程，通过牛顿第二定律推导拉格朗日方程，可以看出拉格朗日方程思路的物理机制。

根据牛顿第二定律，在铅锤面上的 xy 坐标系中，质点 m 沿 y 方向的运动方程可写为

$$ m\ddot{y} = f - mg $$

式中，f 为外力，g 为重力加速度。将方程左侧改写为如下的形式：

$$m\ddot{y} = \frac{\mathrm{d}}{\mathrm{d}t}(m\dot{y}) = \frac{\mathrm{d}}{\mathrm{d}t}\frac{\partial}{\partial \dot{y}}\left(\frac{1}{2}m\dot{y}^2\right) = \frac{\mathrm{d}}{\mathrm{d}t}\frac{\partial K}{\partial \dot{y}}$$

类似地，mg 可写为

$$mg = \frac{\partial}{\partial y}(mgy) = \frac{\partial P}{\partial y}$$

而 mgy 为重力势能的描述。这样，定义拉格朗日函数

$$L = k - u = \frac{1}{2}m\ddot{y}^2 - mgy$$

并且考虑

$$\frac{\partial L}{\partial \dot{y}} = \frac{\partial k}{\partial \dot{y}}，\quad \frac{\partial L}{\partial y} = -\frac{\partial u}{\partial y}$$

可得

$$\frac{\mathrm{d}}{\mathrm{d}t}\frac{\partial L}{\partial \dot{y}} - \frac{\partial L}{\partial y} = f$$

反过来，在已知质点的动能和势能时，则可以基于上式计算出质点所受的外力 f。

拉格朗日方程的这种分析方法可以推广到其他的动力学系统中，对于机械臂而言同样是适用的，即可以用拉格朗日方程的方法建立机械臂的动力学方程。

对于同一个机械臂而言，采用牛顿–欧拉方程法和拉格朗日方程法得到的关节力矩或各关节的瞬态运动变量都是相同的，最终建立的动力学方程也是一致的。

拉格朗日方程中定义了一个标量函数，即拉格朗日函数 L，该函数定义为一个机械系统的动能与势能之差。动能 k 与势能 u 是关于关节位置 $\boldsymbol{q}$ 和速度 $\dot{\boldsymbol{q}}$ 的标量函数。机械臂的拉格朗日函数可表示为

$$L(\boldsymbol{q},\dot{\boldsymbol{q}}) = k(\boldsymbol{q},\dot{\boldsymbol{q}}) - u(\boldsymbol{q}) \tag{1-5-10}$$

则机械臂的运动方程为

$$\frac{\mathrm{d}}{\mathrm{d}t}\left(\frac{\partial L}{\partial \dot{\boldsymbol{q}}}\right) - \frac{\partial L}{\partial \boldsymbol{q}} = \boldsymbol{\tau} \tag{1-5-11}$$

其中，$\boldsymbol{\tau}$ 是 $n\times 1$ 的驱动力矩矢量。将动能和势能代入拉格朗日函数后，方程变为

$$\frac{\mathrm{d}}{\mathrm{d}t}\left(\frac{\partial k}{\partial \dot{\boldsymbol{q}}}\right) - \frac{\partial k}{\partial \boldsymbol{q}} + \frac{\partial u}{\partial \boldsymbol{q}} = \boldsymbol{\tau} \tag{1-5-12}$$

建立机械臂动力学方程的过程就是利用上面几个公式来进行的，首先建立动能和势能的表达式，然后利用式(1-5-10)或式(1-5-11)进一步推导得到机械臂的动力学方程表达式。

这里我们仅讨论比较简单的情况，即机械臂连杆为刚性串联的，不考虑弹性变形的影响。

下面讨论具体推导过程，首先讨论机械臂动能的表达式。

第 i 个连杆的动能 k_i 可以表示为

$$k_i = \frac{1}{2} m_i \boldsymbol{v}_{ci}^{\mathrm{T}} \boldsymbol{v}_{ci} + \frac{1}{2} {}^{i}\boldsymbol{\omega}_i^{\mathrm{T}} \, {}^{ci}\boldsymbol{I}_i \, {}^{i}\boldsymbol{\omega}_i \tag{1-5-13}$$

其中，等式右边第一项是由连杆质心线速度产生的动能，第二项是由连杆的角速度产生的动能。对于整个串联机械臂而言，其动能是各个连杆动能之和，即

$$k = \sum_{i=1}^{n} k_i$$

式(1-5-13)是连杆动能的具体表达式，分析可知 $\boldsymbol{v}_{ci}$ 和 ${}^{i}\boldsymbol{\omega}_i$ 是 $\boldsymbol{q}$ 和 $\dot{\boldsymbol{q}}$ 的函数，因此可将机械臂动能 $k(\boldsymbol{q},\dot{\boldsymbol{q}})$ 描述为关于关节位置 $\boldsymbol{q}$ 和速度 $\dot{\boldsymbol{q}}$ 的标量函数，故机械臂的动能可以写为

$$k(\boldsymbol{q},\dot{\boldsymbol{q}}) = \frac{1}{2} \dot{\boldsymbol{q}}^{\mathrm{T}} \boldsymbol{M}(\boldsymbol{q}) \dot{\boldsymbol{q}}$$

其中，$\boldsymbol{M}(\boldsymbol{q})$ 是 $n \times n$ 的机械臂质量矩阵。式(1-5-13)为二次型的表达式，也就是说，将该等式右边展开后可以得到一个全部由 $\dot{\theta}_i$ 的二次项组成的方程。并且，由于总动能永远是正的，故机械臂的质量矩阵一定是正定矩阵，正定矩阵的二次型永远是正值，这可以与质量总是正数这一事实进行类比理解。可以看出，式(1-5-13)类似于我们熟悉的质点动能表达式

$$k = \frac{1}{2} m v^2$$

第 i 个连杆的势能 u_i 可以表示为

$$u_i = -m_i \, {}^{0}\boldsymbol{g}^{\mathrm{T}} \, {}^{0}\boldsymbol{P}_{ci} + u_{\mathrm{ref}i} \tag{1-5-14}$$

其中，${}^{0}\boldsymbol{g} = [0 \; 0 \; g]$ 是重力矢量，${}^{0}\boldsymbol{P}_{ci}$ 是位于第 i 个连杆质心的位置矢量，$u_{\mathrm{ref}i}$ 是使 u_i 最小值为零的常数。实际上，动力学方程中仅出现势能关于 $\boldsymbol{q}$ 的偏导数，故这个常数是任意的，这相当于势能可以相对于任意一个参考零点来定义。机械臂的总势能为各个连杆势能之和，即

$$u = \sum_{i=1}^{n} u_i$$

因为式(1-5-14)中 ${}^{0}\boldsymbol{P}_{ci}$ 是 $\boldsymbol{q}$ 的函数，故可看出机械臂的势能 $u(\boldsymbol{q})$ 是关于关节位置 $\boldsymbol{q}$ 的标量函数。

⟹ 动力学方程的一般结构

忽略方程中的某些细节，可以比较方便地表示动力学方程的基本结构，可以将动力学方程写成如下的典型形式：

$$\boldsymbol{\tau} = \boldsymbol{M}(\boldsymbol{\theta})\ddot{\boldsymbol{\theta}} + \boldsymbol{V}(\boldsymbol{\theta},\dot{\boldsymbol{\theta}}) + \boldsymbol{G}(\boldsymbol{\theta}) \tag{1-5-15}$$

其中，$\boldsymbol{M}(\boldsymbol{\theta})$ 是 $n\times n$ 的机械臂质量矩阵，$\boldsymbol{V}(\boldsymbol{\theta},\dot{\boldsymbol{\theta}})$ 是 $n\times 1$ 的离心力与科氏力矢量，$\boldsymbol{G}(\boldsymbol{\theta})$ 是 $n\times 1$ 的重力矢量。上式被称为状态空间方程，因为式(1-5-15)中的矢量 $\boldsymbol{V}(\boldsymbol{\theta},\dot{\boldsymbol{\theta}})$ 取决于位置和速度。

$\boldsymbol{M}(\boldsymbol{\theta})$ 和 $\boldsymbol{G}(\boldsymbol{\theta})$ 中的元素都是关于机械臂所有关节位置 $\boldsymbol{\theta}$ 的复杂函数，$\boldsymbol{V}(\boldsymbol{\theta},\dot{\boldsymbol{\theta}})$ 是关于位置 $\boldsymbol{\theta}$ 与速度 $\dot{\boldsymbol{\theta}}$ 的复杂函数。可以将机械臂动力学方程中不同类型的项划分为质量矩阵、离心力与科氏力矢量及重力矢量。

1.6　机械臂动力学模型

下面结合多自由度机械臂给出动力学模型的具体分析。

1. 单关节系统

机器人旋转关节的驱动系统一般由驱动电机、减速器组成，如图 1.6.1 所示。I_m 为电机转子的转动惯量，I 为减速器输出轴上的等效转动惯量。F_m 和 F 为电机转子和减速器输出轴上的黏滞摩擦系数。输入齿轮和输出齿轮的半径分别为 r_m 和 r 。c_m 和 c_1 分别表示电机轴和减速带输出轴上的转矩。ω_m 和 θ_m 为电机轴的转速和转角。ω 和 θ 为电机轴的转速和转角。f 表示齿轮啮合时的相互作用力。

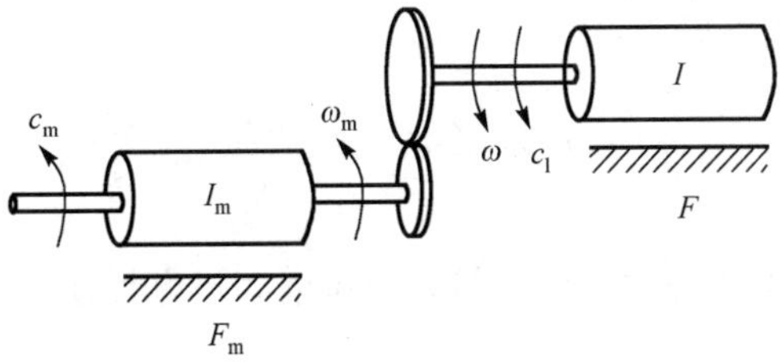

图 1.6.1　机器人旋转关节驱动系统

齿轮的减速比定义为

$$k_r = \frac{r}{r_m} = \frac{\theta_m}{\theta} = \frac{\omega_m}{\omega} \tag{1-6-1}$$

电机与负载的力学平衡可包括如下两部分：

$$c_m = I_m\dot{\omega}_m + F_m\omega_m + fr_m \tag{1-6-2}$$

$$fr = I\dot{\omega} + F\omega + c_1 \tag{1-6-3}$$

由上述两个方程可以得出

$$c_{\mathrm{m}}=I_{\mathrm{eq}}\dot{\omega}_{\mathrm{m}}+F_{\mathrm{eq}}\omega_{\mathrm{m}}+\frac{c_{1}}{k_{\mathrm{r}}} \tag{1-6-4}$$

其中

$$I_{\mathrm{eq}}=I_{\mathrm{m}}+\frac{I}{k_{\mathrm{r}}^{2}},\quad F_{\mathrm{eq}}=F_{\mathrm{m}}+\frac{F}{k_{\mathrm{r}}^{2}} \tag{1-6-5}$$

在图 1.6.1 的基础上考虑连杆的作用，如图 1.6.2 所示，连杆的质量为 m，质心位置与减速器输出轴距离为 l。连杆在铅锤面内运动。增加连杆后减速器输出轴上的等效转动惯量仍然用 I 表示。则上述方程变为

$$c_{\mathrm{m}}=I_{\mathrm{m}}\dot{\omega}_{\mathrm{m}}+F_{\mathrm{m}}\omega_{\mathrm{m}}+fr_{\mathrm{m}} \tag{1-6-6}$$

$$fr=I\dot{\omega}+F\omega+mgl\sin\theta \tag{1-6-7}$$

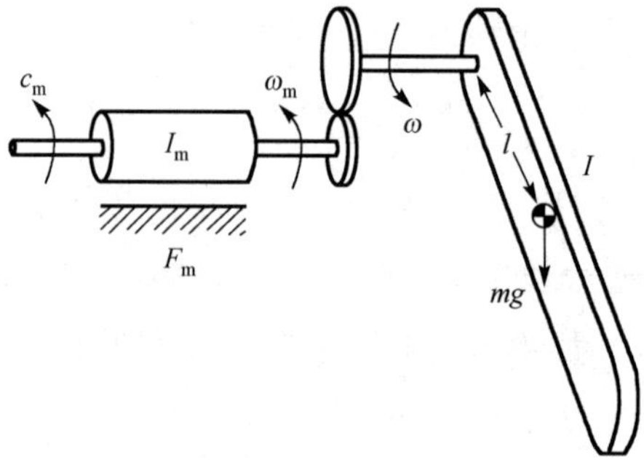

图 1.6.2 考虑连杆作用时的机器人旋转关节驱动系统

而等效到电机轴上的方程变为

$$c_{\mathrm{m}}=I_{\mathrm{eq}}\dot{\omega}_{\mathrm{m}}+F_{\mathrm{eq}}\omega_{\mathrm{m}}+\frac{mgl}{k_{\mathrm{r}}}\sin\left(\frac{\theta_{\mathrm{m}}}{k_{\mathrm{r}}}\right) \tag{1-6-8}$$

假设 $\theta=0$ 时连杆位于铅锤向下的位置，按拉格朗日方程建立系统的动力学方程，系统的动能为

$$k=\frac{1}{2}I\dot{\theta}^{2}+\frac{1}{2}I_{\mathrm{m}}k_{\mathrm{r}}^{2}\dot{\theta}^{2}$$

势能是相对量，这里定义系统的势能为

$$u=mgl(1-\cos\theta)$$

因此可得拉格朗日函数为

$$L=\frac{1}{2}I\dot{\theta}^{2}+\frac{1}{2}I_{\mathrm{m}}k_{\mathrm{r}}^{2}\dot{\theta}^{2}-mgl(1-\cos\theta)$$

由拉格朗日方程可得

$$(I+I_{\mathrm{m}}k_{\mathrm{r}}^{2})\ddot{\theta}+mgl\sin\theta=\xi$$

广义力 ξ 由关节上的驱动力矩 τ 、黏滞摩擦力矩 $-F\dot{\theta}$ 和 $-F_{\mathrm{m}}k_{\mathrm{r}}^2\theta$ 提供：

$$\xi = \tau - F\dot{\theta} - F_{\mathrm{m}}k_{\mathrm{r}}^2\dot{\theta}$$

整个单关节系统的动力学方程为

$$(I + I_{\mathrm{m}}k_{\mathrm{r}}^2)\ddot{\theta} + (F + F_{\mathrm{m}}k_{\mathrm{r}}^2)\dot{\theta} + mgl\sin\theta = \tau$$

2．多连杆机械臂

如图 1.6.3 所示，在多自由度机械臂中，每个连杆可以找到其等效集中质量 m_{l_i} 及等效转动惯量 I_{l_i} 。连杆自身的转动惯量可以视为常数。图 1.6.3 给出了质心在基坐标系中的位置向量 $\boldsymbol{p}_{l_i}$ ，连杆的角速度为 ω_i 。质心的计算可以通过对 r_i 处密度为 ρ 、体积为 $\mathrm{d}V$ 的微质量单元 $\rho\mathrm{d}V$ 做积分进行：

$$\boldsymbol{p}_{l_i} = \frac{1}{m_{l_i}}\int_V \boldsymbol{p}_i^*\rho\mathrm{d}V \tag{1-6-9}$$

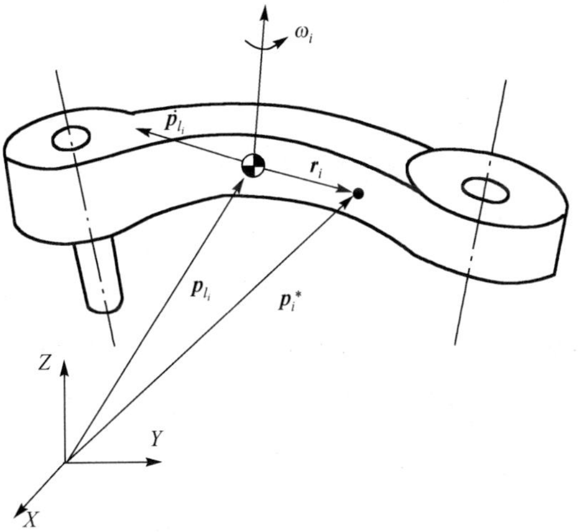

图 1.6.3　多自由度机械臂

由于机械臂在运动时各连杆是分别运动的，机械臂构型不断变化，因此虽然每个连杆自身的惯量为常数，但由于构型变化的影响，实际折算到连杆 i 上的等效惯量将随后续连杆位姿的变化而变化。此时，坐标系各个方向上都将产生惯性作用，因此需要采用惯性张量在三维空间中进行描述。

此外，还需要注意电机驱动系统对质量和惯量的影响。连杆 i 的驱动电机是位于连杆 $i-1$ 上的，而连杆 i 上安装的电机驱动的是连杆 $i+1$ 。由于驱动电机及其减速器的质量较大，电机和减速器的质量及相应的惯量一般不应忽略。

为了分析电机驱动系统对动能的影响，这里将电机的影响分为两部分进行考虑：一部分对应于平移运动所对应的质量，另一部分对应于旋转运动所对应的惯量。相邻的两个连杆中，后一个连杆的驱动电机和减速器一般是固定安装在前一个连杆上的，因此电机和减速器的质量应该在所处的连杆中加以考虑。

对于电机转子和减速器中的旋转部件，情况则有所不同。由于旋转部件是与后一个连杆一起运动的，相应的惯量应该折算到后一个连杆中进行考虑。但是，由于电机和减速器的转动惯量相对而言容易获取，因此也可以对旋转部件的惯性力进行单独的计算，以简化分析。

如在关节 i 的电机和减速器中，将转动部件等效到电机一侧的转动惯量为 I_{m}、传动系统的减速比为 k_{r}、电机轴的转角为 θ_{m}、电机轴上的电磁转矩为 τ_{m}、关节上的转矩为 τ_i、广义关节变量为 q_i，则电机侧的动力学方程为

$$\tau_{\mathrm{m}} - \tau_i / k_{\mathrm{r}} = I_{\mathrm{m}} \ddot{\theta}_{\mathrm{m}} \tag{1-6-10}$$

或者换算到关节端，关节侧的动力学方程为

$$k_{\mathrm{r}} \tau_{\mathrm{m}} - \tau_i = k_{\mathrm{r}}^2 I_{\mathrm{m}} \ddot{q}_i \tag{1-6-11}$$

其中，减速比 $k_{\mathrm{r}} = \theta_{\mathrm{m}} / q_i$ 应根据关节的具体类型进行计算。对于平移关节，减速比的表达形式与旋转关节不同。

经上述处理后，将电机和减速器的质量考虑到对应的连杆中，即可最终得到包括电机传动系统在内的单个连杆的等效质量及等效转动惯量。

完成单个连杆的分析计算后，可对多自由度机械臂的总动能进行计算。

在计算机械臂动能和势能时，首先从单个连杆开始，分别建立单个连杆的动能、势能。然后，将所有连杆的动能和势能组合起来，得到多自由度机械臂的总动能和总势能。

连杆 i 的动能 k 可表示为

$$k_{l_i} = \frac{1}{2} m_{l_i} \dot{\boldsymbol{p}}_{l_i}^{\mathrm{T}} \dot{\boldsymbol{p}}_{l_i} + \frac{1}{2} \boldsymbol{\omega}_i^{\mathrm{T}} \boldsymbol{R}_i I_{l_i} \boldsymbol{R}_i^{\mathrm{T}} \boldsymbol{\omega}_i \tag{1-6-12}$$

连杆 i 的速度由该连杆之前的所有连杆的运动速度组合而成，可利用雅可比矩阵进行计算。线速度 $\dot{\boldsymbol{p}}_{l_i}$ 与角速度 $\boldsymbol{\omega}_i$ 可以用雅可比矩阵进一步表示为

$$\dot{\boldsymbol{p}}_{l_i} = \boldsymbol{J}_{p1}^{(l_i)} \dot{\boldsymbol{q}}_1 + \cdots + \boldsymbol{J}_{pi}^{(l_i)} \dot{\boldsymbol{q}}_i = \boldsymbol{J}_p^{(l_i)} \dot{\boldsymbol{q}} \tag{1-6-13}$$

$$\boldsymbol{\omega}_i = \boldsymbol{J}_{o1}^{(l_i)} \dot{\boldsymbol{q}}_1 + \cdots + \boldsymbol{J}_{oi}^{(l_i)} \dot{\boldsymbol{q}}_i = \boldsymbol{J}_o^{(l_i)} \dot{\boldsymbol{q}} \tag{1-6-14}$$

其中，上述两式中的雅可比矩阵与常规意义上的雅可比矩阵略有不同。这里的雅可比矩阵不是针对机械臂的末端的，而是对应连杆 i 的，第 i 列对应第 i 关节的末端速度。因此，雅可比矩阵的右上角标的括号中标明了对应的连杆。

按矢量积法计算雅可比矩阵时，连杆 i 之前的所有关节都参与计算。其中的关节 j 所对应的列向量可由下面两式计算：

$$\boldsymbol{J}_{pj}^{(l_i)}=\begin{cases}\boldsymbol{z}_{j-1} & \text{移动关节}\\ \boldsymbol{z}_{j-1}\times(\boldsymbol{p}_{l_i}-\boldsymbol{p}_{j-1}) & \text{转动关节}\end{cases} \tag{1-6-15}$$

$$\boldsymbol{J}_{oj}^{(l_i)}=\begin{cases}0 & \text{移动关节}\\ \boldsymbol{z}_{j-1} & \text{转动关节}\end{cases} \tag{1-6-16}$$

式中，$\boldsymbol{p}_{j-1}$为连杆$j-1$坐标系原点的位置向量，$\boldsymbol{z}_{j-1}$为Z轴单位向量。

将雅可比矩阵的表示扩展到机械臂的全部关节，式(1-6-13)、式(1-6-14)中的雅可比矩阵表示为

$$\boldsymbol{J}_{p}^{(l_i)}=\begin{bmatrix}\boldsymbol{J}_{p1}^{(l_i)} & \cdots & \boldsymbol{J}_{pi}^{(l_i)} & 0 & \cdots & 0\end{bmatrix} \tag{1-6-17}$$

$$\boldsymbol{J}_{o}^{(l_i)}=\begin{bmatrix}\boldsymbol{J}_{o1}^{(l_i)} & \cdots & \boldsymbol{J}_{oi}^{(l_i)} & 0 & \cdots & 0\end{bmatrix} \tag{1-6-18}$$

式中，雅可比矩阵的列数被补齐为与机械臂总的关节数相等的列数，连杆i后面的列用零补齐。

用关节变量表示后，式(1-6-12)变为

$$k_{l_i}=\frac{1}{2}m_{l_i}\dot{\boldsymbol{q}}^{\mathrm{T}}\boldsymbol{J}_{p}^{(l_i)\mathrm{T}}\boldsymbol{J}_{p}^{(l_i)}\dot{\boldsymbol{q}}+\frac{1}{2}\dot{\boldsymbol{q}}^{\mathrm{T}}\boldsymbol{J}_{o}^{(l_i)\mathrm{T}}\boldsymbol{R}_i\boldsymbol{I}_{l_i}\boldsymbol{R}_i^{\mathrm{T}}\boldsymbol{J}_{o}^{(l_i)}\dot{\boldsymbol{q}} \tag{1-6-19}$$

则n连杆机械臂的总动能可写为

$$k=\sum_{i=1}^{n}k_{l_i}=\frac{1}{2}\dot{\boldsymbol{q}}^{\mathrm{T}}\boldsymbol{B}(\boldsymbol{q})\dot{\boldsymbol{q}} \tag{1-6-20}$$

其中

$$\boldsymbol{B}(\boldsymbol{q})=\sum_{i=1}^{n}[m_{l_i}\boldsymbol{J}_{p}^{(l_i)\mathrm{T}}\boldsymbol{J}_{p}^{(l_i)}+\boldsymbol{J}_{o}^{(l_i)\mathrm{T}}\boldsymbol{R}_i\boldsymbol{I}_{l_i}\boldsymbol{R}_i^{\mathrm{T}}\boldsymbol{J}_{o}^{(l_i)}] \tag{1-6-21}$$

从式(1-6-20)所示的动能表达式可以看出，动能与关节变量及关节速度有关。

连杆的势能与质量相关，重力加速度矢量为$\boldsymbol{g}_0=\begin{bmatrix}0 & 0 & -g\end{bmatrix}^{\mathrm{T}}$，势能可按下式计算：

$$u=\sum_{i=1}^{n}-m_{l_i}\boldsymbol{g}_0^{\mathrm{T}}\boldsymbol{p}_{l_i} \tag{1-6-22}$$

可得势能与质心位置有关，因此也与机械臂的关节变量有关。

由式(1-6-20)及式(1-6-22)可得拉格朗日函数为

$$L(\boldsymbol{q},\dot{\boldsymbol{q}})=k(\boldsymbol{q},\dot{\boldsymbol{q}})-u(\boldsymbol{q}) \tag{1-6-23}$$

得到式(1-6-21)所示的惯性矩阵之后，将式(1-6-23)中的拉格朗日函数代入拉格朗日方程，可计算出广义力为

$$\boldsymbol{B}(\boldsymbol{q})\ddot{\boldsymbol{q}}+\boldsymbol{n}(\boldsymbol{q},\dot{\boldsymbol{q}})=\boldsymbol{\xi} \tag{1-6-24}$$

式中

$$\boldsymbol{n}(\boldsymbol{q},\dot{\boldsymbol{q}})=\dot{\boldsymbol{B}}(\boldsymbol{q})\dot{\boldsymbol{q}}-\frac{1}{2}\left(\frac{\partial}{\partial \boldsymbol{q}}(\dot{\boldsymbol{q}}^{\mathrm{T}}\boldsymbol{B}(\boldsymbol{q})\dot{\boldsymbol{q}})\right)^{\mathrm{T}}+\left(\frac{\partial \boldsymbol{u}(\boldsymbol{q})}{\partial \boldsymbol{q}}\right)^{\mathrm{T}} \tag{1-6-25}$$

$$\begin{aligned}\boldsymbol{g}_i(\boldsymbol{q})&=\frac{\partial \boldsymbol{u}(\boldsymbol{q})}{\partial q_i}=-\frac{\partial}{\partial q_i}\left(\sum_{j=1}^{n}m_{l_j}\boldsymbol{g}_0^{\mathrm{T}}\boldsymbol{p}_{l_j}\right)\\&=-\sum_{j=1}^{n}m_{l_j}\boldsymbol{g}_0^{\mathrm{T}}\frac{\partial \boldsymbol{p}_{l_j}}{\partial q_i}\\&=-\sum_{j=1}^{n}m_{l_j}\boldsymbol{g}_0^{\mathrm{T}}\boldsymbol{J}_{pi}^{(l_j)}(\boldsymbol{q})\end{aligned} \tag{1-6-26}$$

最终的动力学方程表示为

$$\sum_{j=1}^{n}b_{ij}(\boldsymbol{q})\ddot{q}_j+\sum_{j=1}^{n}\sum_{k=1}^{n}h_{ijk}(\boldsymbol{q})\dot{q}_j\dot{q}_k+\boldsymbol{g}_i(\boldsymbol{q})=\boldsymbol{\tau}_i \quad i=1,\cdots,n \tag{1-6-27}$$

其中，广义力 $\boldsymbol{\xi}=[\boldsymbol{\tau}_1 \quad \cdots \quad \boldsymbol{\tau}_n]^{\mathrm{T}}$，$h_{ijk}=\dfrac{\partial b_{ij}}{\partial q_k}-\dfrac{1}{2}\dfrac{\partial b_{jk}}{\partial q_i}$。

1.7 两连杆平面机械臂的动力学建模

1. 两连杆笛卡儿机械臂

图 1.7.1 为两连杆笛卡儿机械臂，两个连杆在其垂直方向移动，移动位移为 d_1 和 d_2，连杆的质量分别为 m_{l_1} 和 m_{l_2}，m_{m_1} 和 m_{m_2} 为电机转子的质量，I_{m_1} 和 I_{m_2} 为电机转子的转动惯量。广义关节变量为 $\boldsymbol{q}=[d_1\ d_2]^{\mathrm{T}}$。

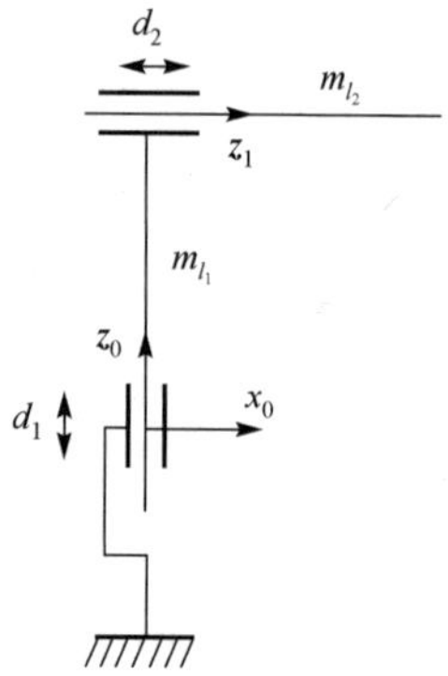

图 1.7.1　两连杆笛卡儿机械臂

假设电机的质量集中于关节轴上，电机和连杆的质心均位于各自连杆坐标系的原点上。

首先，按式(1-6-17)和式(1-6-18)计算雅可比矩阵。在基坐标系中，针对连杆 1，连杆只有平动(平移运动)没有转动(旋转运动)。关节 1 的 Z 轴单位向量为 $\boldsymbol{z}_0=[0 \quad 0 \quad 1]^{\mathrm{T}}$，由式(1-6-15)可得

$$\boldsymbol{J}_p^{(l_1)}=\begin{bmatrix}0&0\\0&0\\1&0\end{bmatrix} \quad \boldsymbol{J}_0^{(l_1)}=\begin{bmatrix}0&0\\0&0\\k_{r_1}&0\end{bmatrix}$$

针对关节 2，Z 轴单位向量在基坐标系中的描述为 $\boldsymbol{z}_1=[1 \quad 0 \quad 0]^{\mathrm{T}}$，因此雅可比矩阵为

$$\boldsymbol{J}_p^{(l_2)}=\begin{bmatrix}0&1\\0&0\\1&0\end{bmatrix} \quad \boldsymbol{J}_0^{(l_2)}=\begin{bmatrix}0&k_{r_2}\\0&0\\0&0\end{bmatrix}$$

首先计算平移运动部分，由式(1-6-21)可计算出惯性矩阵为

$$\begin{aligned}\boldsymbol{B}(\boldsymbol{q})&=\sum_{i=1}^{n}[m_{l_i}\boldsymbol{J}_p^{(l_i)\mathrm{T}}\boldsymbol{J}_p^{(l_i)}+\boldsymbol{J}_o^{(l_i)\mathrm{T}}\boldsymbol{R}_i I_{l_i}\boldsymbol{R}_i^{\mathrm{T}}\boldsymbol{J}_o^{(l_i)}]\\&=(m_{l_1}+m_{m_2})\boldsymbol{J}_p^{(l_1)\mathrm{T}}\boldsymbol{J}_p^{(l_1)}+m_{l_2}\boldsymbol{J}_p^{(l_2)\mathrm{T}}\boldsymbol{J}_p^{(l_2)}\\&=(m_{l_1}+m_{m_2})\begin{bmatrix}0&0&1\\0&0&0\end{bmatrix}\begin{bmatrix}0&0\\0&0\\1&0\end{bmatrix}+m_{l_2}\begin{bmatrix}0&0&1\\1&0&0\end{bmatrix}\begin{bmatrix}0&1\\0&0\\1&0\end{bmatrix}\\&=(m_{l_1}+m_{m_2})\begin{bmatrix}1&0\\0&0\end{bmatrix}+m_{l_2}\begin{bmatrix}1&0\\0&1\end{bmatrix}\\&=\begin{bmatrix}m_{l_1}+m_{l_2}+m_{m_2}&0\\0&m_{l_2}\end{bmatrix}\end{aligned}$$

考察该惯性矩阵可以看出，对角线以外的元素均为零，惯性矩阵为对角矩阵，并且惯性矩阵为常数，与关节变量无关。这一点表明，在动力学方程中将不会出现惯性耦合项。

对于重力项，$\boldsymbol{g}_0=[0\quad 0\quad -g]^{\mathrm{T}}$，其中 g 为重力加速度。由式(1-6-26)可得

$$\begin{aligned}g_1(\boldsymbol{q})&=-\sum_{j=1}^{n}m_{l_j}\boldsymbol{g}_0^{\mathrm{T}}\boldsymbol{J}_{p1}^{(l_j)}(\boldsymbol{q})\\&=-(m_{l_1}+m_{m_2})\ \boldsymbol{g}_0^{\mathrm{T}}\boldsymbol{J}_{p1}^{(l_1)}(\boldsymbol{q})-m_{l_2}\boldsymbol{g}_0^{\mathrm{T}}\boldsymbol{J}_{p1}^{(l_2)}(\boldsymbol{q})\\&=-(m_{l_1}+m_{m_2})[0\quad 0\quad -g]\begin{bmatrix}0\\0\\1\end{bmatrix}-m_{l_2}[0\quad 0\quad -g]\begin{bmatrix}0\\0\\1\end{bmatrix}\\&=(m_{l_1}+m_{m_2}+m_{l_2})g\end{aligned}$$

$$\begin{aligned}g_2(\boldsymbol{q})&=-\sum_{j=1}^{n}m_{l_j}\boldsymbol{g}_0^{\mathrm{T}}\boldsymbol{J}_{p2}^{(l_j)}(\boldsymbol{q})\\&=-(m_{l_1}+m_{m_2})\boldsymbol{g}_0^{\mathrm{T}}\boldsymbol{J}_{p2}^{(l_1)}(\boldsymbol{q})-m_{l_2}\boldsymbol{g}_0^{\mathrm{T}}\boldsymbol{J}_{p2}^{(l_2)}(\boldsymbol{q})\\&=-(m_{l_1}+m_{m_2})[0\quad 0\quad -g]\begin{bmatrix}1\\0\\0\end{bmatrix}-m_{l_2}[0\quad 0\quad -g]\begin{bmatrix}1\\0\\0\end{bmatrix}=0\end{aligned}$$

最后可得动力学方程为

$$(m_{l_1}+m_{l_2}+m_{m_2})\ddot{d}_1+(m_{l_1}+m_{l_2}+m_{m_2})g=\tau_1$$

$$m_{l_2}\ddot{d}_2=\tau_2$$

进一步地，考虑电机和减速器中的旋转部件的转动惯量的影响，在动力学方程中补充对应的惯性力，可得

$$(m_{l_1}+m_{l_2}+m_{m_2}+k_{r_1}^2 I_{m_1})\ddot{d}_1+(m_{l_1}+m_{l_2}+m_{m_2})g=\tau_1$$

$$(m_{l_2}+k_{r_2}^2 I_{m_2})\ \ddot{d}_2=\tau_2$$

其中，I_{m_1} 和 I_{m_2} 分别为将电机和减速器转动部件等效到电机侧的转动惯量，$k_{r_1}=\theta_{m_1}/d_1$ 和 $k_{r_2}=\theta_{m_2}/d_2$ 分别为两个减速器的减速比，θ_{m_1} 和 θ_{m_2} 为电机的转速。

2．两连杆平面关节型机械臂

图 1.7.2 所示为两连杆平面关节型机械臂，其广义坐标向量为 $\boldsymbol{q}=[\theta_1 \quad \theta_2]^{\mathrm{T}}$。令 l_1 和 l_2 为两连杆质心到关节轴的距离，m_{l_1} 和 m_{l_2} 为两连杆质量，I_{l_1} 和 I_{l_2} 为相对于两连杆的转动惯量，I_{m_1} 和 I_{m_2} 为两电机转子等效到连杆的转动惯量，a_1、a_2 为杆长。假设电机转子轴位于关节轴上，电机质心等效至与各连杆的质心重合，因此电机驱动部件的质量和惯量可以与连杆的质量和惯量合并在一起，作为等效的连杆质量和连杆惯量进行计算。

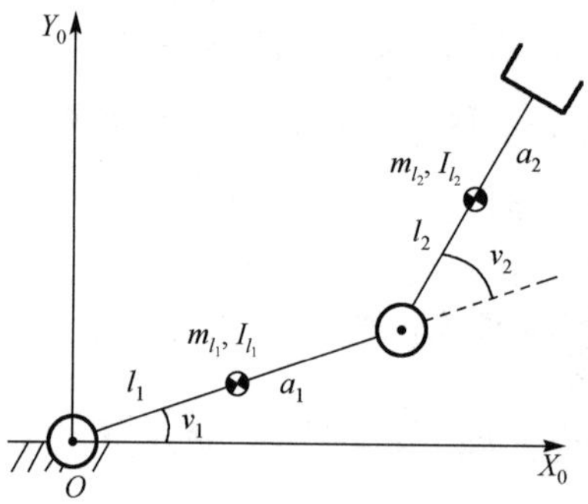

图 1.7.2　两连杆平面关节型机械臂

首先，计算每个连杆质心对应的雅可比矩阵。

$$\boldsymbol{J}_{p1}^{(l_1)}=\boldsymbol{z}_0\times(\boldsymbol{o}_{l_1}-\boldsymbol{o}_0)=\begin{bmatrix}0\\0\\1\end{bmatrix}\times\begin{bmatrix}l_1c_1\\l_1s_1\\0\end{bmatrix}=\begin{bmatrix}0&-1&0\\1&0&0\\0&0&0\end{bmatrix}\begin{bmatrix}l_1c_1\\l_1s_1\\0\end{bmatrix}=\begin{bmatrix}-l_1s_1\\l_1c_1\\0\end{bmatrix}$$

$$\boldsymbol{J}_{p1}^{(l_2)}=\boldsymbol{z}_0\times(\boldsymbol{o}_{l_2}-\boldsymbol{o}_0)=\begin{bmatrix}0\\0\\1\end{bmatrix}\times\begin{bmatrix}a_1c_1+l_2c_{12}\\a_1s_1+l_2s_{12}\\0\end{bmatrix}=\begin{bmatrix}0&-1&0\\1&0&0\\0&0&0\end{bmatrix}\begin{bmatrix}a_1c_1+l_2c_{12}\\a_1s_1+l_2s_{12}\\0\end{bmatrix}=\begin{bmatrix}-a_1s_1-l_2s_{12}\\a_1c_1+l_2c_{12}\\0\end{bmatrix}$$

$$\boldsymbol{J}_{p2}^{(l_2)}=\boldsymbol{z}_1\times(\boldsymbol{o}_{l_2}-\boldsymbol{o}_1)=\begin{bmatrix}0\\0\\1\end{bmatrix}\times\left(\begin{bmatrix}a_1c_1+l_2c_{12}\\a_1s_1+l_2s_{12}\\0\end{bmatrix}-\begin{bmatrix}a_1c_1\\a_1s_1\\0\end{bmatrix}\right)=\begin{bmatrix}0&-1&0\\1&0&0\\0&0&0\end{bmatrix}\begin{bmatrix}l_2c_{12}\\l_2s_{12}\\0\end{bmatrix}=\begin{bmatrix}-l_2s_{12}\\l_2c_{12}\\0\end{bmatrix}$$

因此

$$\boldsymbol{J}_p^{(l_1)}=\begin{bmatrix}-l_1s_1&0\\l_1c_1&0\\0&0\end{bmatrix},\quad \boldsymbol{J}_p^{(l_2)}=\begin{bmatrix}-a_1s_1-l_2s_{12}&-l_2s_{12}\\a_1c_1+l_2c_{12}&l_2c_{12}\\0&0\end{bmatrix}$$

针对角速度，有

$$\boldsymbol{J}_o^{(l_1)}=\begin{bmatrix}0&0\\0&0\\1&0\end{bmatrix},\quad \boldsymbol{J}_o^{(l_2)}=\begin{bmatrix}0&0\\0&0\\1&1\end{bmatrix}$$

$$\boldsymbol{R}_1=\begin{bmatrix}c_1&-s_1&0\\s_1&c_1&0\\0&0&1\end{bmatrix},\quad \boldsymbol{R}_2=\begin{bmatrix}c_{12}&-s_{12}&0\\s_{12}&c_{12}&0\\0&0&1\end{bmatrix}$$

由式(1-6-21)可计算惯性矩阵为

$$\begin{aligned}\boldsymbol{B}(\boldsymbol{q})&=\sum_{i=1}^{n}(m_{l_i}\boldsymbol{J}_p^{(l_i)\mathrm{T}}\boldsymbol{J}_p^{(l_i)}+\boldsymbol{J}_o^{(l_i)\mathrm{T}}\boldsymbol{R}_iI_{l_i}\boldsymbol{R}_i^{\mathrm{T}}\boldsymbol{J}_o^{(l_i)})\\&=(m_{l_1}+m_{m_2})\,\boldsymbol{J}_p^{(l_1)\mathrm{T}}\boldsymbol{J}_p^{(l_1)}+m_{l_2}\boldsymbol{J}_p^{(l_2)\mathrm{T}}\boldsymbol{J}_p^{(l_2)}+\boldsymbol{J}_o^{(l_1)\mathrm{T}}\boldsymbol{R}_1(I_{l_1}+I_{m_1})\,\boldsymbol{R}_1^{\mathrm{T}}\boldsymbol{J}_o^{(l_1)}+\boldsymbol{J}_o^{(l_2)\mathrm{T}}\boldsymbol{R}_2(I_{l_2}+I_{m_2})\,\boldsymbol{R}_2^{\mathrm{T}}\boldsymbol{J}_o^{(l_2)}\\&=\begin{bmatrix}b_{11}&b_{12}\\b_{21}&b_{22}\end{bmatrix}\end{aligned}$$

其中

$$b_{11}=(m_{l_1}+m_{m_2})\,l_1^2+m_{l_2}(a_1^2+l_2^2+2a_1l_2c_2)+I_{l_1}+I_{m_1}+I_{m_2}+I_{l_2}$$

$$b_{12}=b_{21}=I_{l_2}+I_{m_2}+m_{l_2}(l_2^2+a_1l_2c_2)$$

$$b_{22}=I_{l_2}+I_{m_2}+m_{l_2}l_2^2$$

该机械臂的惯性矩阵元素是关节变量的函数。根据式(1-6-27)可计算动力学模型中的其他部分。与式(1-5-15)相似，可以看出，该机械臂动力学模型中存在关节之间的耦合作用项。这些动力学耦合作用与关节的速度有关，对应的作用力为离心力及由连杆坐标系旋转产生的科氏力。总体上，科氏力和惯性力在系统高速运动时其影响更为显著。在机械臂以常规速度运动情况下，这些力相比于惯性力和重力而言影响较小，一般可以忽略。如果机械臂工作在高速状态，随着速度的提高，科氏力及离心力的影响将变得显著，相关的动力学影响则不能再忽略。

对于重力项，有 $\boldsymbol{g}_0=[0\quad -g\quad 0]^{\mathrm{T}}$，$g$ 为重力加速度，重力沿 Y 轴负方向。由式(1-6-26)可得

$$\begin{aligned}g_1(\boldsymbol{q})&=-\sum_{j=1}^{n}m_{l_j}\boldsymbol{g}_0^{\mathrm{T}}\boldsymbol{J}_{p1}^{(l_j)}(\boldsymbol{q})\\&=-(m_{l_1}+m_{m_2})\,\boldsymbol{g}_0^{\mathrm{T}}\boldsymbol{J}_{p1}^{(l_1)}(\boldsymbol{q})-m_{l_2}\boldsymbol{g}_0^{\mathrm{T}}\boldsymbol{J}_{p1}^{(l_2)}(\boldsymbol{q})\\&=-(m_{l_1}+m_{m_2})[0\quad -g\quad 0]\begin{bmatrix}-l_1s_1\\l_1c_1\\0\end{bmatrix}-m_{l_2}[0\quad -g\quad 0]\begin{bmatrix}-a_1s_1-l_2s_{12}\\a_1c_1+l_2c_{12}\\0\end{bmatrix}\\&=(m_{l_1}l_1+m_{m_2}l_1+m_{l_2}a_1)c_1g+m_{l_2}l_2c_{12}g\end{aligned}$$

$$
\begin{aligned}
g_2(\boldsymbol{q}) &= -\sum_{j=1}^{n} m_{l_j}\boldsymbol{g}_0^{\mathrm{T}}\boldsymbol{J}_{p2}^{(l_j)}(\boldsymbol{q}) \\
&= -(m_{l_1}+m_{m_2})\ \boldsymbol{g}_0^{\mathrm{T}}\boldsymbol{J}_{p2}^{(l_1)}(\boldsymbol{q}) - m_{l_2}\boldsymbol{g}_0^{\mathrm{T}}\boldsymbol{J}_{p2}^{(l_2)}(\boldsymbol{q}) \\
&= -(m_{l_1}+m_{m_2})\begin{bmatrix}0 & -g & 0\end{bmatrix}\begin{bmatrix}0\\0\\0\end{bmatrix} - m_{l_2}\begin{bmatrix}0 & -g & 0\end{bmatrix}\begin{bmatrix}-l_2 s_{12}\\ l_2 c_{12}\\ 0\end{bmatrix} \\
&= m_{l_2} l_2 c_{12} g
\end{aligned}
$$

如果考虑电机和减速器转动部件的转动惯量，假设 I_{m_1} 和 I_{m_2} 分别为等效到电机侧的转动惯量，θ_{m_1} 和 θ_{m_2} 为电机的转速，$k_{\mathrm{r}_1}=\theta_{m_1}/\theta_1$ 和 $k_{\mathrm{r}_2}=\theta_{m_2}/\theta_2$ 分别为两个减速器的减速比，则将电机和减速器中的旋转部件等效到电机侧的惯性力分别为 $I_{m_1}\ddot{\theta}_{m_1}$ 和 $I_{m_2}\ddot{\theta}_{m_2}$，将其折算到关节处，分别为 $k_{\mathrm{r}_1}^2 I_{m_1}\ddot{\theta}_{m_1}$ 和 $k_{\mathrm{r}_2}^2 I_{m_2}\ddot{\theta}_{m_2}$。

1.8 带平行四边形机构的机械臂

图 1.8.1 为带有平行四边形机构的机械臂关节。与常见的串联机械臂关节有所不同，该机械臂中的四边形为闭链机构。

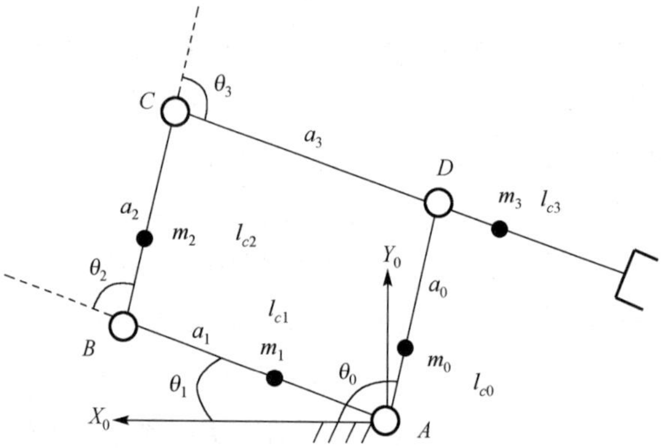

图 1.8.1　带有平行四边形机构的机械臂关节

该机构也称为五杆机构。与常见的四杆机构不同，该机构中的平行四边形整体上都是运动的。四边形的顶点 A 通过转动副与基座相连。

按 $ABCD$ 顶点顺序，平行四边形的边长分别为 a_1、a_2、a_3 和 a_0。显然有 $a_3=a_1$，$a_0=a_2$。

机械臂工作时，分别驱动 a_1 和 a_2 两杆转动，则 a_3 杆的两轴转动，实现类似于两连杆机械臂的平面运动，机械臂末端具有两个自由度。考察机构的驱动系统，与常规两连杆机械臂相比，采用平行四边形机构之后，a_1 杆和 a_0 杆的驱动电机可以安装在基座上，去除电机和减速器质量对机械臂运动的影响，有利于降低机械臂的质量和转动惯量，改善机械臂的动力学性能。

考虑各杆的质量，假设质心到回转轴的距离分别为 l_{c1}、l_{c2}、l_{c3} 和 l_{c0}。由于平行四边形为闭链机构，不能将四杆一起建模。此时可将闭链结构虚拟拆分，按两条支链分别进行处理，每条支链均为串联的两连杆机构。一条支链为 a_1、a_2 和 a_3，另一条支链为单支链 a_0。针对第一条支链，该支链包含三个虚拟关节变量 θ_1、θ_2、θ_3。针对第二条支链，关节角为 θ_0。由式(1-6-17)、式(1-6-18)可建立如下针对连杆质心的雅可比矩阵。

针对平移线速度，有

$$\boldsymbol{J}_p^{(a_1)}=\begin{bmatrix}-l_{c1}s_1 & 0 & 0\\ l_{c1}c_1 & 0 & 0\\ 0 & 0 & 0\end{bmatrix}$$

$$\boldsymbol{J}_p^{(a_2)}=\begin{bmatrix}-a_1s_1-l_{c2}s_{12} & -l_{c2}s_{12} & 0\\ a_1c_1+l_{c2}c_{12} & l_{c2}c_{12} & 0\\ 0 & 0 & 0\end{bmatrix}$$

$$\boldsymbol{J}_p^{(a_3)}=\begin{bmatrix}-a_1s_1-a_2s_{12}-l_{c3}s_{123} & -a_2s_{12}-l_{c3}s_{123} & -l_{c3}s_{123}\\ a_1c_1+a_2c_{12}+l_{c3}c_{123} & a_2c_{12}+l_{c3}c_{123} & l_{c3}c_{123}\\ 0 & 0 & 0\end{bmatrix}$$

针对旋转角速度，有

$$\boldsymbol{J}_o^{(a_1)}=\begin{bmatrix}0 & 0 & 0\\ 0 & 0 & 0\\ 1 & 0 & 0\end{bmatrix},\quad \boldsymbol{J}_o^{(a_2)}=\begin{bmatrix}0 & 0 & 0\\ 0 & 0 & 0\\ 1 & 1 & 0\end{bmatrix},\quad \boldsymbol{J}_o^{(a_3)}=\begin{bmatrix}0 & 0 & 0\\ 0 & 0 & 0\\ 1 & 1 & 1\end{bmatrix}$$

对于第二条支链，有

$$\boldsymbol{J}_p^{(a_0)}=\begin{bmatrix}-l_{c0}s_0\\ l_{c0}c_0\\ 0\end{bmatrix},\quad \boldsymbol{J}_o^{(a_0)}=\begin{bmatrix}0\\ 0\\ 1\end{bmatrix}$$

由式(1-6-21)可得，第一条支链组成的虚拟机械臂的惯性矩阵为

$$\boldsymbol{B}(\boldsymbol{q})=\begin{bmatrix}b_{11} & b_{12} & b_{13}\\ b_{21} & b_{22} & b_{23}\\ b_{31} & b_{32} & b_{33}\end{bmatrix} \tag{1-8-1}$$

其中

$$\begin{aligned}b_{11}&=I_1+m_1l_{c1}^2+I_2+m_2(a_1^2+l_{c2}^2+2a_1l_{c2}c_2)+I_3\\&\quad+m_3(a_1^2+a_2^2+l_{c3}^2+2a_1a_2c_2+2a_1l_{c3}c_{23}+2a_2l_{c3}c_3)\end{aligned}$$

$$\begin{aligned}b_{12}=b_{21}&=I_2+m_2(l_{c2}^2+a_1l_{c2}c_2)+I_3\\&\quad+m_3(a_2^2+l_{c3}^2+a_1a_2c_2+a_1l_{c3}c_{23}+2a_2l_{c3}c_3)\end{aligned}$$

$$b_{13} = b_{31} = I_3 + m_3(l_{c3}^2 + a_1 l_{c3} c_{23} + a_2 l_{c3} c_3)$$

$$b_{22} = I_2 + m_2 l_{c2}^2 + I_3 + m_3(a_2^2 + l_{c3}^2 + 2a_2 l_{c3} c_3)$$

$$b_{23} = b_{32} = I_3 + m_3(l_{c3}^2 + a_2 l_{c3} c_3)$$

$$b_{33} = I_3 + m_3 l_{c3}^2$$

另一条支链为单杆机械臂，其转动惯量为

$$b'_{11} = I_0 + m_0 l_{c0}^2$$

两条支链机械臂对应的惯性力分量分别为

$$\tau_i = \sum_{j=1}^{3} b_{ij} \ddot{\theta}_j \text{，} \quad \tau_0 = b'_{11} \ddot{\theta}_0 \tag{1-8-2}$$

在上面的计算中，两条支链是以串联臂的形式独立计算的，没有考虑两条支链由闭链而带来的约束关系。实际上，平行四边形为闭链机构，两条虚拟串联支链应该满足相应的约束条件。闭链的约束关系体现为：关节角之间需满足相关约束条件，从平行四边形几何关系容易看出，两个被动关节角 θ_2、θ_3 与主动关节角之间的约束关系如下所示。

$$\theta_2 = \theta_0 - \theta_1\text{，} \qquad \theta_3 = \pi - \theta_0 + \theta_1$$

从上面的式子可以看出，该机构独立的主动驱动关节有两个，分别为 θ_0 和 θ_1，另外两个被动关节是 θ_0 和 θ_1 的函数。

⇨ 一般情况下的闭链机构及其约束关系

对于一般情况下带有闭链的机器人机构，图 1.8.2 给出了一种并联闭链机构的示意图。坐标系 $\{i\}$ 为闭链机构的始端坐标系，坐标系 $\{j\}$ 为第一条虚拟支链末端的坐标系，坐标系 $\{k\}$ 为第二条虚拟支链的末端坐标系。 $\boldsymbol{p}_j^i$ 和 $\boldsymbol{p}_k^i$ 分别为两条支链末端坐标系原点在坐标系 $\{i\}$ 中的坐标。

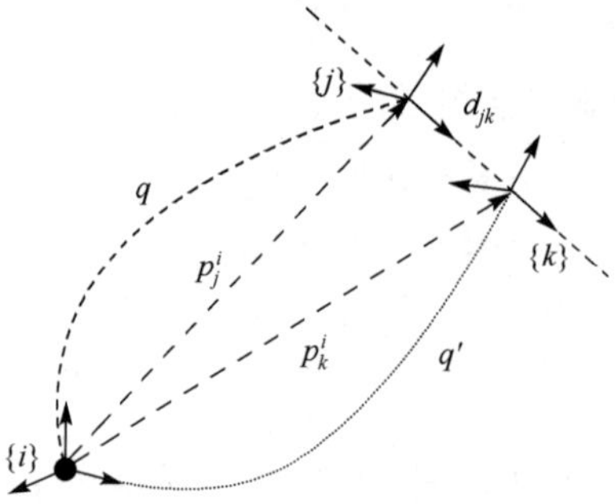

图 1.8.2　并联闭链机构示意图

下面对两条虚拟支链的闭链约束进行讨论。

具有两条支链时，其末端坐标系之间应该满足约束关系。对于多自由度机械臂，主要有两种可能的情况，一种情况是末端拆分的关节为旋转关节，另一种情况是末端拆分的关节为直线运动关节。

不论是旋转关节还是直线运动关节，拆分后两条支链的末端关节的轴线都应该是一致的，即有

$$\boldsymbol{z}_j^i(q) = \boldsymbol{z}_k^i(q') \tag{1-8-3}$$

对于转动关节，两条支链在关节轴的方向上允许具有一定的位移偏差。如坐标系在 Z 轴方向的偏差为 d_{jk}，则对应的位置约束可写为

$$\boldsymbol{R}_i^j(q)(\boldsymbol{p}_j^i(q) - \boldsymbol{p}_k^i(q')) = \begin{bmatrix} 0 & 0 & d_{jk} \end{bmatrix}^{\mathrm{T}} \tag{1-8-4}$$

对于移动关节，则允许两个支链坐标系的 X 轴具有一定的角度偏差。如 X 轴之间的角度偏差为 d_{jk}，则两个坐标系 X 轴的姿态约束关系可写为

$$\begin{gathered} \begin{bmatrix} \boldsymbol{x}_j^{i\mathrm{T}}(q) \\ \boldsymbol{y}_j^{i\mathrm{T}}(q) \end{bmatrix} \left(\boldsymbol{p}_j^i(q) - \boldsymbol{p}_k^i(q') \right) = \begin{bmatrix} 0 \\ 0 \end{bmatrix} \\ \boldsymbol{x}_j^{i\mathrm{T}}(q)\boldsymbol{x}_k^i(q') = \cos(\theta_{jk}) \end{gathered} \tag{1-8-5}$$

其中，$\boldsymbol{R}_j^i = \begin{bmatrix} \boldsymbol{x}_j^i & \boldsymbol{y}_j^i & \boldsymbol{z}_j^i \end{bmatrix}$。

式(1-8-3)、式(1-8-4)及式(1-8-5)组成了两条虚拟支链在构成闭链时的位姿约束条件。

对于上面的平行四边形机构，由于两条虚拟支链的末端关节为旋转关节，因此可以利用式(1-8-3)和式(1-8-4)两个约束条件进行求解。

将连杆坐标系分别设置在各连杆的末端，按第一条虚拟串联支链进行推导，可得连杆 a_3 末端的位姿矩阵为

$$\boldsymbol{A}_3^0(q) = \boldsymbol{A}_1^0\boldsymbol{A}_2^1\boldsymbol{A}_3^2 = \begin{bmatrix} c_{123} & -s_{123} & 0 & a_1c_1 + a_2c_{12} + a_3c_{123} \\ s_{123} & c_{123} & 0 & a_1s_1 + a_2s_{12} + a_3s_{123} \\ 0 & 0 & 1 & 0 \\ 0 & 0 & 0 & 1 \end{bmatrix} \tag{1-8-6}$$

同样地，对于第二条虚拟支链，可得连杆 a_0 末端的位姿矩阵为

$$\boldsymbol{A}_{a_0}^0(q') = \begin{bmatrix} c_1 & -s_1 & 0 & a_0c_0 \\ s_1 & c_1 & 0 & a_0s_0 \\ 0 & 0 & 1 & 0 \\ 0 & 0 & 0 & 1 \end{bmatrix} \tag{1-8-7}$$

按式(1-8-4)所示的约束条件，可写出如下约束方程：

$$\boldsymbol{R}_0^3(q)(\boldsymbol{p}_3^0(q) - \boldsymbol{p}_1^0(q')) = \begin{bmatrix} 0 & 0 & 0 \end{bmatrix}^{\mathrm{T}}$$

并且，由于$a_3=a_1$，$a_0=a_2$，以θ_0和θ_1为独立变量，θ_2和θ_3为未知变量，可得到关于θ_2、θ_3的求解方程：

$$a_1(c_1+c_{123})+a_0(c_{12}+c_0)=0$$

$$a_1(s_1+s_{123})+a_0(s_{12}+s_0)=0$$

求解上面的两个约束方程，可得

$$\theta_2=\theta_0-\theta_1,\quad \theta_3=\pi-\theta_0+\theta_1 \tag{1-8-8}$$

该结论与之前从平行四边形的几何特征中分析出的结论一致，闭链平行四边形机构可以等效成两个主动关节串联组成的虚拟两关节平面机构。

式(1-8-8)实际上给出了闭链机构中被动关节广义坐标与主动关节广义坐标之间的约束关系，即

$$\boldsymbol{q}_u=f(\boldsymbol{q}_a) \tag{1-8-9}$$

其中，$\boldsymbol{q}_a=[\theta_1\quad\theta_0]^{\mathrm{T}}$，$\boldsymbol{q}_u=[\theta_2\quad\theta_3]^{\mathrm{T}}$。

对式(1-8-9)求导，可得到被动关节广义速度与主动关节广义速度之间的关系，即

$$\dot{\boldsymbol{q}}_u=\frac{\partial f(\boldsymbol{q}_a)}{\partial \boldsymbol{q}_a}\dot{\boldsymbol{q}}_a \tag{1-8-10}$$

再将上式进行扩展，可将其改写为如下形式：

$$\begin{bmatrix}\dot{\boldsymbol{q}}_a\\ \dot{\boldsymbol{q}}_u\end{bmatrix}=\begin{bmatrix}I\\ \dfrac{\partial f(\boldsymbol{q}_a)}{\partial \boldsymbol{q}_a}\end{bmatrix}\dot{\boldsymbol{q}}_a=\boldsymbol{\gamma}\dot{\boldsymbol{q}}_a \tag{1-8-11}$$

其中

$$\boldsymbol{\gamma}=\begin{bmatrix}I\\ \dfrac{\partial f(\boldsymbol{q}_a)}{\partial \boldsymbol{q}_a}\end{bmatrix} \tag{1-8-12}$$

式(1-8-11)所示的关系实际上是一种与雅可比矩阵相似的关系。根据虚功原理，两条虚拟支链虚功总和等于闭链后主动关节的虚功总和，因此有

$$\begin{bmatrix}\boldsymbol{\tau}_a\\ \boldsymbol{\tau}_u\end{bmatrix}^{\mathrm{T}}\begin{bmatrix}\dot{\boldsymbol{q}}_a\\ \dot{\boldsymbol{q}}_u\end{bmatrix}=\boldsymbol{T}_a^{\mathrm{T}}\dot{\boldsymbol{q}}_a$$

其中，$\boldsymbol{\tau}_a=[\tau_1\quad\tau_0]^{\mathrm{T}}$和$\boldsymbol{\tau}_u=[\tau_2\quad\tau_3]^{\mathrm{T}}$对应于两条虚拟开链的关节力矩，$\boldsymbol{T}_a=[T_1\quad T_0]^{\mathrm{T}}$对应于闭链中的主动关节力矩，$\boldsymbol{q}_a=[\theta_1\quad\theta_0]^{\mathrm{T}}$为主动驱动关节的关节角。

再由式(1-8-11)可得

$$\boldsymbol{T}_a = \boldsymbol{\gamma}^{\mathrm{T}} \begin{bmatrix} \boldsymbol{\tau}_a \\ \boldsymbol{\tau}_u \end{bmatrix} \tag{1-8-13}$$

针对上面的平行四边形机构，对式(1-8-8)求导，可得

$$\dot{\theta}_2 = \dot{\theta}_0 - \dot{\theta}_1，\quad \dot{\theta}_3 = -\dot{\theta}_0 + \dot{\theta}_1$$

因此有

$$\boldsymbol{\gamma} = \begin{bmatrix} 1 & 0 \\ 0 & 1 \\ -1 & 1 \\ 1 & -1 \end{bmatrix} \tag{1-8-14}$$

代入式(1-8-13)中，可得

$$\boldsymbol{T}_a = \begin{bmatrix} \tau_1 - \tau_2 + \tau_3 \\ \tau_0 + \tau_2 - \tau_3 \end{bmatrix} \tag{1-8-15}$$

结合式(1-8-2)，可对 $\boldsymbol{T}_a = [T_1 \quad T_0]^{\mathrm{T}}$ 进行计算，得

$$\begin{aligned} T_1 &= \tau_1 - \tau_2 + \tau_3 \\ &= (b_{11} - 2b_{12} + 2b_{13} + b_{22} - 2b_{23} + b_{33})\ddot{\theta}_1 + (b_{12} - b_{13} - b_{22} + 2b_{23} - b_{33})\ddot{\theta}_0 \end{aligned} \tag{1-8-16}$$

$$\begin{aligned} T_0 &= \tau_0 + \tau_2 - \tau_3 \\ &= (b_{21} - b_{31} - b_{22} + 2b_{23} - b_{33})\ddot{\theta}_1 + (b'_{11} + b_{22} - 2b_{23} + b_{33})\ddot{\theta}_0 \end{aligned} \tag{1-8-17}$$

将上面两式写成矩阵的形式为

$$\boldsymbol{T}_a = \boldsymbol{B}_a \ddot{\boldsymbol{q}}_a \tag{1-8-18}$$

其中

$$\boldsymbol{B}_a = \begin{bmatrix} b_{a11} & b_{a12} \\ b_{a21} & b_{a22} \end{bmatrix}$$

$$b_{a11} = b_{11} - 2b_{12} + 2b_{13} + b_{22} - 2b_{23} + b_{33} \tag{1-8-19}$$

$$b_{a12} = b_{12} - b_{13} - b_{22} + 2b_{23} - b_{33} \tag{1-8-20}$$

$$b_{a21} = b_{21} - b_{31} - b_{22} + 2b_{23} - b_{33} \tag{1-8-21}$$

$$b_{a22} = b'_{11} + b_{22} - 2b_{23} + b_{33} \tag{1-8-22}$$

代入式(1-8-1)中后，有

$$\begin{aligned} b_{a11} &= m_1 l_{c1}^2 + m_2 a_1^2 + m_3 a_1^2 + m_3 l_{c3}^2 - 2a_1 m_3 l_{c3} + I_1 + I_3 \\ b_{a12} &= b_{a21} = [a_1 m_2 l_{c1} + a_2 m_3 (a_1 - l_{c3})]\cos(\theta_0 - \theta_1) \\ b_{a22} &= m_1 l_{c1}^2 + m_2 l_{c2}^2 + m_3 a_0^2 + I_0 + I_2 \end{aligned} \tag{1-8-23}$$

b_{a12} 及 b_{a21} 等于零的条件是

$$a_1 m_2 l_{c1} = a_2 m_3 (l_{c3} - a_1) \tag{1-8-24}$$

其中，$l_{c3}-a_1=l_{c3}-a_3$ 为连杆 a_3 的质心到平行四边形顶点 D 的距离。

满足式(1-8-24)所示的条件后，系统中将不存在科氏力及离心力分量，这一结果表明了采用平行四边形机构的优点，也有助于解释该机械臂在工业机器人中得到应用的原因。在控制机械臂时可以不必担心惯性力的耦合影响。这一点是普通两连杆机械臂达不到的。

对于重力的影响，已知重力加速度 $\boldsymbol{g}_0=\begin{bmatrix}0 & -g & 0\end{bmatrix}^{\mathrm{T}}$，结合式(1-6-26)，采用与上面相似的推导过程，可得

$$
\begin{aligned}
g_1 &= (m_1 l_{c1}+m_2 a_1+m_3 a_1)gc_1+(m_2 l_{c2}+m_3 a_2)gc_{12}+m_3 l_{c3}gc_{123}\\
g_2 &= (m_2 l_{c2}+m_3 a_2)gc_{12}+m_3 l_{c3}gc_{123}\\
g_3 &= m_3 g l_{c3}^2 c_{123}\\
g_0 &= m_0 g l_{c0}^2 c_0
\end{aligned}
\tag{1-8-25}
$$

$$
\boldsymbol{g}_a=\begin{bmatrix}(m_1 l_{c1}+m_2 a_1-m_3 l_{c3})gc_1\\ (m_0 l_{c0}+m_2 l_{c2}-m_3 a_0)gc_0\end{bmatrix}
\tag{1-8-26}
$$

思考题与习题

1-1 假设 $\boldsymbol{a}=\begin{bmatrix}1 & -1 & 2\end{bmatrix}^{\mathrm{T}}$，$\boldsymbol{R}=\boldsymbol{R}_{x,90}$。试通过直接运算证明 $\boldsymbol{R}\boldsymbol{S}(\boldsymbol{a})\boldsymbol{R}^{\mathrm{T}}=\boldsymbol{S}(\boldsymbol{R}\boldsymbol{a})$。

1-2 给定 $\boldsymbol{R}=\boldsymbol{R}_{x,\theta}\boldsymbol{R}_{y,\varphi}$，计算 $\dfrac{\partial \boldsymbol{R}}{\partial \varphi}$；当 $\theta=\dfrac{\pi}{2}$ 和 $\varphi=\dfrac{\pi}{2}$ 时，计算 $\dfrac{\partial \boldsymbol{R}}{\partial \varphi}$。

1-3 证明 $\boldsymbol{S}^3(k)=-\boldsymbol{S}(k)$。

1-4 两个坐标系 $O_0X_0Y_0Z_0$ 和 $O_1X_1Y_1Z_1$ 通过下列齐次变换相联系：

$$
\boldsymbol{H}=\begin{bmatrix}0 & -1 & 0 & 1\\ 1 & 0 & 0 & -1\\ 0 & 0 & 1 & 0\\ 0 & 0 & 0 & 1\end{bmatrix}
$$

一个质点相对于坐标系 $O_1X_1Y_1Z_1$ 的速度为 $\boldsymbol{v}_1(t)=\begin{bmatrix}3 & 1 & 0\end{bmatrix}^{\mathrm{T}}$。求这个质点相对于坐标系 $O_0X_0Y_0Z_0$ 的速度。

1-5 考虑一个三连杆直角坐标机械臂，假定每个连杆为密度均一的长方体，长为 1，宽为 $\dfrac{1}{4}$，高为 $\dfrac{1}{4}$，质量为 1。

(1) 计算每个连杆的惯性张量 $\boldsymbol{J}_i\,(i=1,2,3)$。

(2) 计算与该机械臂对应的 3×3 惯性矩阵 $\boldsymbol{D}(q)$。

(3) 推导运动方程的矩阵形式 $\boldsymbol{D}(\boldsymbol{q})\ddot{\boldsymbol{q}}+\boldsymbol{C}(\dot{\boldsymbol{q}},\dot{\boldsymbol{q}})+\boldsymbol{G}(\dot{\boldsymbol{q}})=\boldsymbol{\tau}$。

1-6 一个均匀的长方体，边长分别为 a，b，c。参考坐标系的原点位于长方体的一个顶点处，并且其轴与长方体各边平行。求该长方体相对于参考坐标系的主惯量矩及惯量积。

1-7 单自由度旋转机械臂的总质量为 $m=1$，质心为 ${}^{1}\boldsymbol{P}_c=\begin{bmatrix}2 & 0 & 0\end{bmatrix}^{\mathrm{T}}$，惯性张量为

$$
{}^{c}\boldsymbol{I}_1=\begin{bmatrix}1 & 0 & 0\\ 0 & 2 & 0\\ 0 & 0 & 2\end{bmatrix}
$$

从静止(t=0)开始，关节角 θ_1 (弧度) 按如下函数运动：

$$
\theta_1(t)=bt+ct^2
$$

试给出连杆的角加速度和质心的线加速度的表达式。

1-8 试给出一个刚性匀质圆柱体在其质心处的惯性张量表达式。

1-9 某两连杆机械臂，其雅可比矩阵为

$$
{}^{0}\boldsymbol{J}(\theta)=\begin{bmatrix}-l_1s_1-l_2s_{12} & -l_2s_{12}\\ l_1c_1+l_2c_{12} & l_2c_{12}\end{bmatrix}
$$

忽略重力，试计算对机械臂施加力矢量 ${}^{0}\boldsymbol{F}=5\hat{\boldsymbol{X}}_0+3\hat{\boldsymbol{Y}}_0$ 时的关节力矩。

1-10 有一个两连杆 RP 机械臂，连杆 1 为转动关节，连杆 2 的原点位置为

$$
{}^{0}\boldsymbol{P}_{2\mathrm{ORG}}=\begin{bmatrix}a_1c_1-d_2s_1\\ a_1s_1-d_2c_1\\ 0\end{bmatrix}
$$

试计算连杆 2 原点处的 2×2 雅可比矩阵。

1-11 铅垂平面中有一个两连杆笛卡儿机械臂，第一个关节沿铅垂方向运动，第二个关节沿水平方向运动。如果将机械臂的第二个关节与第一个关节轴线的夹角改为 $\pi/4$，试推导该机械臂的动力学模型。

1-12 试说明下面公式中各元素的含义。

$$
\begin{bmatrix}{}^{T}d_x\\ {}^{T}d_y\\ {}^{T}d_z\\ {}^{T}\delta_x\\ {}^{T}\delta_y\\ {}^{T}\delta_z\end{bmatrix}=\begin{bmatrix}n_x & n_y & n_z & (\boldsymbol{p}\times\boldsymbol{n})_x & (\boldsymbol{p}\times\boldsymbol{n})_y & (\boldsymbol{p}\times\boldsymbol{n})_z\\ o_x & o_y & o_z & (\boldsymbol{p}\times\boldsymbol{o})_x & (\boldsymbol{p}\times\boldsymbol{o})_y & (\boldsymbol{p}\times\boldsymbol{o})_z\\ a_x & a_y & a_z & (\boldsymbol{p}\times\boldsymbol{a})_x & (\boldsymbol{p}\times\boldsymbol{a})_y & (\boldsymbol{p}\times\boldsymbol{a})_z\\ 0 & 0 & 0 & n_x & n_y & n_z\\ 0 & 0 & 0 & o_x & o_y & o_z\\ 0 & 0 & 0 & a_x & a_y & a_z\end{bmatrix}\begin{bmatrix}d_x\\ d_y\\ d_z\\ \delta_x\\ \delta_y\\ \delta_z\end{bmatrix}
$$

1-13 图 1 所示为铅垂面内的平面两连杆机械臂，试用拉格朗日法推导其动力学方程。

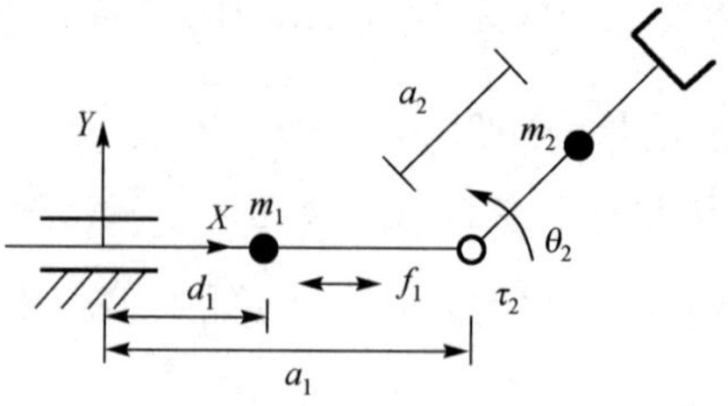

图 1　1-13 题图

第 2 章 机器人关节传动系统

关节和连杆是机器人的基本单元，动力源一般也都作用在关节上。虽然机器人的种类及具体表现形式多种多样，但从其基本组成结构上看，机器人都是由基本组成单元（关节和连杆）构成的。机器人的运动也是由关节来驱动的，关节上安装有动力系统，动力装置驱动连杆运动，并进而合成机器人所需的各种复杂运动。各种类型的机器人，不论是串联结构的，还是并联结构的，其输出的末端运动都源于机器人关节的作用，即机器人的关节是动力源施加作用的地方。

机器人最典型的驱动方式包括电动（电机驱动）、液压驱动、气动等。工业机器人大多是由电机来驱动的。由于液压系统在使用、维护中存在油污渗漏等问题，在应用中受到了一定的限制。但液压系统也具有刚度大和功率大等优点，在工程机械等移动设备中仍广泛应用。气动系统具有使用方便、成本低等优点，但气动系统刚度和精度较低，目前大多应用于对精度要求不高的辅助驱动系统中，如夹手等。此外，气动系统的可压缩性也使其可被应用于人工肌肉系统中，作为气动人工肌肉来使用。

对于现阶段在实际中获得应用的机器人来说，机器人的驱动系统与人类或其他动物的骨骼肌肉驱动系统相比还存在着本质上的不同。对于这类特殊的仿生机器人，特别是拟人和仿动物类型的机器人，人们也在探索其他的新型驱动方式，如基于有机高分子材料、形状记忆合金、电流变磁流变等研发各种新型的人工肌肉驱动系统。

目前大多数机器人的驱动仍然以电机驱动为主，电机包括直流电机、交流电机、步进电机等。在上述几种电机中，随着交流电机性能的不断提高，其已成为机器人驱动电机的首选类型。

在电机驱动系统中，主要的电机应用形式为旋转电机。直线电机在一些特殊场合有所应用，但由于旋转电机与减速器、直线导轨等配套使用较为方便，因此旋转电机的应用最为广泛。很多直角坐标型机器人大多也基于丝杠和导轨等元件的组合，通过旋转电机带动丝杠转动，利用丝杠转动时驱动丝母移动的原理带动工作台实现直线运动。可将上述机构原理用于机器人的移动关节设计中实现连杆的直线移动。

2.1 机器人关节传动系统的组成与结构

对于实际的机器人关节，其内部的组成和结构同样是十分复杂的，关节内部包含由驱动部件和减速部件等组成的关节传动系统。该系统能将动力传递到关节轴上，使连杆做直线运动或旋转运动。

图 2.1.1 所示为典型的电机传动系统，系统中包括了电机(转子)、减速器等主要部件。电机(转子)、联轴器、减速器中的第一级输入齿轮与电机轴同轴转动。减速器的最后一级输出齿轮与连杆同步运动。经减速器传递后，输出轴的转速降低、转矩变大。可将较大的转矩施加到机器人连杆上，便于拖动连杆克服负载运动。减速器内部包含多级齿轮的啮合，以实现所需的减速比。

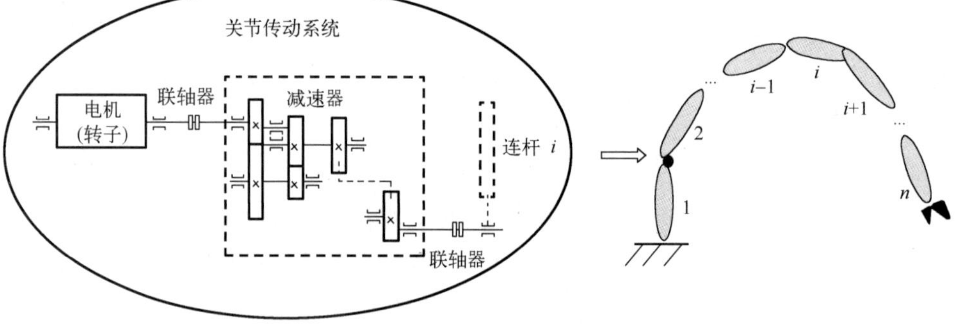

图 2.1.1　典型的电机传动系统

理想情况下，当电机、减速器的损耗可以忽略时，传动系统的参数之间存在原理上的明确的对应关系。如电机的功率、扭矩和转速之间存在如下关系：

$$P_{\mathrm{m}} = \tau_{\mathrm{m}}\omega_{\mathrm{m}} = \tau_1\omega_1 = \tau_2\omega_2 \tag{2-1-1}$$

其中，P_{m}为电机的电磁功率，ω_{m}、ω_1和ω_2分别为电机转速、减速器的输入转速和输出转速。τ_{m}、τ_1和τ_2分别为电机轴的扭矩、减速器的输入扭矩和输出扭矩。

通常，将$i=\dfrac{\omega_1}{\omega_2}$定义为减速比，对于具体的减速器而言，减速比是一个常数。

由式(2-1-1)可得$\tau_2=\tau_1 i$。因此，经减速器传动后，减速器的输出扭矩被放大为电机扭矩的i倍，提高了驱动负载的能力。

如果考虑传动系统中存在的摩擦等损耗，式(2-1-1)将不再严格成立。此时输出功率将小于输入功率，进而使得输出扭矩有所降低。

减速器在机器人关节传动系统中具有重要的作用，是传动链中影响系统性能的关键因素。在机器人关节中，减速器的转速比往往较大，对精度的要求也较高。减速器需要同时满足大减速比、高精度和高负载的要求，是机器人关节传动系统中重要的核心部件之一。

目前，机器人中典型和常用的减速器主要有谐波减速器和 RV 减速器两种。两种减速器都具有较高的精度，内部结构十分复杂。谐波减速器由于工作过程中存在柔轮的弹性变形，因此刚度降低、弹性回差变大，传动精度随着使用时间的增长而显著降低，由于其体积较小，因此常用于工业机器人腕关节部分。RV 减速器是由渐开线行星齿轮传动和摆线针轮行星传动组成的二级减速传动装置，具有更高的疲劳强度、刚度和更长的寿命，其回差和传动精度稳定，精度不会随着使用时间的增长而显著降低，多用于机器人机身的腰、上臂、下臂等大惯量、高转矩输出的关节中。

对于旋转关节，每个关节只有一个旋转自由度，其他自由度均由轴承约束掉了。

对于移动关节，为了实现直线运动，除电机和减速器以外，还需要将旋转运动转换为平移运动，因此需要使用导轨滑块副。导轨滑块一方面支撑连杆，另一方面约束连杆，使其仅沿轴线方向移动。在驱动系统中需要配合丝杠丝母副，丝杠旋转一周，丝母移动一个导程(一个螺距)。

图 2.1.2 所示的移动关节传动系统中给出了齿轮副和丝杠丝母副，但没有标示导轨、滑块、轴承等零件。

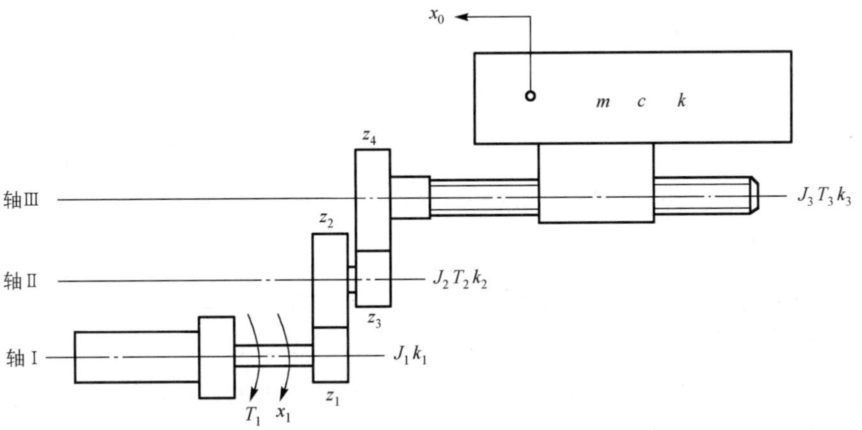

图 2.1.2　移动关节传动系统

图 2.1.2 中，轴Ⅰ、轴Ⅱ和轴Ⅲ对应的力矩为 T_1、T_2 和 T_3，电机和工作台的移动位移为 x_1 和 x_0，工作台的质量为 m，轴Ⅰ、轴Ⅱ和轴Ⅲ对应的转动惯量为 J_1、J_2 和 J_3，减速器齿轮的齿数为 z_1、z_2、z_3 和 z_4，工作台的阻尼系数为 c。此外，图 2.1.2 中还给出了各旋转轴处的弹性系数 k_1、k_2、k_3 及工作台的弹性系数 k。

从上面的介绍中可以看出，机器人关节内部的驱动部件较多，并且承担着动力驱动的功能。此外，机器人关节之间是相互串联的，后面的关节要由前一级关节来驱动。显然，与连杆的情况相似，机器人关节的体积、质量将对机器人的整体结构和负载能力产生影响。过大的尺寸和质量都将导致机器人总体尺寸和质量的增加。这一不利影响在实际机器人系统设计中是非常明显的，机器人的自重与其负载能力之间存在矛盾。

2.2 关节传动参数计算

在机器人关节设计中，传动参数的计算十分重要。只有正确得到电机及传动元件所需的参数，才能合理选择相关产品的型号及产品的相关参数。

图 2.2.1 所示的电机传动系统中，电机(转子)、联轴器、减速器的第一级输入齿轮与电机轴同轴转动。这些元件的转动惯量可以求和计算。

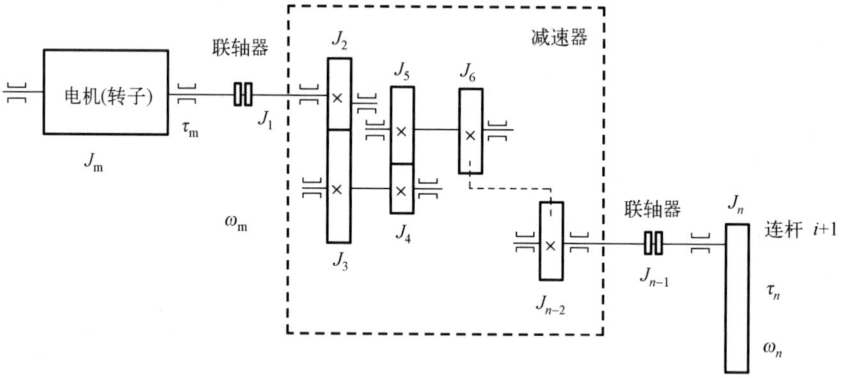

图 2.2.1　电机传动系统

减速器内部存在多级减速齿轮的啮合，各级齿轮的转动惯量不能直接求和计算，需要进行折算，求得等效的转动惯量。

除转动惯量之外，经减速器传递后，输入/输出转速及输入/输出转矩也具有各自确定的换算关系。若减速器的减速比为i，则输出转速与输入转速之间的关系为$\omega_o = \omega_i / i$。而理想情况下，不考虑系统的损耗时，输出转矩与输入转矩之间的关系可通过式(2-1-1)计算。

以图 2.2.1 中转动惯量为J_3的第二级齿轮为例，利用能量不变的原则将该齿轮的转动惯量折算到电机轴上，得到对应的等效转动惯量。折算后的等效转动惯量所对应的能力与折算前的能力相等，因此有

$$\frac{1}{2}J_3'\,\omega_2^2 = \frac{1}{2}J_3\omega_3^2\,,\quad J_3' = J_3\frac{\omega_3^2}{\omega_2^2} = J_3\left(\frac{\omega_3}{\omega_2}\right)^2 = \frac{J_3}{j_{23}^2} \tag{2-2-1}$$

类似地，可以把传动链上的其他部分都等效折算到电机轴上，得到总的等效转动惯量如下：

$$
\begin{aligned}
J_\Sigma &= (J_\mathrm{m}+J_1+J_2)+\frac{(J_3+J_4)}{j_{23}^2}+\frac{(J_5+J_6)}{j_{23}^2 j_{45}^2}+\cdots+\frac{(J_{n-2}+J_{n-1}+J_n)}{j_{23}^2 j_{45}^2\cdots j_{(n-3)(n-2)}^2} \\
&= (J_\mathrm{m}+J_1+J_2)+\frac{(J_3+J_4)}{j_{23}^2}+\frac{(J_5+J_6)}{(j_{23}j_{45})^2}+\cdots+\frac{(J_{n-2}+J_{n-1}+J_n)}{(j_{23}j_{45}\cdots j_{(n-3)(n-2)})^2}
\end{aligned} \tag{2-2-2}
$$

把转动惯量折算到输出端，即折算到连杆一侧，此时式(2-2-2)将变为

$$
\begin{aligned}
J'_\Sigma &= (J_\mathrm{m}+J_1+J_2)(j_{23}j_{45}\cdots j_{(n-3)(n-2)})^2+(J_3+J_4)(j_{45}\cdots j_{(n-3)(n-2)})^2 \\
&+(J_5+J_6)(j_{67}\cdots j_{(n-3)(n-2)})^2+\cdots+(J_{n-2}+J_{n-1}+J_n)
\end{aligned} \tag{2-2-3}
$$

将转动惯量等效折算到电机轴上之后，传动系统被简化为如图 2.2.2 所示的转动惯量为 J_Σ 的单一旋转物体，可将其称为单质量系统。电机的电磁力矩 τ 作用到该物体上，驱动物体以角速度 ω 转动。

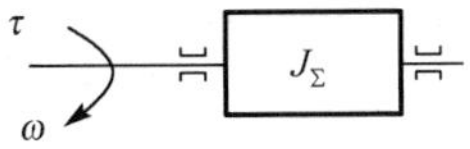

图 2.2.2　等效折算后的单质量系统

例 2-1：平移运动系统中转动惯量的等效折算。

对于图 2.1.2 所示的平移运动系统，等效折算时，利用折算前后动能相等的原理，首先将转动惯量折算到轴III，因此有

$$
\frac{1}{2}m\dot{x}_0^{\ 2}=\frac{1}{2}J^{(3)}\omega_3^2 \tag{2-2-4}
$$

轴III为滚珠丝杠传动机构轴，假定丝杠导程为 p，则工作台的移动位移 x_0 和轴III的转动角度 θ 之间有如下关系：

$$
\frac{x_0}{p}=\frac{\theta}{2\pi} \tag{2-2-5}
$$

进而，工作台的移动速度和轴III的转动角速度之间的关系为

$$
\frac{\dot{x}_0}{p}=\frac{\omega}{2\pi}
$$

将上式代入式(2-2-4)，可得

$$
J^{(3)}=m\left(\frac{\dot{x}_0}{\omega_3}\right)^2=m\left(\frac{p}{2\pi}\right)^2 \tag{2-2-6}
$$

进一步将其折算到电机轴 I 上，得到

$$
J^{(1)}=m\left(\frac{p}{2\pi}\right)^2\left(\frac{z_3}{z_4}\right)^2\left(\frac{z_1}{z_2}\right)^2
$$

类似地，对于图 2.2.3 所示的卷扬提升系统，若重物的质量为 m，卷筒的半径为 r，减速器的减速比为 j，则折算到电机轴上的等效转动惯量为

$$
J=m\left(\frac{v_z}{\Omega}\right)^2=m\left(\frac{r}{j}\right)^2
$$

本节对机器人系统的研究中都没有考虑系统变形的影响，即认为机器人连杆和关节传动系统都是刚性的，所有元件都是没有变形的，都是刚体。

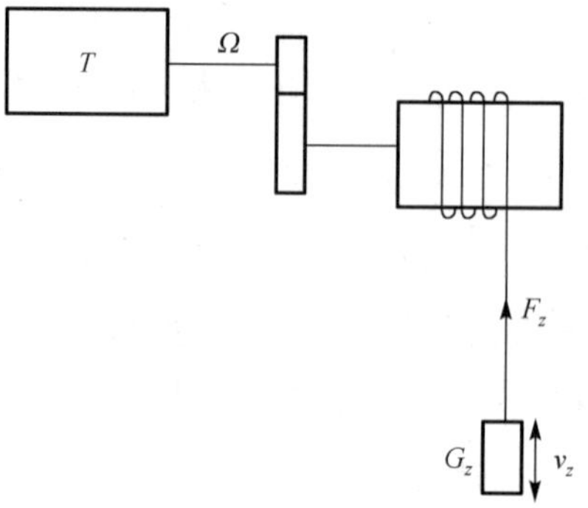

图 2.2.3 卷扬提升系统

⇨双质量及多质量系统

当考虑系统的弹性变形时，不能按上述方法将全部转动惯量等效折算为单一的转动惯量，而应将其描述为双质量系统或多质量系统，这样可使模型更接近实际的物理系统，如图 2.2.4 所示。此时，可以将弹性特征明显的部分与其他部分区分开，分别进行建模。如当图 2.1.2 中的轴 I 与轴 II 之间的啮合齿轮、轴 II 与轴III之间的啮合齿轮，以及轴III上的丝杠、丝母之间存在不能忽略的弹性变形时，转动惯量不能被集中等效到电机轴上(轴 I 上)，系统将变为四质量系统，转动惯量分别为 J_1、J_2、J_3 和 $J^{(3)}$。进一步地，如果系统的所有部分都不能看成刚体，则需要将系统描述为分布质量的柔性系统，这时上述基于刚体的描述和建模方法将不再适用。

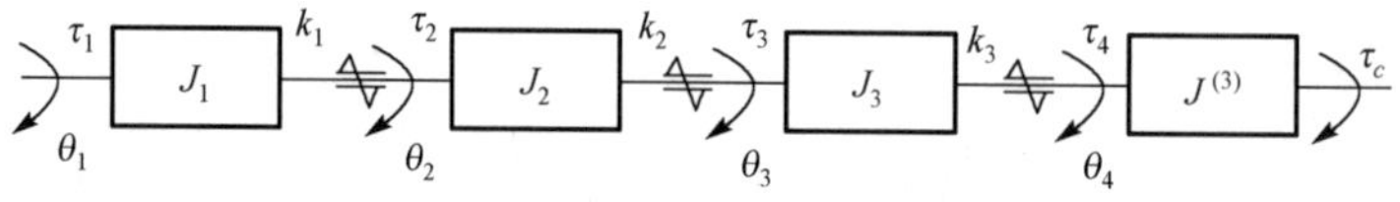

图 2.2.4 多质量系统示意图

2.3 负载

与其他所有机械装备一样，机器人在作业及运动过程中会受到各种负载和扰动的作用。机器人是多关节系统，只有末端关节中的负载大部分为有效负载，其他关节中的负载情况则要复杂得多，因为关节和连杆本身也将成为前一级关节的负载。

机器人的实际负载具有多种表现形式，如重力负载的方向始终是铅锤向下的，惯性负载与运动物体的质量和加速度相关，科氏力和离心力与速度有关，此外还有风负载和摩擦等。机器人摩擦的机理和形式都较为复杂，包括静摩擦、滑动摩擦等。机器人关节中存在润滑材料，使得摩擦的表现更为特殊，如黏滞摩擦等。黏滞摩擦与速度或速度的导数有关。摩擦等扰动力的存在增加了机器人系统的复杂性和控制的难度。此外，如果考虑系统变形及变形的影响，影响因素会更加复杂，分析处理的难度也将大幅增加。

机器人关节上的驱动及所受负载如图 2.3.1 所示。

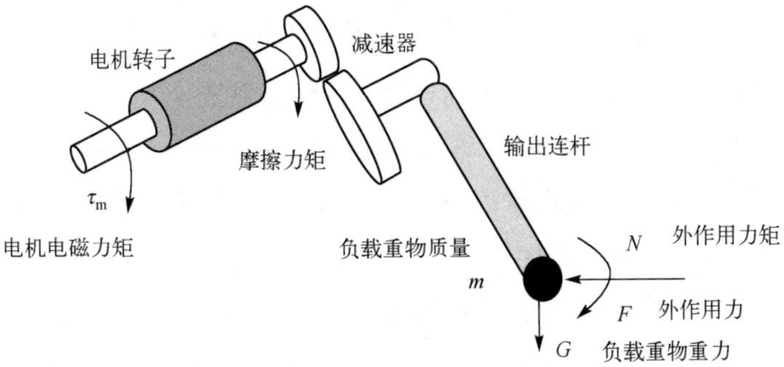

图 2.3.1　机器人关节上的驱动及所受负载示意图

1. 重力

机器人末端工具抓取的物体是机器人重力负载的最典型的表现形式。机器人自身的重量和机器人的负载能力是相互关联的，可以用负载自重比来描述这种联系。

机器人的负载能力与机器人的精度、速度、强度和刚度等指标也是存在内在联系的。机器人的负载如果是抓取的重物，由于物体不仅存在重力还有质量，因此，在加速和减速运动时还要承受由质量引起的惯性力的作用。机器人末端受到力和力矩作用时，由于实际的机器人并不是理想的刚体，因此在外力的作用下会产生一定的变形，使机器人末端产生位移偏差，影响机器人末端的精度。如果所受的外负载过大，超过了弹性变形允许的范围，则机器人可能会损坏，所以在设计和使用机器人时，需要考虑并遵守机器人的强度指标要求，避免机器人承受超过允许的负载。

2. 机器人自身的重力

除末端工具所承受的有效负载之外，机器人自身的重力也是一种负载形式。对于关节上的驱动电机来说，既要承担末端物体的重力负载，又要承担机器人自身的重力，而且机器人自身重力的影响往往是比较显著的。在地面环境中，机器人在运动过程中，甚至当机器人保持在某一位型不动时，关节上的驱动电机仍然需要持续地输出力矩承载这些重力。机器人关节电机首先需要克服自身重力及关节传动系统中的摩擦力和扰动力，然后才能驱动有效负载运动，完成各种作业任务。

在外太空环境中，由于机器人处于微重力环境中，因此这类机器人的重力负载相比于地面环境会小很多。

3. 其他惯性力

除重力之外，机器人本体和其携带的负载都具有质量，因此在加速或减速运动中会产生惯性力的作用。广义的惯性力包括惯性力和惯性力矩。

如下的牛顿方程和欧拉方程包含了惯性力的表达式。

$$\boldsymbol{f}_{ci}=\mathrm{d}\left(m_i\boldsymbol{v}_{ci}\right)/\mathrm{d}t=m_i\dot{\boldsymbol{v}}_{ci} \tag{2-3-1}$$

$$\boldsymbol{n}_{ci}=\mathrm{d}\left({}^{c}\boldsymbol{I}_i\boldsymbol{\omega}_i\right)/\mathrm{d}t={}^{c}\boldsymbol{I}_i\dot{\boldsymbol{\omega}}_i+\boldsymbol{\omega}_i\times\left({}^{c}\boldsymbol{I}_i\boldsymbol{\omega}_i\right) \tag{2-3-2}$$

式中，m_i 为连杆 i 的质量，是标量；${}^{c}\boldsymbol{I}_i$ 为连杆 i 在坐标系 Σ_c 中关于质心的惯性张量；$\boldsymbol{v}_{ci}$ 为连杆 i 质心的线速度；$\dot{\boldsymbol{v}}_{ci}$ 为连杆 i 质心的线加速度；$\boldsymbol{\omega}_i$ 为连杆 i 的角速度；$\dot{\boldsymbol{\omega}}_i$ 为连杆 i 的角加速度；$\boldsymbol{f}_{ci}$ 为作用在连杆 i 上的外力合矢量(包含作用在质心的惯性力)；$\boldsymbol{n}_{ci}$ 为作用在连杆 i 上的外力矩合矢量(包含惯性力矩)。

可以像重力一样，采用静力的方式对惯性力进行分析计算。在用牛顿-欧拉方程法推导动力学方程的过程中，正是采用了这样的思路。首先确定加速度的取值，然后根据加速度的数值计算对应的惯性力，进而通过静力平衡方程进行迭代计算。

惯性力的影响在频繁变速或快速启停等运动过程中是不能忽略的。重力的影响一般体现在静态过程或速度较低的运动过程中，而惯性力则主要影响动态过程。由于加速度的影响，在频繁变速时或快速响应过程中，与加速度相关的惯性力作用于系统的动态过程，最终由电机承担对应的惯性力作用。因此，在选取电机型号及其相关参数时，需根据系统的工作状态及作业任务的需求，考虑惯性力的影响和作业特点，有针对性地确定电机、减速器及传动系统结构部件的相关参数。

需要注意的是，由于机器人的自由度较多，作业工况及运动形式较为复杂，位姿变化较多，因此对机器人惯性力的分析也变得比普通设备更为复杂。惯性力的作用和影响情况与机器人的位姿相关，与机器人的运动速度及相应时间相关。所以，在进行机器人分析和设计时，需对与动态过程相关的动力学影响加以重点关注并进行相应的处理。

4. 外力

机器人与环境接触时，会受到接触力的作用。这些力将传递到机器人的各个关节中，并最终由关节驱动系统来平衡。

关节上的驱动力与机械臂末端广义力之间的关系可以通过雅可比矩阵的转置来描述，即

$$\boldsymbol{\tau}=\boldsymbol{J}^{\mathrm{T}}\boldsymbol{F}$$

式中，$\boldsymbol{\tau}$ 为关节上的广义力，$\boldsymbol{F}$ 为机械臂末端的广义力，$\boldsymbol{J}$ 为雅可比矩阵。

5. 离心力和科氏力

离心力和科氏力都是与速度有关的力，科氏力是由坐标系的运动产生的。速度越大，离心力和科氏力产生的影响也越大。

机器人应用于常规环境时，其运动速度比较小，因此相比于重力和负载外力等的影响来说，离心力和科氏力的影响也较小，一般不予考虑。显然，在机器人高速运动时，需要考虑离心力和科氏力的影响。

6. 摩擦

关节传动系统内部存在大量的转动部件，如轴承、齿轮等。摩擦力的影响往往是不能忽略的。摩擦大体上包括静摩擦和滑动摩擦两种，但由于存在液体润滑介质，使得动摩擦还表现为与速度或与速度的平方有关，这类摩擦称为黏滞摩擦。实际系统中，摩擦系数是动态变化的，往往不是常数。摩擦的影响机理和作用特性比较复杂，其影响是动态的，难以测量，需要根据具体要求和工作环境进行相应的处理。

7. 风扰

机器人的实际运动速度较高时，风扰会比较明显。扰动力与速度有关，在工程中称其为风机负载，转速越高，负载越大。室内或工厂车间中应用的机器人一般不会受到风扰的影响，但是对于室外作业的机器人来说则不然，如对于飞行机器人、电力架空输电线路环境中的巡检机器人、建筑外墙环境中的爬壁机器人等，在应用时都需要考虑室外环境带来的风扰影响。实际上，对于室外移动机器人来说，除风扰之外，还需考虑雨雪、高低温、湿度、灰尘等环境因素的影响。显然，室外机器人由于环境带来的相关问题要远大于室内机器人。

2.4 运动精度

机器人的精度主要是指机械臂末端的综合运动或作业精度。机器人系统组成复杂，影响机器人精度的因素有很多，除机械系统之外，机器人还包括驱动电机、伺服驱动器及传感器等部件，各部分都将对机器人的综合精度产生影响，即机器人的精度问题涉及机械、传感器、控制等多方面。

机器人在组成结构上可以分解为一系列关节和连杆，因此可以将机器人的综合精度分解为若干关节和连杆精度的集成。

图 2.4.1 所示为机器人转动关节，在实际系统中，电机的旋转轴 O_1 和减速器的旋转轴 O_2 都可能与理想的设计轴线存在一定的偏差。

关节传动系统中存在很多旋转部件，如电机转子、减速器中的齿轮、直线传动中的丝杠等。这些旋转部件都需要使用轴承来支撑。

原理上看，轴承主要由内圈和外圈两部分组成，内圈和外圈之间可以相对转动，如图 2.4.2 所示。滑动轴承的内圈和外圈之间一般都有润滑介质，并需要存在一定的间隙，以保障内圈相对于外圈的灵活转动。即从原理上说，滑动轴承的间隙是必须有的，高精度轴承的间隙更小一些，对制造和装配的要求更为精细。

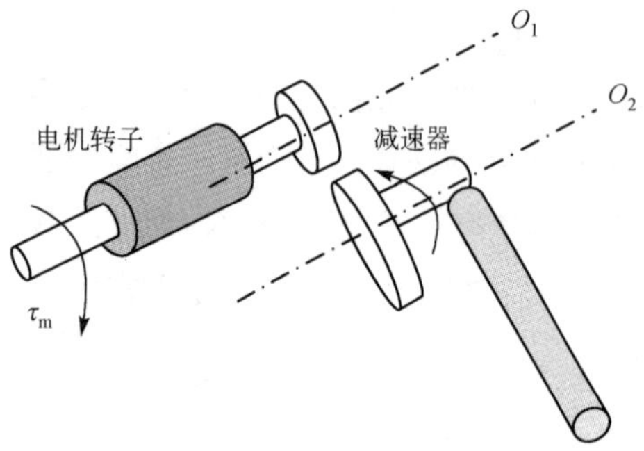

图 2.4.1 机器人转动关节

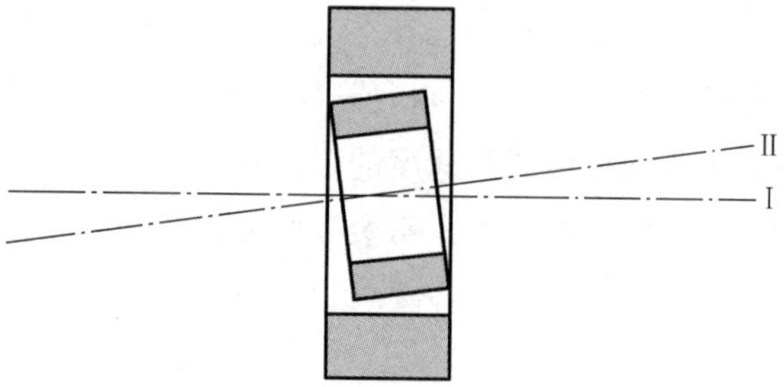

图 2.4.2 轴承内圈、外圈转动轴线示意图

滚动轴承在内圈和外圈之间装有滚珠等滚动体，内圈和外圈之间的运动方式为滚动，相比于滑动轴承，其摩擦更小，应用也更为广泛。滚动轴承可以在内圈和外圈之间施加一定的预紧力，产生小变形以消除内圈和外圈之间的间隙。

不论是滑动轴承还是滚动轴承，在内圈旋转时，保证内圈的旋转轴处于理想状态都是困难的。制造、安装等环节及使用中的磨损都可能使轴承内圈和外圈之间的配合关系发生变化，导致内圈的旋转轴不能与外圈的中心轴线重合。

因此，一般情况下，对于滑动轴承，内、外圈之间会存在间隙；对于滚动轴承，施加预紧力后，滚珠的变形也不会完全一致，内、外圈轴线也不会完全重合。

如图 2.4.2 所示，由于轴承的内、外圈轴线不重合，当外圈固定、内圈转动时，内圈轴线的运动状态将是复杂的。外圈轴线 I 固定，内圈转动过程中，其轴线 II 与轴线 I 可能存在平移和偏转关系。

显然，上述情况的存在将导致机器人关节的转动不是绕理想的固定轴线进行的，而是存在一定的偏转量。这也是导致机器人关节转动误差的主要原因。

此外，如果轴承不是理想刚体，需要考虑其受负载变形的影响，那时情况将会变得更为复杂。

以上讨论的情况均属于运动机构带来的误差，除此之外，对转动角度的控制也会存在误差。

总体来说，机器人关节运动误差的来源是多方面的，是多种误差源综合作用的结果。既包括传动机构本身的误差、运动控制误差，也包括温度变化导致的变形及负载作用产生的变形所带来的误差。实际系统中，不同的误差源，其影响效果是不同的，需要根据实际情况，具体问题具体分析，找到主要的误差影响因素并进行相应的处理。

从以上讨论中可以看出，在实际机器人系统中，旋转机构中的支撑轴承、直线运动机构中的导轨滑块是十分重要的。

对于移动关节来说，导轨滑块的精度也将影响连杆的移动精度。即移动关节的误差来自两方面，一方面是转动部分引起的误差，另一方面是直线运动部分带来的偏差。移动过程中，实际的移动轴线将不能与理想的设计轴线完全重合。

1. 重复定位精度和绝对定位精度

在机器人实际应用中，广泛使用了重复精度这一概念。

图 2.4.3 所示的多自由度机械臂中，末端坐标系 $\{T\}$ 的位姿是由所有的关节连杆确定的。根据运动学方程，末端位姿可表示为如下形式：

$$ {}_{n}^{0}\boldsymbol{T} = {}_{1}^{0}\boldsymbol{T}(q_1)\,{}_{2}^{1}\boldsymbol{T}(q_2)\cdots{}_{i}^{i-1}\boldsymbol{T}(q_i)\cdots{}_{n}^{n-1}\boldsymbol{T}(q_n) $$

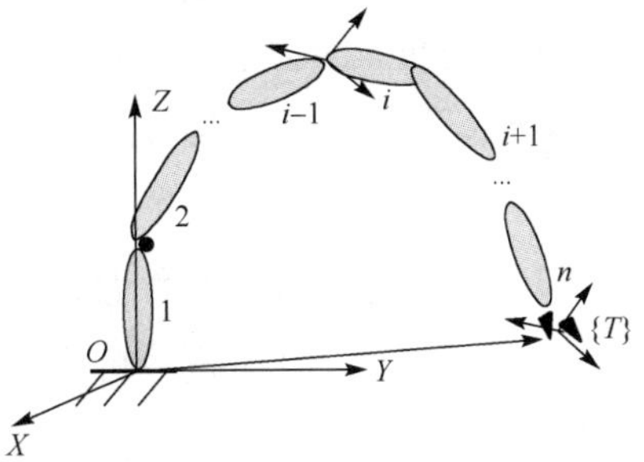

图 2.4.3　多自由度机械臂

若干个关节连杆组合后，每个关节的误差都将反映到末端坐标系中。

上面已经讨论过，关节的误差来源是多方面的。下面我们仅考虑两种主要的误差，即关节变量 q_i 的控制误差，以及由于加工、装配等因素带来的关节轴线偏差，并对上述两种误差的作用特点做简要分析。

由加工、装配等环节造成的关节轴线的偏差，可以通过 D-H 参数加以描述，即四个 D-H 参数中，除关节变量之外，其他的三个参数将包含一定的误差值。这些误差将最终反映到机械臂的末端坐标系中，使得末端坐标系偏离了理想位姿。

实际应用中，获得所有 D-H 参数的准确值是十分困难的。在现阶段技术手段下，还难以实现对末端坐标系的精确测量。激光或视觉的三维位姿测量都比较复杂，测量装置的成本也很高，而在综合测量精度方面也难以满足高精度、高速度的测量需求。实际应用中，仍然通过关节坐标由运动学方程来计算机械臂的末端位置。因此，在实际应用中，消除由于 D-H 参数误差而导致的机械臂末端误差是困难的。

除上述 D-H 参数误差之外，关节变量本身所带来的误差主要是由控制系统和传感器来决定的。而且，在很多情况下，关节变量的控制误差也相对较小。

综合以上关节变量误差和其他 D-H 参数带来的几何误差，机器人重复运动到达某一位姿时，其重复精度较高。而该位姿在基坐标系中的实际数值，由于缺乏有效的高精度测量手段，导致机器人末端位姿的给定值与实际值偏差较大，最终使机器人的绝对定位误差往往较低。

因此，总体而言，提高机器人绝对定位精度将主要依赖于高精度综合位姿测量技术的提高。

2. 变形及刚度

刚度也是影响机器人精度等性能指标的重要因素之一。一般而言，高精度系统对其刚度的要求较高。相比于传统机械系统，一方面，机器人具有更多的自由度，作业空间更大，灵活性也更强。与此同时，另一方面，机器人灵活性方面的优势也导致了刚度和负载能力方面的一些不足。

更高的负载能力意味着对机器人刚度和强度的要求也更高。而且，提高机器人的刚度也会导致机器人本体结构件尺寸的增大和重量的增加，最终导致机器人整体体积和质量的增加。

从负载能力和刚度两方面来看，机器人覆盖了更宽的指标区间，不同机器人的负载能力和刚度不同。总体来说，机器人覆盖了从轻载到重载及从弱刚度到高刚度的整个负载范围和刚度区间。传统的数控机床等设备一般都属于高刚度的设备。

2.5 机器人驱动电机

机器人是由多个关节连杆组合而成的，机器人关节上装有电机等动力装置驱动关节和连杆运动，进而形成机器人末端的各种合成运动。对关节的驱动主要包括输出关节上的力或力矩，驱动关节产生移动速度或转动角速度，以及驱动关节产生位移或转动到所需的角度等。上述这些运动的实现都来源于关节上的动力驱动系统。最典型的机器人驱动系统是电机驱动系统。除电机之外，机器人的动力来源还有其他多种形式，如气动、液压驱动等。

气动系统和液压系统也是工业中广泛应用的驱动系统。由于气动系统受压强影响较大，工作中体积变化大，不宜实现高刚性、高精度的驱动，因此不适合应用在高精度定位场合，应用领域受到一定的限制。同时，气动系统的可压缩性也为构建人工肌肉系统提供了有利条件，使得气动系统在气动人工肌肉系统中得到一些应用。在现阶段技术条件下，气动人工肌肉在总体上还处于研发进程中，在应用性能方面还存在不足，目前没有得到大规模的应用。

液压系统与气动系统有很多相似之处，两者都属于流体驱动系统，并且构成驱动系统的元件(如液压缸和气缸等)也都具有相似的形式。但液压系统具有更高的刚性，可以输出更高的功率和扭矩，在大功率驱动场合具有独特优势。液压系统的高刚性是以高压力的液压油为基础的，在高压强工作条件下，对密封系统的要求更高。实际应用中，经常面临液压油渗漏等实际问题，对使用环境也会带来一些不利的影响。因此，液压系统的应用领域也受到了一些限制。总体上，相比于液压系统和气动系统，电机驱动系统的应用更为普遍，它是工业机器人最为典型的驱动方式。

总体上，电机包括发电机和电动机两大类。顾名思义，发电机就是用于产生电力的装置，是发电厂中的核心设备，在机器人中较少使用。这里主要介绍的是工程上和机器人系统中常见的电动机，一般常将其简称为电机。在工业和日常生活中常见的电机种类繁多，不同的应用场合对电机的功能和技术指标的要求也有所不同，不同形式、不同型号的电机在不同的应用场合发挥着重要的作用。

实际系统中所用的电机种类很多，如常见的直流和交流电机、同步和异步电机等。使用中逐步形成的电机名称也有很多，如直流电机、无刷直流电机、交流电机、交流感应电机、同步电机、异步电机、三相交流电机、单相交流电机、交流伺服电机、交流永磁同步电机、步进电机等。由于电机种类繁多，对其进行清晰严格的分类是比较困难的，这里仅从机器人应用的角度对不同类型的电机进行梳理，给出简要分类，以便读者理解和实际使用。

从应用角度来看，在一些恒速运动场合，对调速和位置控制等没有要求，此时，应用异步电机较为适合。而在那些对定位和轨迹控制要求较高的应用场合，普通的异步电机则不能满足要求，需要使用直流电机、直流无刷电机或交流伺服电机等。

下面按直流电机、步进电机、无刷直流电机、同步型交流伺服电机和感应型交流伺服电机五种类型分别介绍。

1. 直流电机

早期，交流电机的伺服控制性能较差，只能应用于恒速运动场合。而直流电机具有良好的调速和位置伺服控制等性能，广泛使用在高性能调速和位置伺服领域。

直流电机的工作原理如图 2.5.1 所示，直流电机总体上包含定子、转子两部分。在定子上建立磁场，转子上的绕组构成导体，经换向器和电刷将直流电源加到转子绕组上，构成闭合回路，产生电流。通电导体在定子磁场的作用下产生电磁力矩，驱动转子旋转。直流电机具有如图 2.5.2 所示的良好线性机械特性。

直流电机的机械特性方程如下：

$$n = \frac{U_a}{C_e \Phi} - \frac{R}{C_e C_m \Phi^2} T_{em} \tag{2-5-1}$$

式中，n 为转速，U_a 为端电压，R 为电枢电阻，T_{em} 为电磁转矩，Φ 为励磁磁通，C_e 和 C_m 分别为电势常数和转矩常数。图 2.5.2 中，T_N 和 n_N 分别为额定转矩和额定转速，n_0 为空载转速。

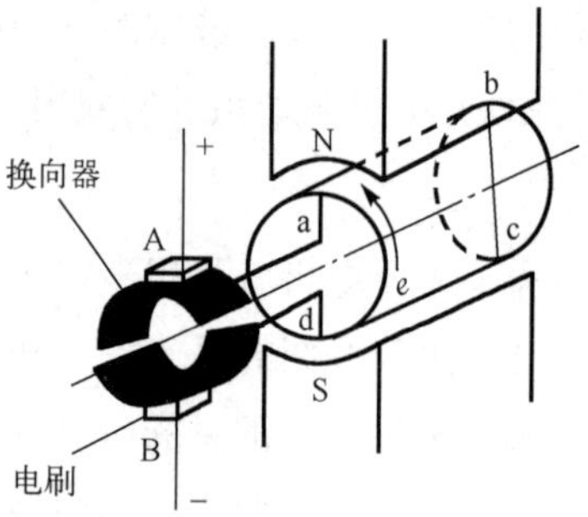

图 2.5.1　直流电机的工作原理

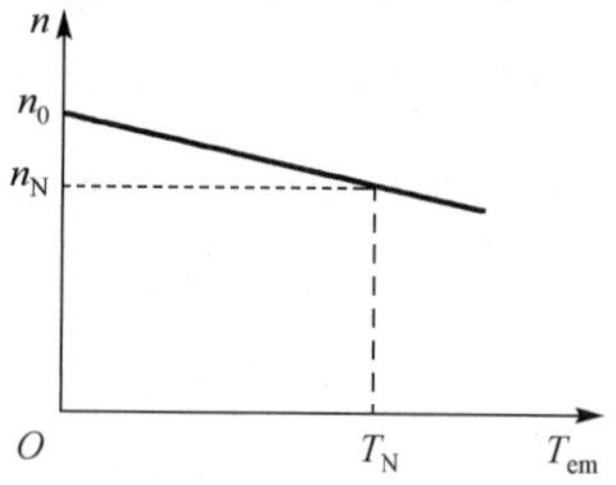

图 2.5.2　直流电机机械特性曲线

可以看出，通过改变端电压 U_a 或者励磁磁通 $\boldsymbol{\Phi}$，可以改变转速 n，实现电机的调速。这种调速能力是电机固有的。从图中的机械特性曲线可知，当负载发生变化时，电机的转速也将沿机械特性曲线发生改变。因此，单纯依靠电机本身所具有的调速能力来实现电机的调速是存在缺陷的，不能对负载的扰动进行补偿。

直流电机具有良好的调速及位置控制性能，在传统的高精度伺服系统中得到了广泛的应用，但直流电机需要使用电刷来实现电枢电流的换相，而电刷存在磨损常需要更换，会影响电机的寿命，也会给电机的使用带来不便。交流电机采用矢量控制技术后，其性能得到了本质上的提升，其调速和转矩控制性能均可以与直流电机相当，而且通过矢量控制技术将直流电机电刷的机械换相改为由电子开关控制的电子换相，从本质上消除了机械电刷的磨损问题。目前，采用矢量控制的交流电机得到了广泛应用，在机器人系统中也广泛采用交流伺服电机来构建关节伺服系统。

在实际的电机驱动系统中，不论是调速还是位置控制，都需要采用闭环控制。闭环的反馈信号主要有两种具体实现方式，如图 2.5.3 所示。一种是反馈信号的采集点位于电机的输出轴上，另一种是反馈信号的采集点位于减速器的输出轴上。有时，为了实现更好的控制，也将两种反馈信号同时使用，构成双反馈控制系统。

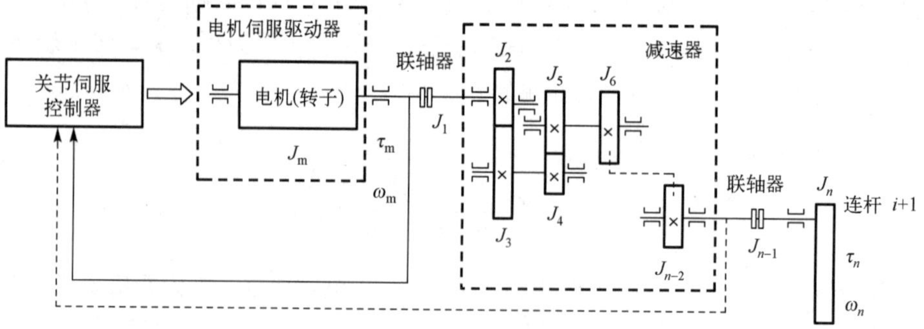

图 2.5.3　电机伺服控制系统示意图

双反馈与单反馈系统的主要区别在于控制闭环中是否包含减速器。减速器的主要功能是降低输出转速，提高输出扭矩，因此往往需要较大的减速比。传统的减速器内部一般由多级齿轮组成，齿轮之间相互啮合，传动关系复杂，难以保证所有的啮合过程均匀一致。特别是在负载变化或长期使用后发生较大磨损时，齿轮之间的啮合无法保持初始的状态，产生较大的间隙或其他形式的非线性，导致减速器的输入/输出关系变得十分复杂。

由于在减速器使用中存在上述问题，在减速器的输出端采集反馈信号进行闭环反馈控制时往往难以达到理想的控制效果，因此早期的电机闭环控制更多采用的是从电机轴反馈转速或位置信号，以构成闭环控制系统。

综合而言，实际的减速器具有复杂的非线性输入/输出关系，对控制系统的性能影响较大。

2. 步进电机

步进电机，顾名思义，其工作过程是以步进的方式进行的。运行时，操作者向电机的驱动器发送脉冲序列，每个脉冲对应电机旋转一步。电机步进的角度与电机的结构和控制方式有关。电机旋转方向控制有两种方式，一种是在脉冲信号的基础上增加一个方向信号，以“方向+脉冲”的方式，由方向信号的高低电平确定正反两个旋转方向。另一种是增加一路脉冲信号，向电机驱动器发送两路脉冲信号，以“CW+CCW”脉冲的方式，由两路信号的相位差确定电机的旋转方向。两路脉冲信号的+90°和−90°相位差分别对应正反两个旋转方向。由于电机以步进的方式工作，采用数字电路即可对电机进行控制，应用方便，系统成本低，因此在很多场合得到了广泛的应用。当然，步进电机的这种工作方式也存在一些明显的不足，如电机本质上是工作于脉动的开环位置模式，电机的电流也是脉动的。另外，电机静止在平衡位置时没有转矩作用，电机偏离平衡位置时会产生相应的抵抗力矩。但如果外力作用超过最大抵抗力矩，则电机将在外力的作用下偏离平衡位置而转入相邻的另一个平衡位置，从而形成失步。在原理上，步进电机不具有与直流电机相似的过载能力。由于步进电机存在开环和失步问题，因此其难以在机器人的关节驱动中应用，但对于机器人作业应用系统和其他的辅助设备而言，若步进电机能满足技术和功能需求，则其可以有效降低系统的成本，提高系统的实用性和经济性。

步进电机的定子和转子一般由硅钢片叠压而成。定子上装有励磁绕组，通入脉冲电压后可产生脉冲磁场驱动转子转动。转子上没有绕组。

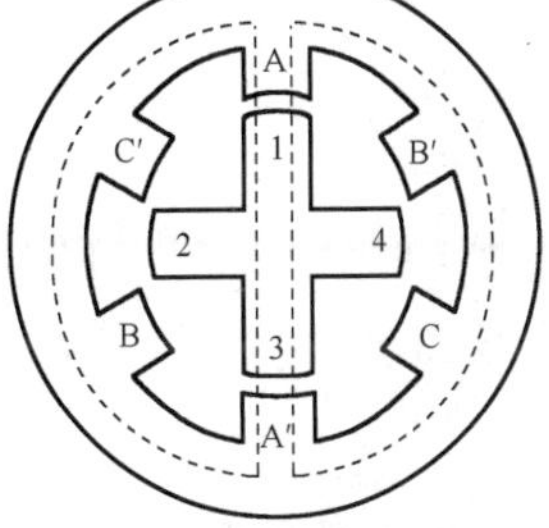

图 2.5.4　步进电机原理

图 2.5.4 所示的步进电机有三相定子绕组，转子有四个齿。图中所示为 A 相通电的状态。对 A 相施加脉冲后，在 A 相磁极处产

生磁场吸引转子至图示位置。如果按 A-B-C 的顺序依次对定子绕组施加脉冲电压，则电机将会按逆时针方向连续旋转。

电机旋转一步的角度称为步距角，步距角的大小与电机定子线圈的相数、转子的齿数及拍数有关，如下式所示：

$$\theta_b = \frac{360^\circ}{Nz}$$

式中，θ_b 为步距角，单位为度(°)；z 为转子的齿数；N 为拍数，即一个通电循环中包含的通电状态的个数。电机通电方式变换一次，称为一拍。拍数与通电方式和电机的相数有关。

图 2.5.4 中电机的相数为三相，可以采用“三相单三拍”方式，通电循环为 A→B→C→…或采用“三相双三拍”方式，通电循环为 AB→BC→CA→…选择两相定子绕组同时通电的双拍方式运行时，其步距角和单拍时相同，均为 30°。两相绕组同时通电时，电机的感应力矩将会增大。

对于三相电机，也可以采用“三相六拍”方式，通电循环为 A→AB→B→BC→C→CA→…步距角将减小为原来的二分之一，即 15°。步进电机的相数和转子齿数越多，步距角就越小。如果电机为四相电机，转子的齿数为 6，则可以采用“四相八拍”方式，通电循环为 A→AC→C→CB→B→BD→D→DA→…电机的步距角将进一步减小为 7.5°。

在实际的步进电机中，为了进一步减小步距角，往往在转子和定子上设置更多的齿，如图 2.5.5 所示。通过对定子绕组通电过程的精细控制，建立更为精细的定子磁场，以使电机每转一拍的转动角度进一步细化减小，进而提高步距分辨精度，常见的有 3°/1.5°，1.5°/0.75°，3.6°/1.8°等。以图中电机为例，转子齿数为 50，定子绕组为三相绕组。单拍通电运行时步距角为 2.4°，单双拍混合通电运行时，步距角减半，减小为 1.2°。

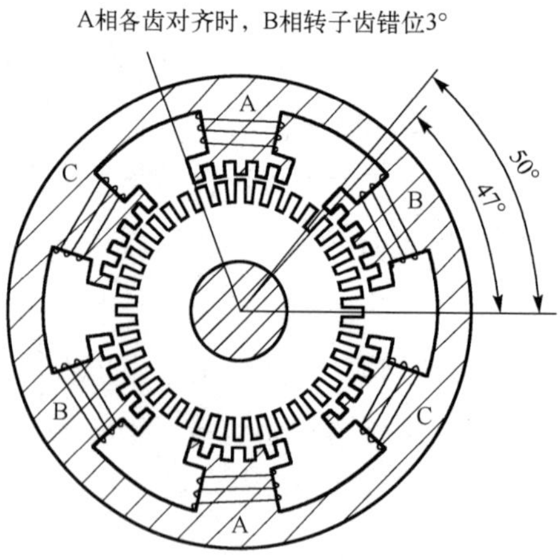

图 2.5.5　在实际的步进电机中，在转子和定子上设置更多的齿

从以上步进电机的工作原理中可以看出，步进电机是按输入的脉冲数进行转动的，通过控制脉冲的频率可以调节电机的转速，并且可通过改变通电顺序来控制电机的旋转方向，使用方便。

步进电机的转速计算公式如下：

$$n=\frac{60f}{Nz}$$

式中，转速的单位为每分钟的旋转圈数，f 为脉冲频率。

步进电机的输出转矩是由电机内部的脉冲电磁力决定的，因此人们无法像直流电机那样对电机的转矩进行控制。当负载过大，超过其负载能力时，会产生“丢步”的现象。此时，电机的实际位置由于负载的作用发生了改变，脉冲数与电机的实际位置不相符，产生了一定数量的脉冲偏差。实际使用中，应使电机的输出扭矩大于最大负载，以避免丢步现象发生。

从上面的介绍中可知，步进电机的运行模式实际上属于开环位置运行模式，不能对电机的转矩进行控制。因此步进电机只能应用于简单的位置控制系统中，不满足机器人驱动系统的要求。从力矩和位置控制等方面的性能来衡量，机器人的驱动应选用直流电机或者交流伺服电机。

步进脉冲的形式具有表达直观、使用方便等优点，因此在很多实际的交流伺服电机驱动器中引入了这种步进脉冲的控制指令输入形式，而由于电机本身并不是步进电机，虽然采用了脉冲式的步进指令输入形式，但其位置控制的性能与步进电机相比还存在着本质的不同。

3. 无刷直流电机

在早期的电机驱动应用系统中，主要的电机种类是直流电机、交流电机和步进电机三种。大功率直流电机主要应用于电力机车、机床等需要电机调速的场合，微小功率直流电机主要应用于各种小型电动设备中。交流电机的应用主要包括单相及三相异步电机，工作于恒速机械设备(如机床主轴、粉碎机等多种生产生活设备)中。由于三相或单相交流异步电机使用电网直接供电，转子不像直流电机那样需要电刷实现换向，不受粉尘的影响，成本和环境要求较低，因此在很多工业和民用场合获得大量应用。但交流电机的调速问题在历史上的很长一段时间内都难以解决，限制了交流电机应用领域的进一步扩大。目前，由于矢量控制及变频技术的应用，交流电机的优势日益显著，使得交流电机具有良好的调速性能。特别是矢量控制技术的应用使得交流电机具备了与直流电机相类似的调速和控制性能，同时没有直流电机所独有的电刷问题，因此交流电机在很多场合中取代了直流电机，并在机器人系统中得到广泛应用。

从原理和特点上，无刷直流电机、正弦波永磁同步电机、矢量控制的异步电机等常见的电机种类都可以归类于交流伺服电机。

无刷直流电机没有机械电刷，但是具有与传统直流电机相似的调速及电流和位置控制性能。无刷直流电机的结构可以看成是传统有刷直流电机的“反装”结构，即将电机的定子和转子进行互换，原来的定子变为转子，原来的转子变为定子。反装后，新的转子为永磁铁，新的定子上则装有通电绕组。反装后，在定子绕组上通电产生励磁作用，并依据一定的规则对通电过程进行控制，产生交替变化的旋转磁场，带动转子永磁体实现连续的转动。

无刷直流电机的原理如图 2.5.6 所示，定子绕组通电状态如图 2.5.7 所示。定子绕组为三相绕组，转子为永磁体，三相绕组的相位依次相差 120°。供电电压 U_d 为直流电压。

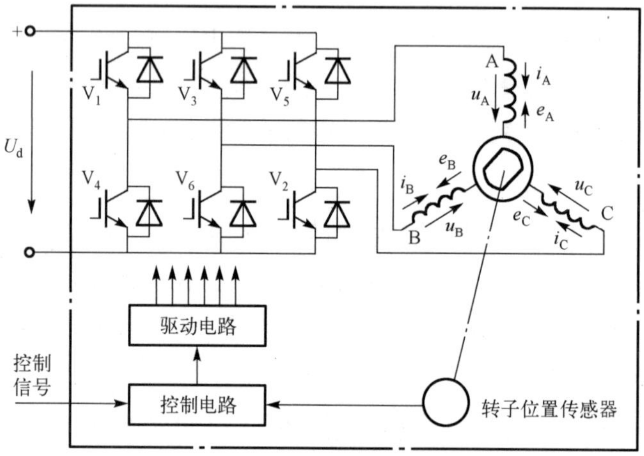

图 2.5.6 无刷直流电机的原理

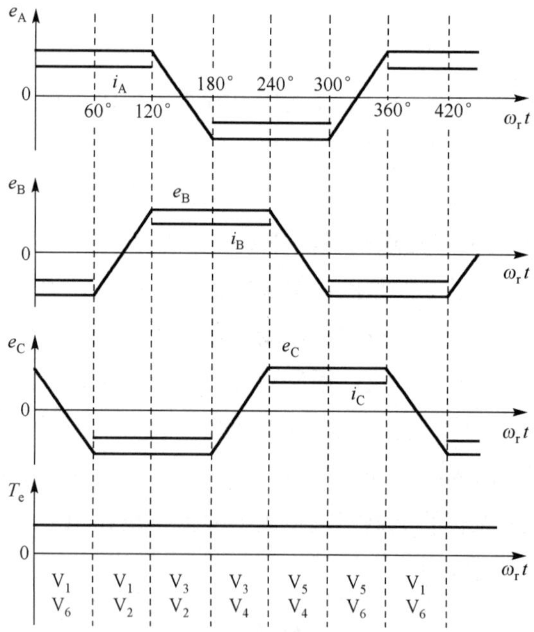

图 2.5.7 定子绕组通电状态

供电电路中，六个功率电子开关 V_1 至 V_6 的通断由控制电路和驱动电路根据控制信号和转子位置传感器信号进行控制。按顺序控制相应功率开关的通断，从而在定子绕组中依次通入图 2.5.7 所示的直流电流 i_A，i_B 和 i_C，三相电流之间具有 120° 的相位差。

在定子绕组上按周期通入上述电流后，即可在定子上建立相应的旋转励磁磁场，旋转的定子磁场与转子永磁体相互作用产生电磁力并带动转子转动。

在理想情况下，任意时刻三相绕组中均有两相导通。假如一相绕组的电动势为 E_p、电流为 I_d，则另一相绕组的电动势为 $-E_p$、电流为 $-I_d$。以 0°～60°区间为例，有 $e_A = E_p$，$i_A = I_d$，$e_B = -E_p$，$i_A = -I_d$，而 $i_C = 0$。若一相绕组的电阻为 R_s，则通电回路中的电压平衡方程为

$$U_d = 2R_s I_d + 2E_p \tag{2-5-2}$$

任意时刻电机的功率 P_e 可表示为

$$P_e = e_A i_A + e_B i_B + e_C i_C = 2E_p I_d \tag{2-5-3}$$

此外，电机的功率还可以基于机械系统表示为电机转矩与角速度乘积的形式，即

$$P_e = \Omega_r T_e \tag{2-5-4}$$

由式(2-5-2)和式(2-5-3)可将电机的转矩表示为

$$T_e = \frac{e_A i_A + e_B i_B + e_C i_C}{\Omega_r} = \frac{2E_p I_d}{\Omega_r} \tag{2-5-5}$$

定子绕组上的反电动势与电机的转速有关，具体计算公式如下：

$$E_p = K_p n_r \tag{2-5-6}$$

式中，n_r 为转速，单位为 r/min；K_p 为与电机结构有关的常数。

考虑到 $\Omega_r = \frac{2\pi}{60} n_r$，可得

$$T_e = \frac{2K_p n_r I_d}{\Omega_r} = \frac{60}{\pi} K_p I_d = K_t I_d \tag{2-5-7}$$

式中，$K_t = \frac{60}{\pi} K_p$ 也为常数，为电机的转矩系数。

由式(2-5-2)及式(2-5-5)可得无刷直流电机的机械特性方程为

$$n_r = \frac{U_d - 2R_s I_d}{2K_p} = \frac{U_d}{2K_p} - \frac{R_s}{K_p} I_d \tag{2-5-8}$$

$$n_r = \frac{U_d}{2K_p} - \frac{R_s}{K_p K_t} T_e \tag{2-5-9}$$

从以上分析中可以看出，无刷直流电机无论是转矩公式、转速公式，还是机械特性方程，在形式上均与他励直流电机相同。

若从图 2.5.6 中直流电源的正、负端子看进去，整个虚线框中的部分就等同于一台他励直流电机，施加于逆变器的直流电压和电流就相当于直流电机的电枢电压和电流。由此可见，“无刷直流电机”这一术语应该是指永磁伺服电机、逆变器、转子位置检测器及相应换相控制电路的组合体，而并非仅指电机本体。

与传统的直流电机相比，无刷直流电机消除了机械电刷，改由电子开关实现换相。消除了机械电刷带来的磨损，提高了电机的使用寿命。

无刷直流电机的换相依赖于转子传感器信号，如图 2.5.7 所示，转子每转动 60° 就要进行一次换相。转子位置传感器给出转子当前位置，控制电路根据转子位置变化情况，每 60° 完成一次换相动作。从换相过程可以看出，换相控制对转子位置传感器的要求并不高，只要求间隔 60° 输出换相信号即可。在一些无刷直流电机中采用霍尔传感器来检测转子的换相位置。

实际应用中，将无刷直流电机应用于位置控制系统时，由于位置闭环控制也需要提供转子位置信号，并且位置闭环控制所需的传感器分辨率比换相控制要求更高。此时完全可以将无刷直流电机的换相控制和位置闭环控制兼顾起来，利用同一个转子位置传感器来实现电机的换相控制。

4. 同步型交流伺服电机

同步型交流伺服电机主要包括正弦波交流永磁同步电机及无刷直流电机两种类型。上面的无刷直流电机比较特殊，从演化过程和电机特性上看，该电机与直流电机非常相似，很多人将其归类于直流电机。但从其原理上看，该电机又属于同步电机，因此也有很多人将其归类于交流同步电机。由于存在以上归类上的模糊问题，因此本书中将其看成了介于直流电机和交流电机之间的一种独立的伺服电机类型。

基于电机基本原理，交流电机包括异步电机和同步电机两大类。依据电机原理，上面介绍的步进电机和无刷直流电机都是一种交流同步电机。早期的交流同步电机主要以带有换向系统的实现方式为主，在转子中通入同步电流。由于其特殊性，同步电机主要应用于一些特殊的场合，在日常生产生活中的应用较少。永磁体特别是稀土永磁材料在电机转子中的应用使得电机工作时不再需要电刷，极大改进了交流同步电机的应用性能，促进了永磁同步电机的应用。

如上一节所述，早期的交流电机主要以异步电机为主，主要用于恒速驱动场合。电机的调速性能较差，无法满足调速及位置控制系统的要求。在设计上，主要以恒定的额定转速为工作点进行优化，所以启动后一般要求电机工作在额定状态。对于普通的交流异步电机，如果将其运行在其他速度条件下，电机的各项性能指标是得不到保障的。在实际应用中，为了满多种不同的需求和工作特点，人们设计了多种不同的电机产品型号以供选用。

针对异步电机调速运行的需求，人们开展了变频技术的研究探索。目前采用变频调速系统工作的异步电机的应用也非常广泛。不过，值得特别说明的是，采用变频器对交流异步电机进行调速时，如果将普通型号的异步电机直接连接变频器进行调速，虽然在原理上完全可以实现调速运行，但系统的运行指标是难以保障的。这是由于普通型号的异步电机是基于额定转速和额定转矩设计的，电机工作于其他转速时，特别是在偏离额定转速较多的情况下，电机的性能将显著下降。因此，为了保障系统的性能指标，应选用专门用于调速需求设计的交流变频电机。变频调速与下面介绍的矢量控制在原理上存在本质不同，变频调速主要是通过供电系统频率的改变实现对电机转速的控制，不能直接对电机的转矩进行控制。而矢量控制则不同，既可以控制电机的转速也可以控制电机的转矩。因此，矢量控制在伺服性能上明显优于变频控制。

20 世纪 70 年代出现的矢量控制技术为交流电机的性能改进提供了理论基础。如今，采用矢量控制的交流电机的性能得到了大幅提升，特别是采用稀土永磁材料的交流永磁同步伺服电机，其在很多领域替代了传统的直流电机，并已在数控机床和机器人等高性能伺服领域得到了广泛的应用。

与无刷直流电机不同的是，三相交流永磁同步电机的三相定子绕组中通入的不是直流电，而是按矢量变换原理处理的特殊形式的交流电 i_U^*、i_V^* 和 i_W^*。基于电流解耦控制的永磁同步电机伺服系统如图 2.5.8 所示，图中采用的是 $i_d = 0$ 控制。

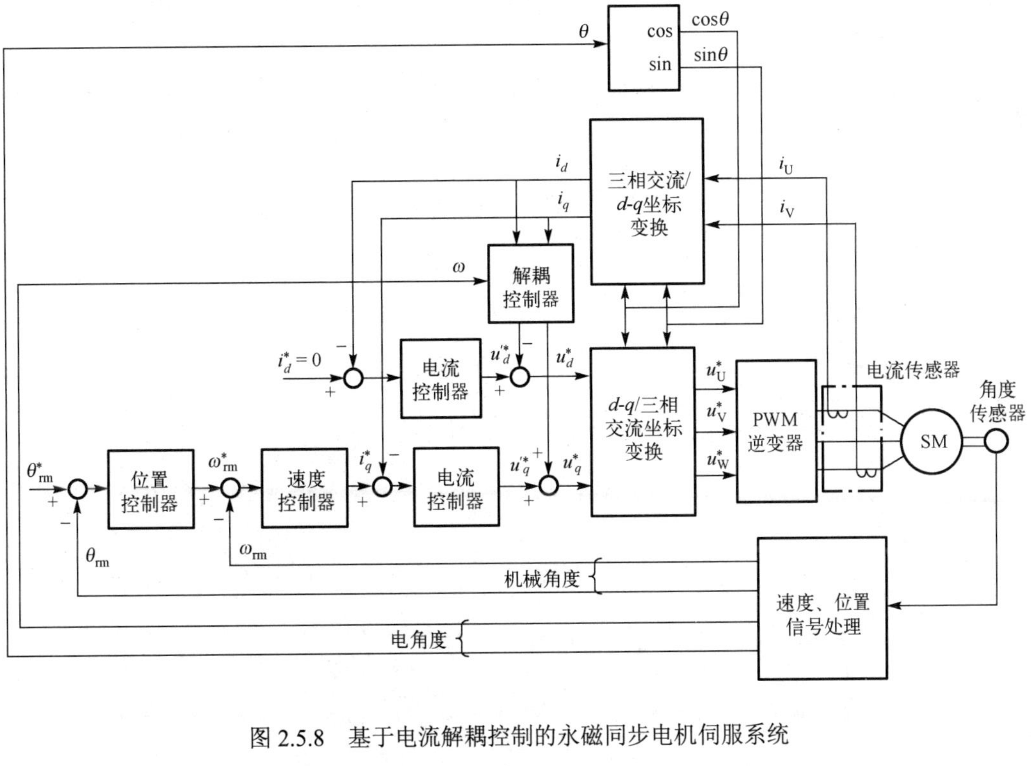

图 2.5.8　基于电流解耦控制的永磁同步电机伺服系统

进行矢量变换时，需要根据转子的实时位置信号θ进行坐标变换，按转子的实际位置计算所需的定子电流，以使定子磁场与转子磁场之间保持相应的位置匹配关系，进而保证电机的输出转矩符合控制系统的要求。定子电流i_{U}^{*}、i_{V}^{*}和i_{W}^{*}与i_{d}^{*}、i_{q}^{*}之间的坐标变换关系如下：

$$\begin{bmatrix} u_{\mathrm{U}}^{*} \\ u_{\mathrm{V}}^{*} \\ u_{\mathrm{W}}^{*} \end{bmatrix} = \sqrt{\frac{2}{3}} \begin{bmatrix} \cos\theta & -\sin\theta \\ \cos\left(\theta - \frac{2}{3}\pi\right) & -\sin\left(\theta - \frac{2}{3}\pi\right) \\ \cos\left(\theta + \frac{2}{3}\pi\right) & -\sin\left(\theta + \frac{2}{3}\pi\right) \end{bmatrix} \begin{bmatrix} u_{d}^{*} \\ u_{q}^{*} \end{bmatrix} \tag{2-5-10}$$

$$\begin{bmatrix} i_{d}^{*} \\ i_{q}^{*} \end{bmatrix} = \sqrt{\frac{2}{3}} \begin{bmatrix} \cos\theta & \cos\left(\theta - \frac{2}{3}\pi\right) & \cos\left(\theta + \frac{2}{3}\pi\right) \\ -\sin\theta & -\sin\left(\theta - \frac{2}{3}\pi\right) & -\sin\left(\theta + \frac{2}{3}\pi\right) \end{bmatrix} \begin{bmatrix} i_{\mathrm{U}}^{*} \\ i_{\mathrm{V}}^{*} \\ i_{\mathrm{W}}^{*} \end{bmatrix} \tag{2-5-11}$$

式中，θ为电机的旋转角度。

图 2.5.9 为电机的定子、转子结构示意图。定子上装有 A、B、C 三相励磁绕组，转子为永磁体。为了方便对电机进行分析和控制，常常采用如图 2.5.10 所示的 *d-q* 坐标系模型并将其等效成一台直流电机。*d-q* 坐标系的定义为：*d* 轴为永磁体磁极轴线，也称为直轴，顺着转子旋转方向超前 *d* 轴 90° 为 *q* 轴(也称为交轴)。*d* 轴绕组相当于直流电机的励磁绕组，*q* 轴绕组相当于直流电机的电枢绕组。

由于电机的转子为永磁体，因此不需要由定子电流i_d来提供励磁。这样，在实际的应用中，可使$i_d = 0$，即只需控制i_q就可实现对电机转矩的控制。与无刷直流电机相比，通入电机定子绕组上的电流为三相交流电流，电机的电流和电磁转矩不存在脉动问题，可有效提高输出力矩的性能。

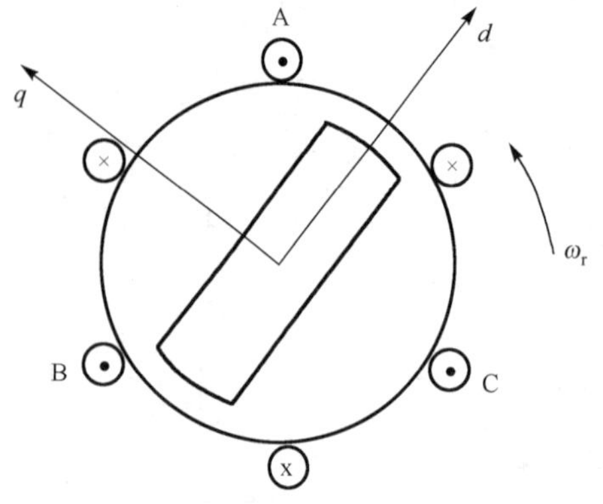

图 2.5.9　定子、转子结构示意图

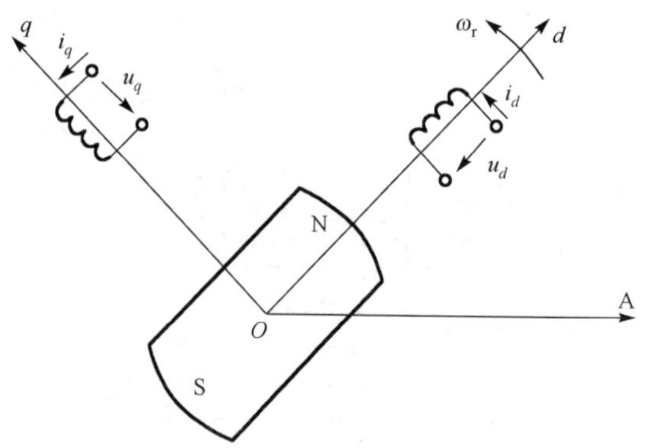

图 2.5.10　*d-q* 坐标系模型

5．感应型交流伺服电机

感应型交流伺服电机为异步电机，其定子上装有励磁绕组，转子为鼠笼型导体，转子上没有绕组也不是永磁体。工作时，在电机定子绕组中通入交流电并建立旋转磁场，定子电流在转子上同时产生感应电流进而形成感应磁场，定子上的旋转磁场与转子上的感应磁场相互作用，带动转子转动。由于转子导体上的感应电流及其感应磁场是由定子电流感应产生的，因此较后者具有时间上的滞后。从转速上看，电机的转速与定子旋转磁场的同步转速之间存在一定的转速差，电机的转速始终不能达到同步转速。

长期以来，交流感应电机以其结构简单、成本低、使用方便等优点在日常生产和生活设备中得到了广泛的应用。但交流感应电机的机械特性具有显著的非线性特征，与直流电机的线性机械特性相比，在调速及位置伺服能力上具有原理上的缺陷，因此普通的交流异步电机只能用于恒速驱动场合。使用矢量控制技术可以将电机的三相交流电流分解为相互独立的励磁和转矩电流，使电机具备了与直流电机相似的性能。

M-T 坐标系下感应型交流伺服电机构成的矢量伺服控制系统如图 2.5.11 所示。图中包含了两相绕组电压 u_M^* 、 u_T^* 与三相绕组电压 u_A^* 、 u_B^* 和 u_C^* 之间以及两相电流 i_M^* 、 i_T^* 与三相电流 i_A^* 、 i_B^* 和 i_C^* 之间的变换，具体变换公式如式(2-5-12)及式(2-5-13)所示。

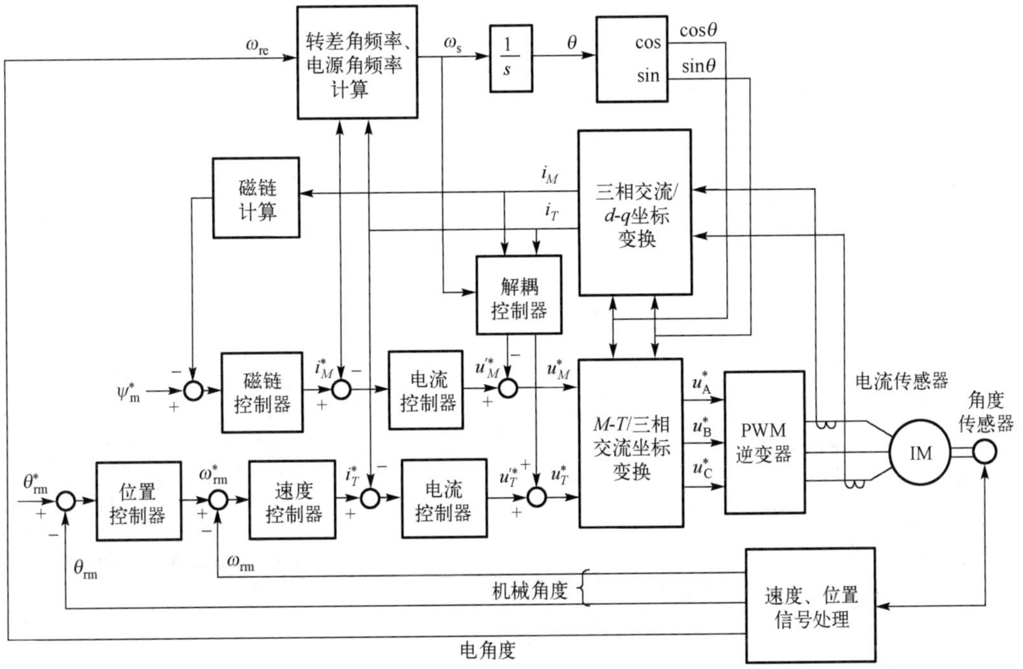

图 2.5.11　*M-T* 坐标系下感应型交流伺服电机构成的矢量控制伺服系统

矢量变换的核心是将电机定子三相绕组产生的旋转磁场分解为独立的励磁分量和转矩分量两部分，即以产生相同的旋转磁场为目标，将电机定子绕组等效为旋转的 *M-T* 两相绕组。*M-T* 绕组为假想的旋转绕组，绕组中的电流将等效为直流，i_M^* 为励磁电流，i_T^* 为转矩电流。与直流电机相似，二者相互独立，可以分别进行调节。

$$\begin{bmatrix} u_A^* \\ u_B^* \\ u_C^* \end{bmatrix} = \sqrt{\frac{2}{3}} \begin{bmatrix} 1 & 0 \\ -\frac{1}{2} & \frac{\sqrt{3}}{2} \\ -\frac{1}{2} & -\frac{\sqrt{3}}{2} \end{bmatrix} \begin{bmatrix} \cos\theta & -\sin\theta \\ \sin\theta & \cos\theta \end{bmatrix} \begin{bmatrix} u_M^* \\ u_T^* \end{bmatrix} \tag{2-5-12}$$

$$\begin{bmatrix} i_M^* \\ i_T^* \end{bmatrix} = \begin{bmatrix} \cos\theta & \sin\theta \\ -\sin\theta & \cos\theta \end{bmatrix} \sqrt{\frac{2}{3}} \begin{bmatrix} 1 & -\frac{1}{2} & -\frac{1}{2} \\ 0 & \frac{\sqrt{3}}{2} & -\frac{\sqrt{3}}{2} \end{bmatrix} \begin{bmatrix} i_A^* \\ i_B^* \\ i_C^* \end{bmatrix} \tag{2-5-13}$$

矢量变换的具体等效变换过程可以按图 2.5.12 所示的两个步骤来进行。

第一步，将图 2.5.12(a) 中 120° 分布的 A、B、C 三相交流绕组等效为图 2.5.12(b) 中正交的 α-β 两相绕组。

第二步，令两相绕组旋转，等效为图 2.5.12(c) 中的旋转 *M-T* 绕组。

i_A^*、i_B^* 和 i_C^* 为三相交流电流，i_α^*、i_β^* 为两相交流电流，而 i_M^*、i_T^* 则为变换后的与直流电机相似的直流电流。

采用矢量控制技术后，对交流异步电机可以像对直流电机那样进行控制，交流异步电机具有与直流电机类似的机械特性，有效提升了电机的调速及位置伺服性能。感应型交流伺服电机具有成本低、使用方便等诸多优点，随着电机控制技术的进步和性能的不断提高，将具有良好的发展和应用前景。

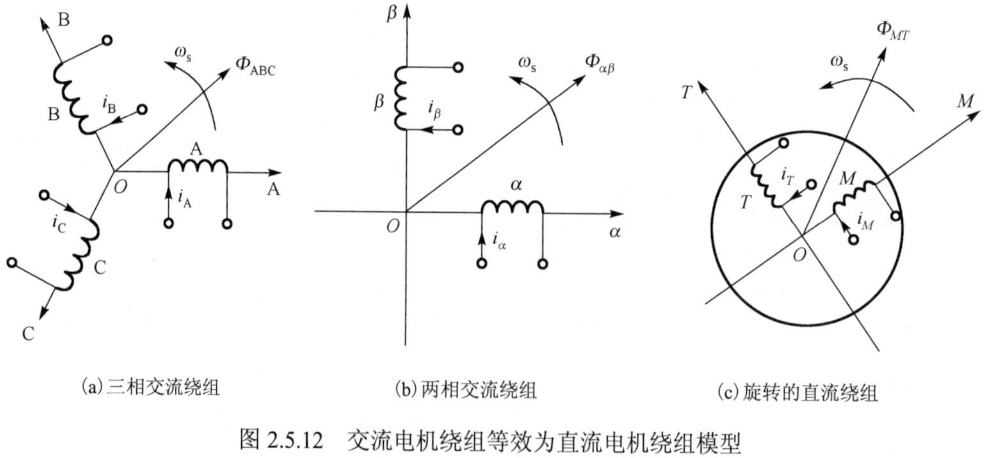

图 2.5.12　交流电机绕组等效为直流电机绕组模型

综上所述，在目前的应用系统中，存在多种驱动电机，它们的原理和特点不尽相同，表 2.5.1 给出了部分典型电机的汇总对比。

表 2.5.1　部分典型电机的汇总对比

电机种类	主要特点	典型应用场合
直流电机	调速及控制性能好，存在电刷问题，维护不便、影响寿命	需要调速及伺服控制的场合
步进电机	步进位置脉冲驱动，开环，存在失步问题，不能控制转矩	需要位置开环控制的场合
无刷直流电机	与直流电机调速及伺服控制性能相当，梯形波电流，无电刷问题，需要转子位置传感器	需要调速及伺服控制的场合
同步型交流伺服电机	与无刷直流电机相当，正弦波电流，转矩纹波优于无刷直流电机，无电刷问题，需要转子位置传感器	需要调速及伺服控制的场合
感应型交流伺服电机	异步，具有调速及伺服控制功能，控制系统比同步型交流永磁伺服电机复杂，转子存在电流	需要调速及伺服控制的场合
异步电机	异步，恒速额定点运行	普通恒速驱动场合
变频调速电机	异步，可调速运行	调速场合

2.6　机器人关节传感器

从上面介绍的内容中可知，在电机驱动系统中，无论是电机的运行还是伺服控制，转子位置传感器的信号反馈都是必不可少的。此外，在机器人整机控制系统中，无论是机器人的位姿轨迹控制还是力位柔顺控制，都依赖于关节的伺服控制来进行，因此，机器人关节的位置、速度、电流或转矩的测量反馈同样十分重要。

机器人关节上的传感器包括多种类型，如位置传感器、速度传感器、电流传感器、电压传感器、转矩传感器及温度传感器等。

这里对两种典型的位置传感器加以简要介绍。

1. 旋转变压器

对于电机驱动而言，经常需要测量电机的转角和转速。旋转变压器在早期的电机转子位置测量系统中应用较多。旋转变压器是基于电磁场工作的，与光电编码器相比，无刷旋转变压器对使用环境中的冲击、灰尘、油污等要求较低，具有可靠性高、耐冲击、振动能力强、可应用于高温高湿环境等优点。但旋转变压器是一种模拟式测量器件，在实际应用中一般需要与数字转换器件配合使用，在信号处理及抗干扰方面存在不足。在应用趋势上，旋转变压器由于具有多方面优越性能，在电机驱动系统中的使用日益增多。

旋转变压器不仅可以用于测量转角，还可以用于测量直线位移。旋转变压器的工作原理为电磁感应原理。不仅如此，旋转变压器还可以用于远距离传输和复现一个角度，实现机械上不固联的两轴或多轴之间的同步旋转。

旋转变压器由相对运动的两部分组成，它们分别为定子和转子。旋转变压器的定子和转子上装有绕组。进行角度测量时，定子与电机的壳体相连，而转子与电机的输出轴相连。

转子绕组的引出方式有两种，一种是通过机械式的电刷滑环引出，另一种是通过非接触式的变压器感应的方式引出。当对转子绕组施加电压时，定子绕组作为输出并给出测量信号。当对定子绕组施加电压时，转子绕组作为输出并给出测量信号。

根据工作原理的不同，旋转变压器可分为电磁式和磁阻式两种。

电磁式旋转变压器如图 2.6.1 和图 2.6.2 所示。图 2.6.1 为振幅调制型无刷旋转变压器，转子绕组为单相绕组，定子绕组为两相正交绕组。信号引出方式为无刷式，外部电压信号由环形变压器引入。在转子侧施加激励电压时，定子侧输出测量信号。信号处理方式为振幅调制型。

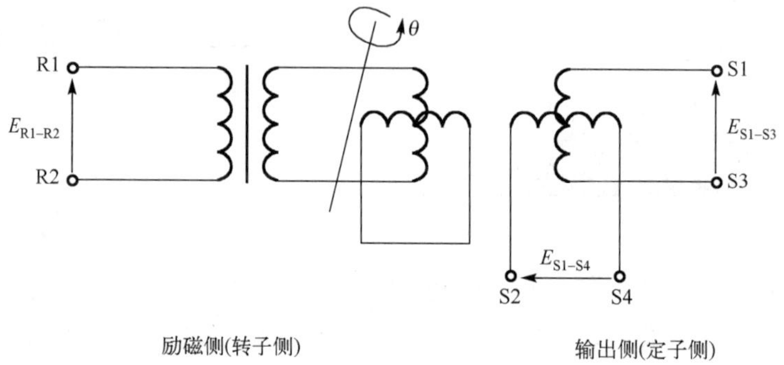

图 2.6.1　振幅调制型无刷旋转变压器

图 2.6.2 为相位调制型无刷旋转变压器。与振幅调制型无刷旋转变压器不同，它在定子侧施加激励电压，由转子侧输出测量信号。转子绕组为单相绕组，定子绕组为两相正交绕组。信号引出方式为无刷式，测量信号由环形变压器引出。

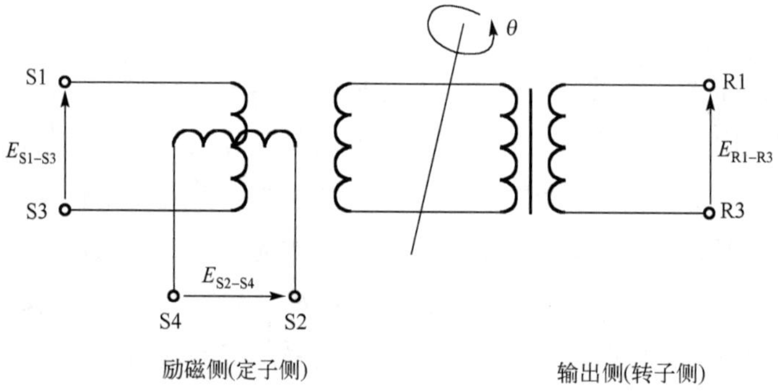

图 2.6.2　相位调制型无刷旋转变压器

图 2.6.3 为磁阻式旋转变压器。与电磁式旋转变压器不同的是，它的转子上没有绕组，激励绕组和测量绕组都位于定子上。转子和定子上都分布有很多的齿。转子每转过一个齿距，输出绕组中感应的电动势就会发生变化，根据电动势变化就可以推算出转角的测量值。

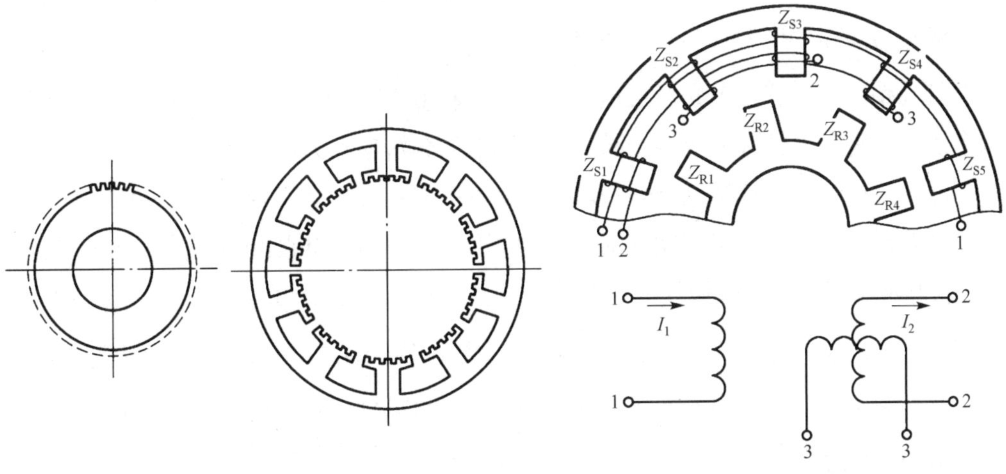

(a)转子冲片图　　(b) 定子冲片图　　(c) 原理示意图

图 2.6.3　磁阻式旋转变压器

2. 光电编码器

与旋转变压器的模拟信号测量方式不同，光电编码器为数字式测量器件，信号抗干扰能力强，使用方便，在实际机器人系统中使用广泛。

光电编码器主要由旋转的码盘和光学部件组成，码盘上刻有透光或不透光的条纹，码盘旋转时依据透光情况形成相应的脉冲信号，进而实现对旋转角度的测量。当光学条纹按直线布置时，就可以实现对位移量的测量。

根据条纹布置及检测原理的不同，光电编码器有绝对式(二进制绝对式、格雷码绝对式)、增量式及准绝对式等具体形式。图 2.6.4 给出了几种典型的码盘条纹图案布置。

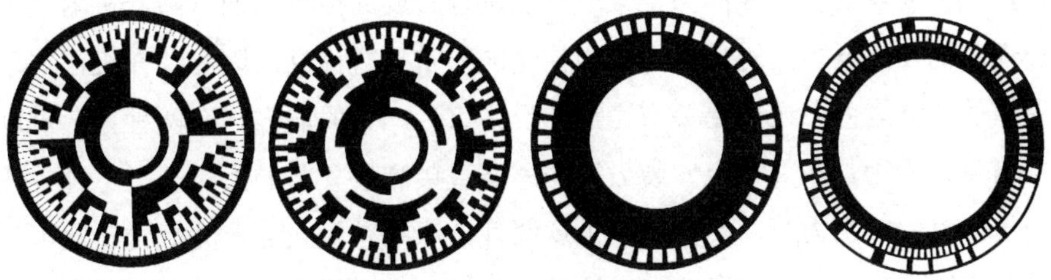

(a) 二进制绝对式　　(b) 格雷码绝对式　　(c) 增量式　　(d) 准绝对式

图 2.6.4　光电编码器码盘条纹图案布置

绝对式编码器具有并行的多个光学通道，与编码器的位数一致。编码位数越高，测量分辨率也越高。与二进制图案相比，格雷码图案在相邻位置上只有一位发生变化，有效降低了误码率，所以实际上一般都使用格雷码。位数提高时，绝对编码器的码盘尺寸也随之增大，编码器的体积变大，带来一些缺点。

增量式编码器只有三个光学通道，A 相通道和 B 相通道的条纹数量相等，C 相通道只有一个条纹。码盘旋转时形成三相脉冲。编码器的分辨率不同，每转一周 A、B 两相的脉冲数不同，但 C 相脉冲每转只有一个。A 相脉冲和 B 相脉冲之间相位相差 90°。通过记录 A 相或 B 相脉冲的个数就可以实现对角度的测量。A 相和 B 相的相位差用于区分正转和反转。C 相脉冲用于记录多圈旋转的情况。实际应用中，C 相脉冲也可以用于初始位置定位。

增量式编码器和绝对式编码器各有缺点，增量式编码器的缺点是掉电后立即失去位置信息，在需要绝对位置信息时需使用额外的处理方式进行保存。绝对式编码器的缺点是随着精度的提高，编码器的尺寸变大，信号通道变多，不利于安装和使用。

准绝对式编码器是针对绝对式和增量式编码器所存在的不足而出现的一种新型编码器，码盘图案如图 2.6.4(d)所示，包括索引通道和编码通道两部分。其利用两个通道信号的同步和编码关系实现测量。系统启动后，其不能立刻获得位置的编码，首先需要进行自引导过程，经过一个非常小的移动步长后，系统即可获知确定的绝对位置编码数据。系统掉电重新上电后，其也可以获得绝对位置。

编码器测量位置后，可以由位置信号进一步计算获得速度，因此实际系统中，编码器往往既用于位置测量，也用于速度测量。

除光电编码器之外，用磁信号也能实现数字式的位置测量，即使用磁性编码器。磁性编码器用磁信号产生数字脉冲，编码方式与光电编码器相似。与光电编码器相比，磁性编码器在抗振动和冲击等方面具有优势。

除上述对电机转角、转速的位置测量之外，在人机交互系统中还需要对机器人的关节力矩进行控制，或者对机器人的力位柔顺性能进行必要的控制。而且随着机器人与操作者协同作业需求的日益增多，对机器人力矩控制的要求日益提高。因此，在机器人系统中，除反馈关节的位置之外，还需要关节力矩的反馈信号。一般而言，有两种方式可以获得关节的力矩信息，一种是在关节上安装力矩传感器直接测量关节的力矩，另一种是通过电机的电流间接计算关节的力矩。实际上，上述两种方法各有优缺点。力矩传感器可获得更为直接的关节力矩信号，但增加了关节设计的复杂性，也增加了系统的成本。利用电机电流的方法不需要更改关节的结构，但对力矩的测量是间接的，由于减速器摩擦及其他非线性的影响，测量信号中往往包含较多的噪声，测量精度较低。

此外，在对关节力矩的测量，特别是动态测量中，还涉及惯性力带来的不利影响，实现高精度的关节力矩测量存在较大的难度。

2.7　机器人关节控制系统

机器人的控制包含很多方面，对于移动机器人来说，包括移动机器人整机的控制、环境信息的采集和导航定位控制；对于机械臂来说，包括机械臂的位姿及轨迹控制，以及人机协作系统中的力控制、阻抗控制等力位柔顺控制。除对机器人运动系统的控制之外，对于各种各样的作业场合和作业任务需求，还需建立针对作业任务和工艺要求的相关控制模块。

一般而言，需要为机器人配置一个专门的控制系统，即机器人控制器。机器人控制器主要完成机器人自身运动的控制功能，并能够为可能的机器人应用提供必需的接口。

常见的机器人控制器的总体结构如图 2.7.1 所示。在机器人自身的控制方面，机器人控制器包含了机器人底层运动控制及机器人上层作业控制两大部分。底层运动控制主要包括机器人的运动学、动力学控制，底层位置、速度、电流伺服控制等。上层作业控制则面向机器人应用，为不同的应用提供所需的基本功能模块。由于机器人应用涉及多个自由度的运动，位姿变化及轨迹都很复杂，用户掌握机器人的编程及控制存在较大的难度。因此为方便实现对机器人的操作，一般的工业机器人中都配备了示教器，用户可通过示教器控制机器人的运动。为此，机器人控制器中也需要具有相应的示教器通信及控制模块。

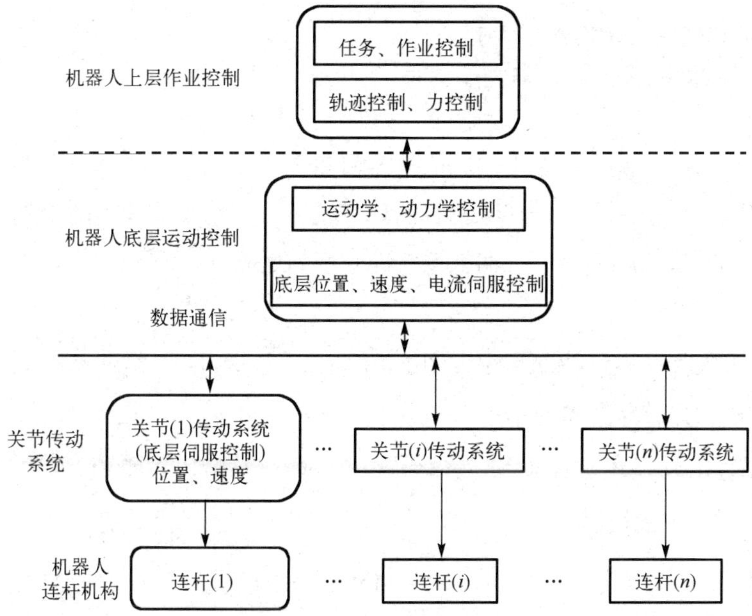

图 2.7.1　机器人控制器的总体结构

机器人关节伺服控制系统一般包含在关节电机伺服驱动系统中，机器人控制器与电机伺服驱动系统之间通过总线通信交换数据。机器人关节伺服系统一般包括位置、速度、电流或力矩的控制系统。

以常规的工业机器人焊接应用为例，对机器人的控制主要是对末端轨迹的跟踪控制，因此机器人关节传动系统完成位置控制即可。而对于机器人阻抗或导纳等柔顺控制来说，基于机器人位置控制的柔顺控制存在一些不足。在导纳控制中，机器人关节传动系统实施的是力或电流的控制。与位置控制相比，由于力信号处于高频区，控制系统的频响较高，导致在关节上进行力控制存在较大的难度。

不论是基本的运动控制，还是更为复杂的柔顺控制，在机器人控制器中都需要保证数据通信及控制作用的实时性。一般情况下，机器人控制器需要依赖实时多任务操作系统来实现。

相比较而言，机器人与传统装备之间既有许多相似之处，也存在许多差别。这些差别主要体现在以下几方面。首先，机器人的自由度数量比较多，作业空间一般比较大。其次，机器人在承载能力和刚度指标上与传统装备有较大差别，机器人轻载的较多。刚度一般也低于传统装备的刚度。例如，数控机床在设计上一般都是要求高刚度、小变形的，而对于机器人来说，高刚度的设计往往导致结构件尺寸和重量的增加，设备的体积和自重都将变大。

2.8 电机传动系统的效率

效率问题是所有机械系统经常面临的重要问题之一。机器人在其每个关节中都有各自的驱动电机和减速传动系统，传动链包含的环节较多。驱动关节数量的增加也将导致效率影响环节和因素的增加。因此，机器人系统的效率问题相比于常规的少自由度机械设备更为显著。

完整的机器人关节电机传动系统如图 2.8.1 所示，包括电机、减速器、联轴器、连杆等。电机传动系统的动力传递关系包括：

$$\text{电机电流}(i_a)\rightarrow\text{电机转矩}(\tau_m=k_m i_a)\rightarrow\text{减速器输出转矩}(\tau_n=j\tau_m)$$

其中，j 为减速器的减速比。

理想情况下，如果传递系统中没有发热和摩擦等损耗，上述动力传递将按 100%的比例进行。但是，当系统中存在各种损耗时，情况将有所不同。

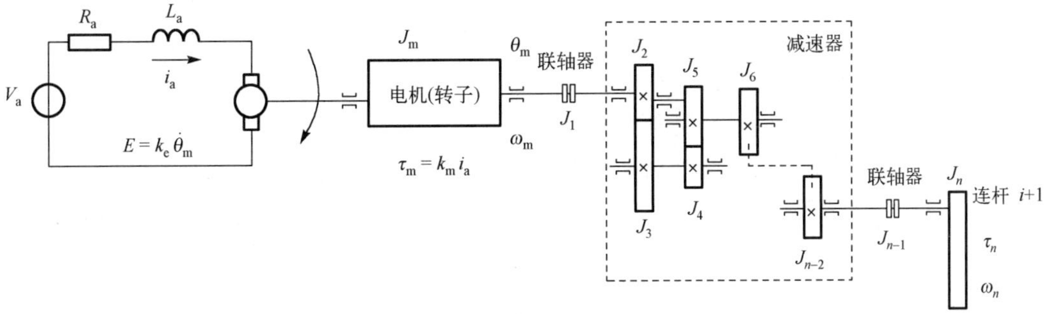

图 2.8.1　关节电机传动系统

如果施加到电机上的电功率用 $P_i = V_a i_a$ 表示，电机产生的电磁功率用 $P_a = E i_a$ 表示，电机输出的电磁功率用 $P_m = \tau_m \omega_m = k_m \omega_m i_a$ 表示，理想情况下，电阻上的压降为零，且没有摩擦损耗，则 $P_i = P_a = P_m$。

实际上，在电机的电路部分，电流流经电阻后会产生热量并导致发热损耗。由于电阻上存在压降，使得电机电流 i_a 变小、输出功率变小、输出转矩下降。在电机的机械部分，由于转子上装有轴承，因此也会引起摩擦损耗，电机的输出功率也将小于电磁功率，并最终导致电机的输出转矩小于电磁转矩。即电机存在损耗时，存在效率问题，如果电机的效率为 η_m，则有 $P_i \eta_m = P_m$，电机的实际输出转矩将小于理想情况下的转矩。

在减速器部分，损耗的情况则更为复杂。减速器中存在大量的减速传动环节，如行星减速器是由很多级齿轮构成的，其中的摩擦损耗十分显著，并导致减速器的输出功率远低于输入功率，输出转矩也将小于输入转矩，即 $P_m \eta_j = P_o$，$\tau_m \eta_j = \tau_o$。在实际机器人系统中，相比于电机的效率问题，减速器的效率问题更为突出。除效率问题之外，减速器还存在着多种复杂的非线性问题，对传动系统的性能产生较大的影响。因此，在机器人关节传动系统中，减速器往往是影响机器人传动性能的重要环节之一。

2.9　多电机共轴驱动系统

常见的机器人中，每个关节都是由单台电机驱动的，每个关节上配备一台驱动电机。近年来，在一些重载机器人中，出现了一种通过两台及以上电机共同驱动同一个关节的驱动方式，如图 2.9.1 所示。由于驱动电机的增加，关节的驱动力矩得以提高，因此机器人可以输出更大的力矩，驱动更大的负载。

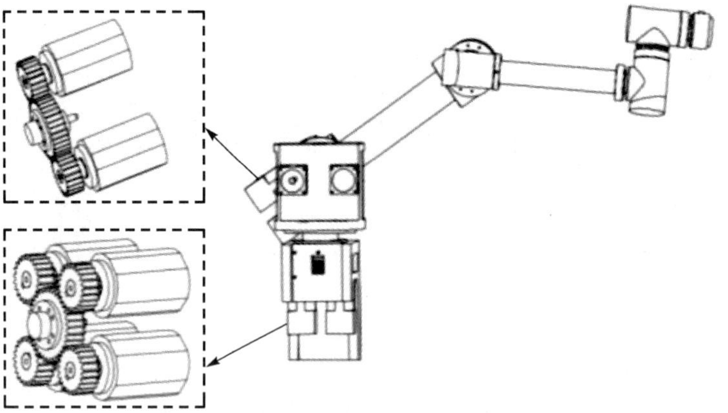

图 2.9.1　机械臂关节中的多电机共轴驱动

从提高输出力矩的角度来看，采用多台电机和单台电机在原理上是一样的。但是就实际情况而言，由于在提高单台电机输出力矩时，电机的设计参数都需要进行系统性的修改，会造成产品成本的增加，因此基于经济性方面的原因，市场上很难提供所需的电机型号。通过多电机共轴驱动系统的设计可以有效解决这一问题。

在工程实践中，在造纸、轧钢、大型回转天线及大型机床的转台中都可以看到多台电机共轴驱动的应用实例。形式上有所不同的是，在造纸等应用中，多台电机通过皮带等相互并联或串联在一起，与机器人关节上的多电机共轴驱动存在较大区别。机器人关节的多电机共轴驱动是高刚性的，而通过皮带连接的多电机系统则存在明显的柔性特点。如本章 2.2 节所述，存在柔性传动环节时，系统的模型不再是刚体模型，需要引入多质量系统模型来对系统进行描述和分析，系统分析和设计面临的问题也将更多。

在关节中采用多电机驱动，除起到上面提到的增大负载能力的作用之外，还起到通过多电机之间的协调控制实现消除传动间隙的功能。这是一种主动动态的消隙作用，与传统的机械消隙方法相比，其对于由磨损带来的间隙变化也具有适应性。但多台电机的消隙控制方法较为复杂，在实际应用中受到一定的限制。因此，基于多电机的主动消隙控制的应用还较少，但由于其在理论上可以实现间隙的完全消除，所以对于数控机床等高性能应用场合，仍然有一定的应用优势和发展前景。多电机共轴驱动在控制方法及控制系统设计等方面存在很多理论和应用技术问题，需要加以研究解决。

2.10　并联机构机器人

常见的机器人机构大多为多关节串联机械臂的形式，除此之外，还有一种并联机构机器人形式，如图 2.10.1 所示，该机构为一种六根伸缩杆（六杆）并联机构。该并联机构包括下平台(固定平台)、上平台(动平台)及六根伸缩杆。每根伸缩杆的两端通过球副分别与上、下平台相连。伸缩杆常被称为分支。工作时，人们可控制六根伸缩杆的杆长，一组杆长对应于确定的上平台位姿。改变杆长即可改变上平台的位姿。

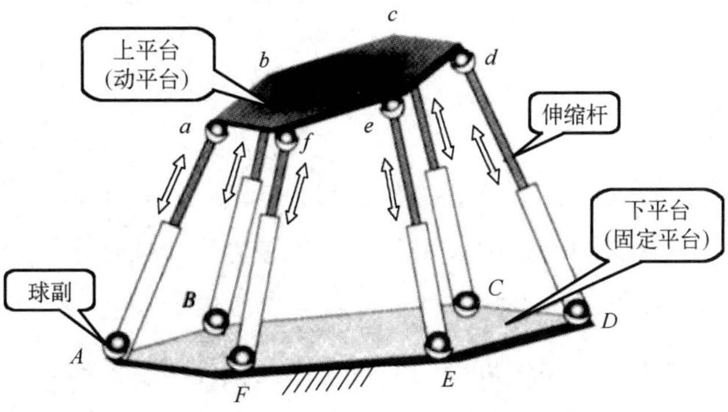

图 2.10.1　六杆并联机构

与串联机械臂的开链机构相比，并联机构是一种闭链机构。并联机构实际上已有较多应用，如伸缩杆由液压缸驱动的并联运动仿真平台在娱乐设施中已较为常见。20 世纪 90 年代中期，国际上首次出现基于并联机构原理的机床，称为并联机床。

并联机构与串联机构相比具有许多优点：

(1) 并联分支共同承担动平台的负载，负载能力与串联机构相比显著提高；

(2) 分支的速度直接映射到动平台上，运动速度比串联机构更快；

(3) 并联的结构形式对动平台的驱动更平稳；

(4) 并联的结构形式使得系统的重量更轻。

与此同时，并联机构与串联机构相比也存在很多不足：

(1) 动平台的工作空间比串联机构小很多；

(2) 并联分支之间容易发生干涉；

(3) 系统中存在很多球副，而球副在实际应用中往往难以设计、难以应用。

经过二十多年发展，人们对并联机构特点的认识也逐渐深入。在机床领域，并联机床和传统串联机床各有优缺点，相继出现了多种形式的混联机床。混联机床将并联和串联两种结构结合起来，具有较好的应用前景。

从控制角度看，六杆并联机构的驱动部件为六个分支，每个分支均是移动关节。参照图 2.1.2 所示的移动关节传动系统原理可以看出，移动关节包含了比旋转关节更多的部件，实践表明，实现移动关节的合理设计往往面临着更多的困难。

除了上面介绍的六杆并联机构之外，采用混联结构之后，并联机构的自由度数量一般将变少，成为少自由度并联机构。而串联机构和并联机构总的自由度数量需满足机器人完成作业所需的自由度数量的需求。

需要说明的是，并联机构和串联机构在正逆运动学方面也存在不同，如并联机构的逆解一般是唯一的。

⟹ 带柔索的并联机构

图 2.10.1 所示的并联机构如果倒置工作，那么在动平台位于固定平台的下面时，由于动平台重力的作用，各分支均受拉力作用。在这种重力约束条件下及类似情况下，分支仅受单向拉力作用时，可以将系统中的刚性杆件替换为柔索。

用柔索替换刚性杆件后，并联机构的重量可以大幅度减少，有利于降低运动部件的惯量，提高运动响应速度，降低负载和功率。例如，在我国近年来建成的大型天文观测系统中，六根钢索驱动馈源舱的形式是一种典型的柔索并联机构的应用形式。

除由重力提供分支绳索的单向拉力约束之外，也可以通过专门的机构对动平台施加主动推力来满足约束力的需求。

在人体的骨骼肌肉运动系统中，肌肉的驱动就具有柔索并联驱动的特征。骨骼提供了所需的支撑，而肌肉处于单向拉力工作状态，通过肌肉的拉力实现机构的运动。不仅如此，人体的肌肉系统还可以调节机构长度，实现“等张收缩”运动。这种运动形式十分特殊，现有的工业机器人中仅仅实现了刚性条件下的位姿运动控制，但类似于人体骨骼肌肉系统的驱动和控制功能在工业机器人中还没有实现，即人工肌肉的应用还不够成熟。在此方向上，很多学者开展了大量针对人工肌肉系统的研究工作。实际上，针对人工肌肉系统的相关研究始终是机器人领域研究的热点之一。总体上，关于并联机构和柔索并联机构的研究还处于不断探索的进程中。

思考题与习题

2-1 试归纳无刷直流电机、传统有刷直流电机、同步型交流伺服电机及采用矢量控制技术的感应型交流伺服电机有哪些异同点。

2-2 丝杠丝母传动系统中，如果导程为 p，移动块的质量为 m，试给出折算到丝杠轴上的等效惯量。

2-3 试分析光电传感器和旋转变压器在测量电机转速和转角时的优缺点。

2-4 如图 1 所示，转子惯量为 $0.030\text{kg}\cdot\text{m}^2$ 及最大力矩为 12Nm 的电机连接到一个质量均匀分布的手臂上，手臂末端有一个质量块。忽略系统中减速齿轮对的惯量及黏滞摩擦，计算当齿轮减速比为 5 和 50 时，电机所感受到的总的惯量和它所能给出的最大加速度。

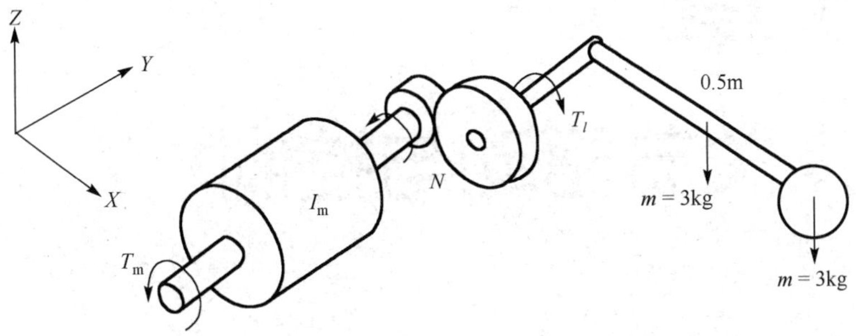

图 1　2-4 题图

3

第 3 章

机器人关节驱动与控制

机器人是由若干个关节相互连接而成的，对机器人关节的控制是机器人其他上层控制的基础。对机器人关节的控制主要包括对电机位置、速度及电流的控制。对于转动关节来说，关节控制对应于对关节的转角、转速和转矩的控制；对于移动关节来说，则对应于对关节位移、速度和力的控制。电机的电流与转矩之间的关系为线性比例关系，因此对电机电流的控制实际上就是对其力或力矩的控制。

由第 2 章可知，交流伺服电机具有与直流电机相似的机械特性，虽然系统的具体参数存在较大的差别，但对于交流伺服电机来说，完全可以建立与直流电机相似的动力学模型。此外，对交流伺服电机的位置、速度及电流的控制与直流电机也是相似的。无论是采用直流电机还是交流伺服电机驱动，机器人关节的伺服控制原理和基本控制方法都是一致的。

3.1 闭环反馈控制

自动控制理论中最为核心的特征是闭环反馈。实际上，反馈调节作用是自然界中广泛存在的现象，但在人工设计的自动控制系统中直到 20 世纪中叶才得以广泛使用。如今，自动控制系统几乎已经无所不在了。

1. 反馈、开环及闭环

与其他所有自动控制系统一样，机器人关节的伺服控制也是基于闭环反馈构建的，遵循自动控制原理的基本理论。

顾名思义，开环系统就是没有形成闭环反馈作用的系统。当闭环系统的反馈作用被断开后，反馈作用即消失，此时的系统就成为开环系统。开环系统在实际中也是经常遇到的，比如钟表指针周而复始运动，但没有反馈作用。经典的风车和水车也是开环系统。骑自行车或驾驶汽车时，驾驶员通过人眼的视觉进行反馈，人和车在整体上属于闭环系统。投篮时，单次投篮过程是开环的，但是如果考察多次重复的投篮过程，则可以将投篮的过程看成是闭环的。即投手根据上一次投篮的实际情况进行了调整，引入了反馈作用。给步进电机发送脉冲指令后电机即按脉冲数量进行运动，这时系统是开环的。但如果将电机的实际旋转量用传感器测量出来并反馈给控制端进行补偿，系统就变成了闭环系统。

这里需要指出的是，在步进电机系统中引入的闭环反馈属于纯粹的位置闭环反馈，步进电机无法对电流进行调解，因此这种闭环是存在缺陷的。而直流电机则可构成含有电流调节的位置闭环控制系统，可以获得更好的控制性能。

2. 闭环反馈控制系统

典型的闭环反馈控制系统如图 3.1.1 所示。可根据控制对象的特点设计控制器，系统将反馈信号与输入信号进行对比形成偏差信号，控制器对偏差信号进行处理，并将处理后的控制作用施加到控制对象中。整个闭环控制系统按设计目标工作，实现所需的功能。在控制系统设计中，稳定性、准确性和快速性是重要指标，即要求系统“稳、准、快”。其中，稳定性是系统必须保证的最为基本的要求。

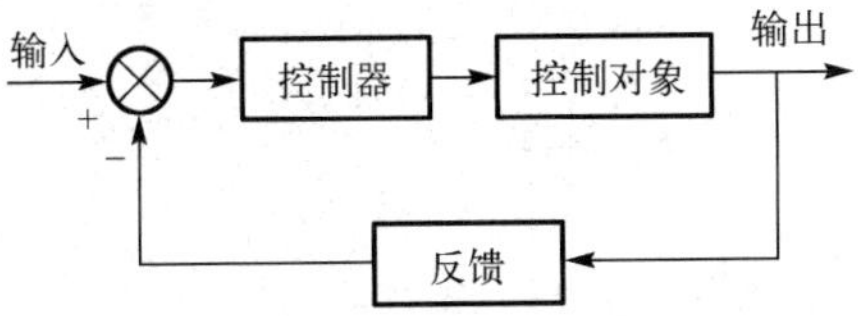

图 3.1.1　闭环反馈控制系统

图 3.1.1 中，控制对象部分是系统原有的。除控制对象之外，其他的部分都是人为添加的，是人为设计的。控制对象不同，所设计的控制系统的结构和控制器的具体形式都将有所不同，如有的系统添加了前馈作用和反馈补偿等。实际的控制系统具有多种多样的具体表现形式，但无论怎样，反馈和闭环都是必需的，反馈闭环体系构成了控制系统的基本架构。

3. 控制对象模型

在控制系统设计中，控制对象的建模是十分重要的环节之一。控制对象的模型越准确，所设计的控制系统的结构和具体的控制器就越能体现实际系统的特点，闭环控制系统就能获得更好的性能。但在实际工作中，控制对象往往是动态变化的，对控制对象的描述常常面临困难，在很多情况下控制系统的设计并不能达到期望的理想化目标。

不论是开环系统还是添加了调节功能的闭环控制系统，实际的系统都将是十分复杂的，在建模、设计和分析等方面都存在很大的难度。线性系统可以用传递函数来描述，传递函数是线性系统分析设计的重要工具。

下面对高阶系统的传递函数进行简要分析，说明高阶系统简化处理的基本方法。

4．高阶系统的近似简化

高阶系统传递函数的一般形式为

$$\Phi(s)=\frac{b_m s^m+b_{m-1}s^{m-1}+\ldots+b_0}{a_n s^n+a_{n-1}s^{n-1}+\ldots+a_0} \qquad m\leqslant n \tag{3-1-1}$$

将其写成零、极点的形式，如下：

$$\Phi(s)=\frac{k_g\prod_{i=1}^{m}(s+z_i)}{\prod_{j=1}^{n_1}(s+p_j)\prod_{k=1}^{n_2}(s^2+2\zeta_k\omega_k s+\omega_k^2)} \qquad n_1+2n_2=n，\ m\leqslant n \tag{3-1-2}$$

从系统传递函数来看，高阶系统中包含了多个零点和极点，其特征方程中也包含了更多的特征根。这些零、极点与时间常数是相互对应的，还可以将其写成时间常数的形式：

$$\Phi(s)=\frac{k_g'\prod_{i=1}^{m}(\tau_i s+1)}{\prod_{j=1}^{n_1}(T_j s+1)\prod_{k=1}^{n_2}(T_k^2 s^2+2\zeta_k T_k s+1)} \qquad n_1+2n_2=n，\ m\leqslant n \tag{3-1-3}$$

单位阶跃响应的时域表达式如下：

$$c(t)=a_0+\sum_{j=1}^{n_1}a_j\mathrm{e}^{-p_j t}+\sum_{k=1}^{n_2}b_k\mathrm{e}^{-\zeta_k\omega_k t}\cos\sqrt{1-\zeta_k^2}\,\omega_k t+\sum_{k=1}^{n_2}c_k\mathrm{e}^{-\zeta_k\omega_k t}\sin\sqrt{1-\zeta_k^2}\,\omega_k t t\geqslant 0 \tag{3-1-4}$$

从上面的时域响应表达式可以看出，高阶系统的阶跃响应可以分解成若干简单函数项，即由一阶或二阶系统的响应组成。高阶系统的单位阶跃响应取决于系统零、极点的组成情况。

(1) 极点的影响：对于稳定的高阶系统(闭环极点全部位于 s 左半平面)，极点为实数或共轭复数，分别对应时域表达式的指数衰减项或衰减正弦项，但衰减的快慢取决于极点距虚轴的距离。距虚轴近的极点对应的项衰减得慢；距虚轴远的极点对应的项衰减得快。所以，距虚轴近的极点对瞬态响应影响大。

(2) 零点的影响：零点不影响响应的形式，只影响各项的系数。若零点靠近某个极点，则该极点对应项的系数就小。

(3) 偶极子：若有一对零、极点之间的距离是极点到虚轴距离的十分之一以上，这对零、极点称为偶极子。偶极子对瞬态响应的影响可以忽略。

式(3-1-4)中的各项系数取决于系统的零、极点分布，具体可分为以下几种情况：

(1) 若极点远离原点，则系数小；

(2) 若极点靠近一个零点，远离其他极点和零点，则系数小；

(3) 若极点远离零点，又接近原点或其他极点，则系数大。

总体上，系统中衰减慢且系数大的项在瞬态过程中起主导作用。在系统的分析和设计中，可将具有主导极点的高阶系统近似为二阶或一阶系统。此时高阶系统的特性可用低阶系统的特性做近似等效。这种等效近似简化可归结为：在时间常数形式的传递函数中略去了相应的小时间常数。

在工程实际中，经常将高阶复杂系统简化为一阶或二阶系统进行处理。

3.2 一阶系统

一阶系统的传递函数如下：

$$\Phi(s)=\frac{1}{Ts+1} \tag{3-2-1}$$

其中，T 为时间常数，系统的特征方程为 $Ts+1=0$，特征根为 $s=-\frac{1}{T}$。如图 3.2.1 所示，对系统施加不同的输入信号后，系统的响应也将不同。

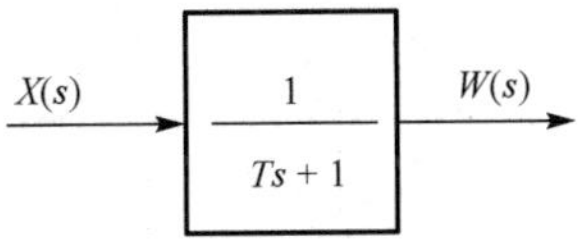

图 3.2.1　一阶系统及其输入/输出

1. 单位脉冲响应

一阶系统输入信号 $X(s)$ 为单位脉冲信号时，单位脉冲信号的拉氏变换为 $\mathcal{L}[\delta(t)]=1$，其单位脉冲响应函数与传递函数相同，表达式为

$$W(s)=\Phi(s)X(s)=\Phi(s)\mathcal{L}[\delta(t)]=\frac{1}{Ts+1}$$

时间响应表达式为

$$w(t)=\mathcal{L}^{-1}[W(s)]=\mathcal{L}^{-1}\left[\frac{1}{Ts+1}\right]=\frac{1}{T}\mathrm{e}^{-\frac{1}{T}t}$$

一阶系统的单位脉冲响应曲线如图 3.2.2 所示。

从响应曲线可以看出，经过时间常数所对应的时间后，即在 $t=T$ 时刻，系统的输出信号衰减至 $0.368\frac{1}{T}$。因此，如果系统的时间常数变小，则系统的响应时间将变短，即系统的动态响应将变快。

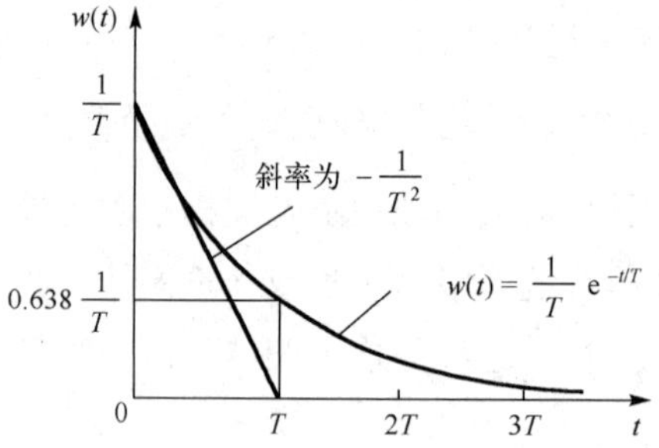

图 3.2.2　一阶系统的单位脉冲响应曲线

2．单位阶跃响应

一阶系统的单位阶跃响应曲线如图 3.2.3 所示。

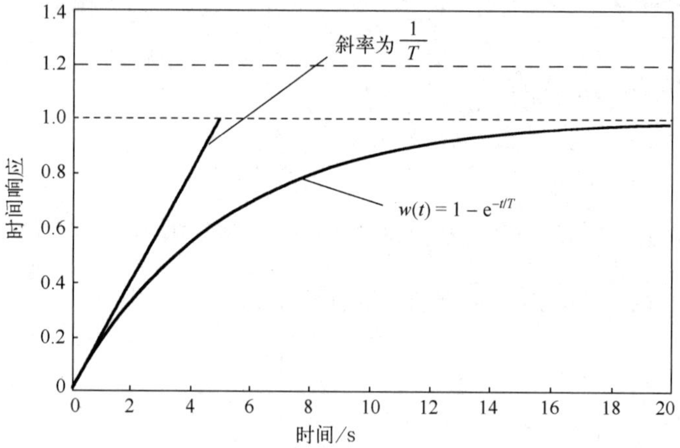

图 3.2.3　一阶系统的单位阶跃响应曲线

单位阶跃输入信号的拉氏变换为$\mathcal{L}[(t)]=\dfrac{1}{s}$，有$W(s)=\Phi(s)X(s)=\Phi(s)\mathcal{L}[(t)]=\dfrac{1}{Ts+1}\cdot\dfrac{1}{s}$，时间响应表达式为$w(t)=\mathcal{L}^{-1}[W(s)]=\mathcal{L}^{-1}\left[\dfrac{1}{Ts+1}\cdot\dfrac{1}{s}\right]=1-\mathrm{e}^{-\frac{1}{T}t}$（$t\geqslant 0$）。图 3.2.3 中，响应曲线初始时刻的斜率为$\dfrac{1}{T}$，表明系统的时间常数越小，输出信号的上升幅度越大，系统响应越快。

3．单位斜坡响应

一阶系统的单位斜坡响应曲线如图 3.2.4 所示。

单位斜坡输入信号的拉氏变换为$\mathcal{L}[t]=\dfrac{1}{s^2}$，$W(s)=\Phi(s)X(s)=\Phi(s)\mathcal{L}[t]=\dfrac{1}{Ts+1}\cdot\dfrac{1}{s^2}$，时间响应表达式为

$$
\begin{aligned}
w(t)&=\mathcal{L}^{-1}[W(s)]=\mathcal{L}^{-1}\left[\frac{1}{Ts+1}\cdot\frac{1}{s^2}\right]\\
&=L^{-1}\left[\frac{1}{s^2}-\frac{T}{s}+\frac{T^2}{Ts+1}\right]=t-T+T^2\mathrm{e}^{-\frac{1}{T}t}\qquad t\geqslant 0
\end{aligned}
$$

从图 3.2.4 中可以看出，对一阶系统施加单位斜坡信号时，系统的输出是无法跟上输入的，存在稳态误差 T 。也就是说，系统对不同输入信号的响应能力是不同的。实际上，系统在不同输入信号下的响应是由系统的型别来确定的。

在如图 3.2.5 所示的系统中，开环传递函数为 $G(s)H(s)$ ，虚线框内为对应的闭环系统。

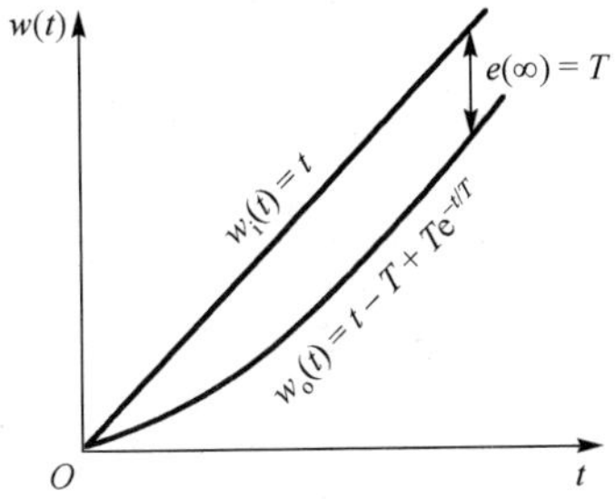

图 3.2.4　一阶系统的单位斜坡响应曲线

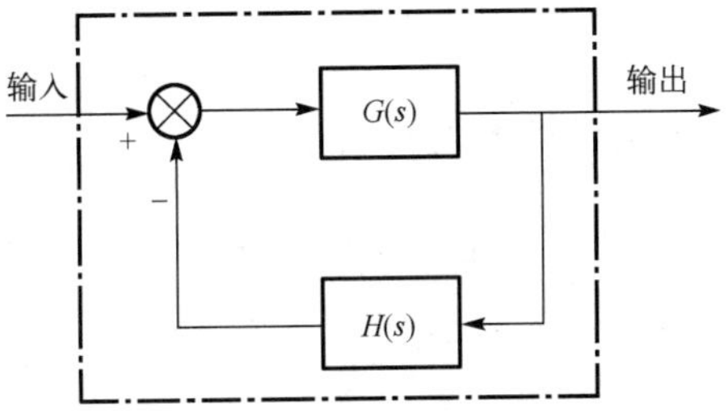

图 3.2.5　开环及闭环系统

一般情况下，可以将开环系统写成如下的形式：

$$G(s)H(s)=K\frac{\prod_i(\tau_i s+1)\prod_j(\tau_j^2 s^2+2\zeta\tau_j s+1)}{s^\lambda\prod_i(T_i s+1)\prod_j(T_j^2 s^2+2\zeta T_j s+1)} \tag{3-2-2}$$

式中， $G(s)H(s)$ 为系统的开环传递函数。 K 为开环增益， λ 为积分环节的个数， T_i、T_j、τ_i、τ_j 为时间常数。

开环传递函数中积分环节的数量决定了系统的型别， $\lambda=0$ 时为 0 型系统、 $\lambda=1$ 时为 I 型系统、 $\lambda=2$ 时为 II 型系统，以此类推。一般 $\lambda>2$ 时的系统难以稳定，实际上很少见。阶跃信号属于位置信号，而斜坡信号属于速度信号。0 型系统的跟踪能力较差，即使在跟踪位置信号时也是有稳态误差的。 I 型系统跟踪位置信号时无稳态误差，但跟踪速度信号时是有稳态误差的。

实际上，一阶系统 $\frac{1}{Ts+1}$ 也可以表示成图 3.2.6 所示的形式。从图中可以看出，一阶系统属于 I 型系统。

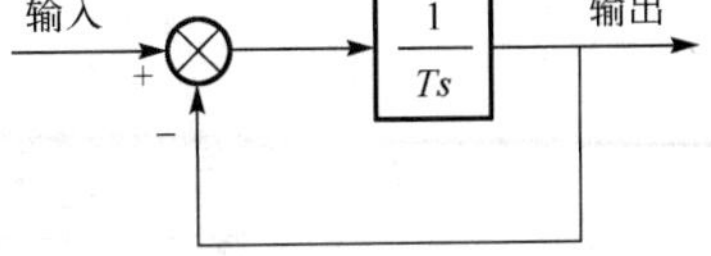

图 3.2.6　一阶系统的开环传递函数

3.3　二阶系统

二阶系统的传递函数具有如下形式：

$$\Phi(s)=\frac{\omega_{\mathrm{n}}^2}{s^2+2\xi\omega_{\mathrm{n}}s+\omega_{\mathrm{n}}^2}=\frac{1}{T^2s^2+2\xi Ts+1}$$

T 为时间常数，ξ 称为阻尼系数，ω_n 称为无阻尼振荡频率或自然频率。

二阶系统的开环传递函数如图 3.3.1 所示。从图中的开环传递函数可以看出，二阶系统也属于Ⅰ型系统。跟踪输入信号的稳态误差与一阶系统是相同的，即对于位置输入信号无稳态误差，但跟踪速度信号时存在稳态误差。但二阶系统与一阶系统在动态性能上存在显著差别。

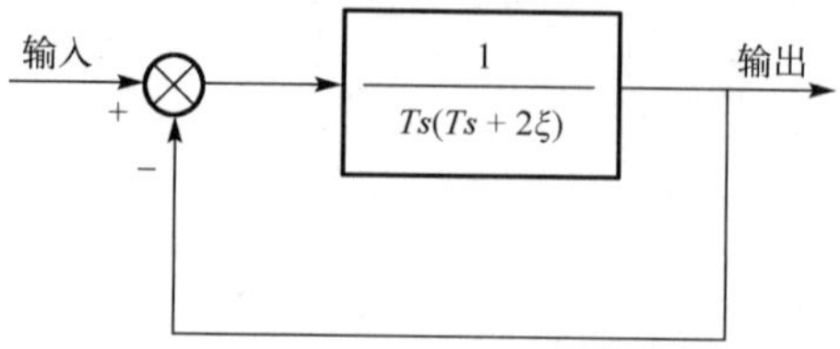

图 3.3.1　二阶系统的开环传递函数

二阶系统的单位阶跃响应

输入单位阶跃信号 $X_i(s)=\dfrac{1}{s}$ 时，二阶系统的输出信号为

$$X_o(s)=\Phi(s)X_i(s)=\frac{\omega_n^2}{s^2+2\xi\omega_n s+\omega_n^2}\cdot\frac{1}{s} \tag{3-3-1}$$

式(3-3-1)与二阶系统的参数 ξ 有关，系统的特征方程为

$$s^2+2\xi\omega_n s+\omega_n^2=0$$

特征根为

$$s_{1,2}=-\xi\omega_n\pm\omega_n\sqrt{\xi^2-1}$$

若 ξ 的取值不同，则特征根在复平面上的分布情况不同，系统的响应也不同，单位阶跃响应曲线如图 3.3.2 所示。

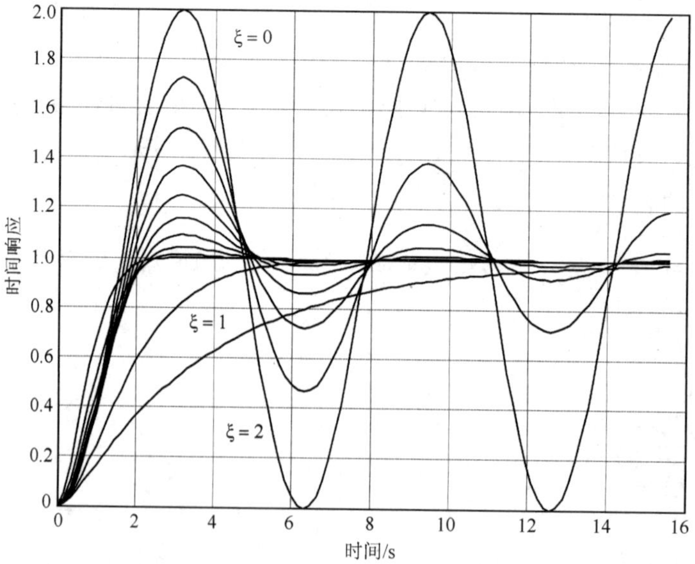

图 3.3.2　二阶系统的单位阶跃响应曲线

ξ 的取值包括四种情况。

(1) 当 $0<\xi<1$ 时，系统为欠阻尼系统。

在复平面上，系统具有两个共轭复根。

$$s_1=-\xi\omega_n+j\omega_n\sqrt{1-\xi^2}\,,\qquad s_2=-\xi\omega_n-j\omega_n\sqrt{1-\xi^2}$$

系统输出信号的时间响应表达式为

$$x_o(t)=1-e^{-\xi\omega_n t}\cos\omega_d t-\frac{\xi}{\sqrt{1-\xi^2}}e^{-\xi\omega_n t}\sin\omega_d t$$

$$x_o(t)=1-\frac{e^{-\xi\omega_n t}}{\sqrt{1-\xi^2}}\sin\left(\omega_n t+\arctan\frac{\sqrt{1-\xi^2}}{\xi}\right)$$

$0<\xi<1$ 对应的曲线为欠阻尼响应曲线。系统欠阻尼时，系统的响应曲线为衰减的正弦曲线，存在振荡特性，并且存在超调量。衰减的包络线按指数 $e^{-\xi\omega_n t}$ 衰减，稳态时衰减至零。即二阶系统为 I 型系统时，输入阶跃信号时的稳态误差为零。

(2) 当 $\xi=0$ 时，系统为无阻尼系统。

当 $\xi=0$ 时，式(3-3-1)变为

$$X_o(s)=\frac{\omega_n^2}{s^2+2\xi\omega_n s+\omega_n^2}\cdot\frac{1}{s}=\frac{\omega_n^2}{s^2+\omega_n^2}\cdot\frac{1}{s} \tag{3-3-2}$$

在复平面上，系统具有两个共轭虚根，两个共轭虚根位于虚轴上。

输出信号的时间响应表达式为

$$x_o(t)=1-\cos\omega_n t$$

系统的输出维持无衰减的满幅振荡状态，即使处于稳态时也是如此。显然，无阻尼状态不属于稳态，在实际控制中是需要避免的。

(3) 当 $\xi=1$ 时，系统为临界阻尼系统。

当 $\xi=1$ 时，式(3-3-1)变为

$$X_o(s)=\frac{\omega_n^2}{s^2+2\xi\omega_n s+\omega_n^2}\cdot\frac{1}{s}=\frac{\omega_n^2}{(s+\omega_n)^2}\cdot\frac{1}{s} \tag{3-3-3}$$

在复平面上，系统具有两个相等的实根。

输出信号的时间响应表达式为

$$x_o(t)=1-(1+\omega_n t)e^{-\omega_n t}$$

此时，系统输出信号中的振荡消失了，只剩下了指数衰减的部分，输出信号平缓地跟踪输入信号，没有超调。

(4) 当 $\xi>1$ 时，系统为过阻尼系统。

系统过阻尼时，式(3-3-1)变为如下两个一阶惯性环节组合的形式：

$$X_o(s)=\frac{\omega_n^2}{s^2+2\xi\omega_n s+\omega_n^2}\cdot\frac{1}{s}=\frac{\omega_n^2}{(s+s_1)(s+s_2)}\cdot\frac{1}{s} \tag{3-3-4}$$

其中

$$s_1=-\left(\xi+\sqrt{\xi^2-1}\right)\omega_n,\qquad s_2=-\left(\xi-\sqrt{\xi^2-1}\right)\omega_n$$

在复平面上，系统具有两个不相等的实根 s_1 和 s_2。

输出信号的时间表达式为

$$x_o(t)=1+\frac{\omega_n}{2\sqrt{\xi^2-1}}\left(\frac{e^{-s_1t}}{s_1}-\frac{e^{-s_2t}}{s_2}\right)$$

输出信号同样只有指数衰减部分，没有振荡。

3.4 典型希望特性系统

为了使控制系统满足所需的性能，需要在系统建模分析的基础上对控制系统进行设计校正。控制系统的主要校正方法如图 3.4.1 所示，包括串联校正、前馈校正、反馈校正及扰动补偿校正等。图中，$G_c(s)$ 为校正调节器的传递函数。

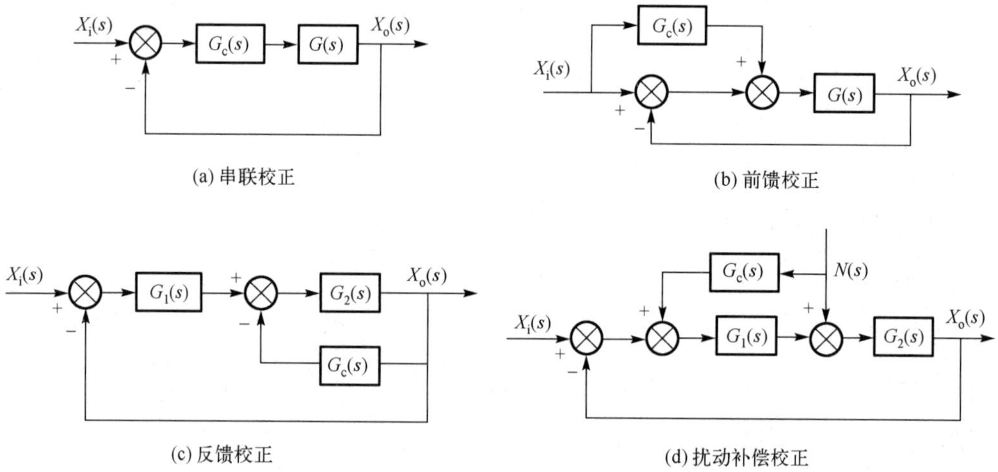

图 3.4.1　控制系统的主要校正方法

为了方便设计，针对串联校正，人们经常按希望特性对控制系统进行校正，将系统校正成典型 I 型或典型 II 型系统，如图 3.4.2 和图 3.4.3 所示。

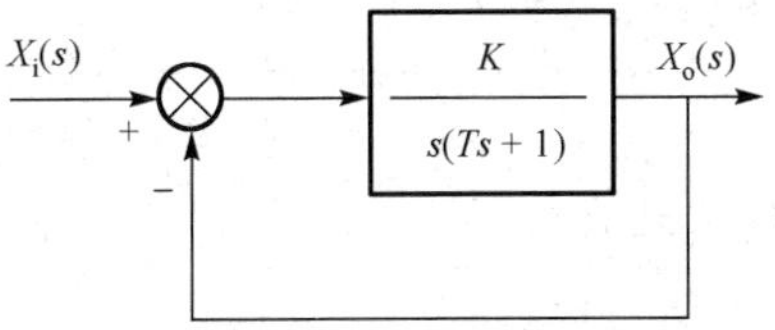

图 3.4.2　典型 I 型系统

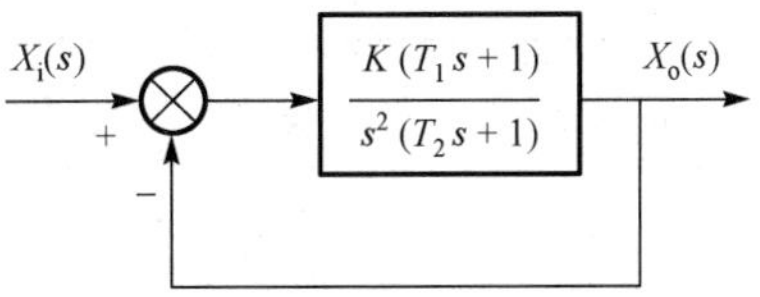

图 3.4.3　典型 II 型系统

1．典型 I 型系统

典型 I 型系统的开环传递函数为

$$G(s)=\frac{K}{s(Ts+1)}$$

其闭环传递函数为

$$\Phi(s)=\frac{K}{s(Ts+1)+K}=\frac{\omega_n^2}{s^2+2\xi\omega_n s+\omega_n^2}$$

式中，$\omega_n=\sqrt{\frac{K}{T}}$，$\xi=\frac{1}{2\sqrt{KT}}$。

闭环系统为二阶系统，因此也将典型 I 型系统称为二阶希望特性系统。

2．典型 II 型系统

典型 II 型系统的开环传递函数为

$$G(s)=\frac{K(T_1s+1)}{s^2(T_2s+1)}\qquad T_1>T_2$$

其闭环传递函数为

$$\Phi(s)=\frac{K(T_1s+1)}{s^2(T_2s+1)+K(T_1s+1)}=K'\frac{s+b}{s^3+a_1s^2+a_2s+a_3}$$

式中，$b=1/T_1$，$a_1=1/T_2$，$a_2=KT_1/T_2$，$a_3=K/T_2$，$K'=KT_1/T_2$。

闭环系统为三阶系统，因此也将典型 II 型系统称为三阶希望特性系统。

将系统校正成典型 I 型系统或典型 II 型系统时，可以按表 3.4.1 和表 3.4.2 选择所需的调节器传递函数。

表 3.4.1　校正成典型 I 型系统时调节器传递函数的选择

校正对象 $G(s)$	$\frac{K}{(T_1s+1)(T_2s+1)}$ $T_1>T_2$	$\frac{K}{Ts+1}$	$\frac{K}{s(Ts+1)}$	$\frac{K}{(T_1s+1)(T_2s+1)(T_3s+1)}$ T_1和T_2接近，T_3较小
调节器传递函数 $G_c(s)$	(PI) $K_p\frac{T_is+1}{T_is}$	(I) $\frac{K_p}{s}$	(P) K_p	(PID) $K_p\frac{(T_{i1}s+1)(T_{d2}s+1)}{T_{i1}s}$
参数间关系	$T_i=T_1$	—	—	$T_{i1}=T_1, T_{d2}=T_2$

表 3.4.2　校正成典型Ⅱ型系统时调节器传递函数的选择

校正对象 $G(s)$	$\dfrac{K}{s(Ts+1)}$	$\dfrac{K}{s(T_1 s+1)(T_2 s+1)}$ T_1和T_2相近	$\dfrac{K}{(T_1 s+1)(T_2 s+1)}$
调节器传递函数 $G_c(s)$	(PI) $K_p \dfrac{T_i s+1}{T_i s}$	(PID) $K_p \dfrac{(T_{i1} s+1)(T_{d2} s+1)}{T_{i1} s}$	(PI) $K_p \dfrac{(T_i s+1)}{T_i s}$
参数间关系	$T_i = hT$	$T_{i1} = hT_1, T_{d2} = T_2$	$\dfrac{1}{T_1 s+1} \approx \dfrac{1}{T_1 s}, T_i = hT_2$

3.5　PID 控制方法

PID 控制是比例（P）、积分（I）和微分（D）控制的简称，使用时只对比例、积分和微分进行调节，不需要已知控制对象的具体模型，原理简单，使用方便，是迄今为止最为通用的控制方法，在工程实际中得到了广泛的应用。

常规的 PID 控制方法是针对偏差进行的，PID 控制结构如图 3.5.1 所示。将偏差 $e(t)$作为 PID 控制器的输入，对系统施加相应的控制作用。控制器直接调整输入信号与输出信号之间的偏差，目的是使偏差趋于零，输出信号与输入信号一致，从而实现对输出信号的控制。

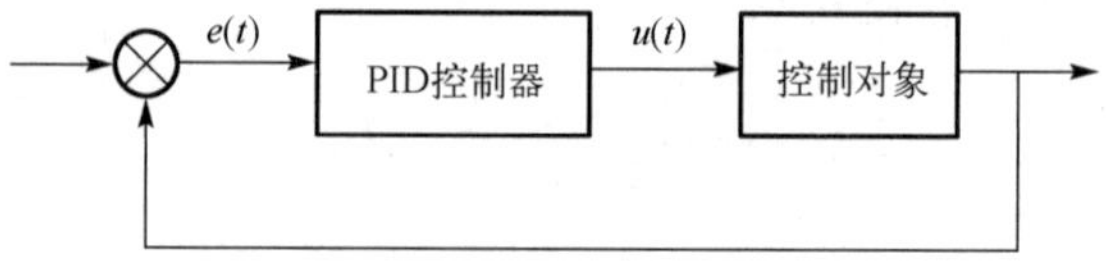

图 3.5.1　PID 控制结构

PID 控制器的输入/输出关系如下：

$$u(t) = K_p \left[e(t) + \frac{1}{T_i} \int_0^t e(t) dt + T_d \frac{de(t)}{dt} \right] \tag{3-5-1}$$

式中，$u(t)$是 PID 控制器的输出信号，$e(t)$是 PID 控制器的输入信号，也就是系统的偏差信号。K_p称为比例系数，T_i、T_d分别称为积分和微分时间常数。PID 控制器又称为比例-积分-微分控制器。

传递函数为

$$\frac{U(s)}{E(s)} = K_p \left(1 + \frac{1}{T_i s} + T_d s \right) \tag{3-5-2}$$

实际应用中，根据具体情况的不同，PID 控制器有如下多种具体表现形式。

比例控制器：$u(t) = K_p e(t)$

比例-积分控制器：$u(t)=K_{\mathrm{p}}\left[e(t)+\frac{1}{T_{\mathrm{i}}}\int_0^t e(t)\mathrm{d}t\right]$

比例-微分控制器：$u(t)=K_{\mathrm{p}}\left[e(t)+T_{\mathrm{d}}\frac{\mathrm{d}e(t)}{\mathrm{d}t}\right]$

在某些特殊情况下，需要对 PID 控制器进行适当的调整以适应控制系统性能的要求，如使用积分分离 PID、变速 PID、微分先行 PID、抗饱和 PID、Fuzzy PID 等多种变形形式。

PID 控制器的每部分具有如下较为清晰的控制作用。

(1) 比例部分：增加比例系数可加快系统的响应速度，减小稳态误差。但比例系数太大会影响系统的稳定性。

(2) 积分部分：积分时间常数越小，积分作用越强。积分作用可以消除系统的稳态误差；但积分作用太强，会使系统的稳定性下降。

(3) 微分部分：微分时间常数越大，微分作用越强。微分作用能够反映误差信号的变化速度。变化速度越大，微分作用越强，从而有助于减小振荡，增加系统的稳定性。但是微分作用对高频误差信号(不论幅值大小)很敏感。如果系统存在高频小幅值的噪声，则它形成的微分作用可能会很大，这是人们不希望出现的情况。

采用计算机控制的 PID 控制器需要进行相应的离散化处理。

对式(3-5-1)进行离散化处理，用求和代替积分，用向后差分代替微分，使模拟 PID 离散化为数字形式的差分方程。在采样周期足够小时，可做如下近似：

$$u(t)\approx u(k)$$

$$e(t)\approx e(k)$$

$$\int_0^t e(t)\mathrm{d}t=\sum_{i=0}^{k}e(i)\Delta t=\sum_{i=0}^{k}Te(i)$$

$$\frac{\mathrm{d}e(t)}{\mathrm{d}t}\approx\frac{e(k)-e(k-1)}{\Delta t}=\frac{e(k)-e(k-1)}{T}$$

式中，T 为采样周期；k 为采样序号，$k=0,1,2,\cdots$

经近似处理后，可得离散化之后的表达式为

$$\begin{aligned}u(k)&=K_{\mathrm{p}}\left\{e(k)+\frac{T}{T_{\mathrm{i}}}\sum_{i=0}^{k}e(i)+\frac{T_{\mathrm{d}}}{T}\left[e(k)-e(k-1)\right]\right\}\\&=K_{\mathrm{p}}e(k)+K_{\mathrm{i}}\sum_{i=0}^{k}e(i)+K_{\mathrm{d}}\left[e(k)-e(k-1)\right]\end{aligned}\tag{3-5-3}$$

式中，$e(k)$为第 k 次采样时的偏差值；$e(k-1)$为第$(k-1)$次采样时的偏差值；$u(k)$为第 k 次采样时调节器的输出；K_{p} 为比例系数；$K_{\mathrm{i}}=K_{\mathrm{p}}\frac{T}{T_{\mathrm{i}}}$ 为积分系数；$K_{\mathrm{d}}=K_{\mathrm{p}}\frac{T_{\mathrm{d}}}{T}$ 微分系数。

式(3-5-3)中的第 k 次采样时调节器的输出 $u(k)$，在数字控制系统中表示在第 k 时刻执行机构所应达到的位置。如果执行机构采用调节阀，则 $u(k)$就对应阀门的开度，因此通常把式(3-5-3)称为位置式 PID 控制算法的表达式。

可以看出，式(3-5-3)中的 $u(k)$与过去的所有偏差信号有关，计算机需要对 $e(i)$进行累加，运算量很大，而且计算机的故障可能使 $u(k)$有大幅度的变化，这种情况往往使控制变得很不方便，在有些场合可能会造成严重的事故。因此，在实际的控制系统中不太常用这种位置式的 PID 控制方法。

1. 增量式 PID 算法

根据递推原理，位置式 PID 算法的第 $(k-1)$ 次输出的表达式为

$$\begin{aligned} u(k-1) &= K_{\mathrm{p}}\left\{e(k-1)+\frac{T}{T_{\mathrm{i}}}\sum_{i=0}^{k-1}e(i)+\frac{T_{\mathrm{d}}}{T}\left[e(k-1)-e(k-2)\right]\right\} \\ &= K_{\mathrm{p}}e(k-1)+K_{\mathrm{i}}\sum_{i=0}^{k-1}e(i)+K_{\mathrm{d}}\left[e(k-1)-e(k-2)\right] \end{aligned} \tag{3-5-4}$$

用式(3-5-3)减去式(3-5-4)，可得数字增量式 PID 算法表达式为

$$\begin{aligned} \Delta u(k) &= u(k)-u(k-1) \\ &= K_{\mathrm{p}}\left\{e(k)-e(k-1)+\frac{T}{T_{\mathrm{i}}}e(k)+\frac{T_{\mathrm{d}}}{\mathrm{T}}\left[e(k)-2e(k-1)+e(k-2)\right]\right\} \\ &= K_{\mathrm{p}}\left[e(k)-e(k-1)\right]+K_{\mathrm{i}}e(k)+K_{\mathrm{d}}\left[e(k)-2e(k-1)+e(k-2)\right] \end{aligned} \tag{3-5-5}$$

增量式 PID 算法与位置式 PID 算法相比具有以下优点：

(1) 增量式 PID 算法只与 $e(k)$、$e(k-1)$ 和 $e(k-2)$ 有关，不需要进行累加，不易引起积分饱和，因此能获得较好的控制效果。

(2) 在位置式 PID 算法中，由手动到自动切换时，必须使计算机的输出值与当前的实际控制量一致(如计算机的输出值等于阀门的原始开度)，才能保证无扰动切换，这将给程序设计带来困难。而增量式设计只与本次的偏差值有关，与当前的实际控制量没有直接的关联(与阀门原来的位置无关)，因而易于实现手动到自动的无扰动切换。

(3) 增量式 PID 算法中，计算机只输出增量，误动作时影响小。必要时可加逻辑保护，限制或禁止故障时的输出。

2. 积分分离 PID 算法

积分分离 PID 算法的基本思想是：设置一个积分分离阈值 β，当 $|e(k)|\leqslant|\beta|$ 时，采用 PID 控制以便于消除静差，提高控制精度；当 $|e(k)|>|\beta|$ 时，采用 PD 控制，以使超调量大幅度降低。

积分分离 PID 算法可以表示为

$$u(k) = K_{\mathrm{p}} e(k) + \alpha K_{\mathrm{i}} \sum_{i=0}^{k} e(i) + K_{\mathrm{d}} \left[e(k) - e(k-1) \right] \tag{3-5-6}$$

或

$$\Delta u(k) = K_{\mathrm{p}} \left[e(k) - e(k-1) \right] + \alpha K_{\mathrm{i}} e(k) + K_{\mathrm{d}} \left[e(k) - 2e(k-1) + e(k-2) \right] \tag{3-5-7}$$

式中，α 为逻辑变量，其取值为

$$\alpha = \begin{cases} 1, & |e(k)| \leqslant |\beta| \\ 0, & |e(k)| > |\beta| \end{cases}$$

3. 不完全微分 PID 算法

微分环节的引入是为了改善系统的动态性能，但对于具有高频扰动的生产过程来说，微分作用响应往往过于灵敏，容易引起控制过程振荡，反而会降低控制品质。比如当被控制量突然变化时，正比于偏差变化率的微分输出就会很大，而计算机对每个控制回路的输出时间很短，且驱动执行器动作又需要一定的时间。所以在短暂的时间内，执行器可能达不到控制量的要求值，实质上丢失了控制信息，致使输出失真，这就是所谓的微分失控。

为了克服这一缺点，同时又要使微分作用有效，可以在 PID 控制器的输出端再串联一阶惯性环节(如低通滤波器)来抑制高频干扰，平滑控制器的输出，这样就组成了不完全微分 PID 控制器，如图 3.5.2 所示。

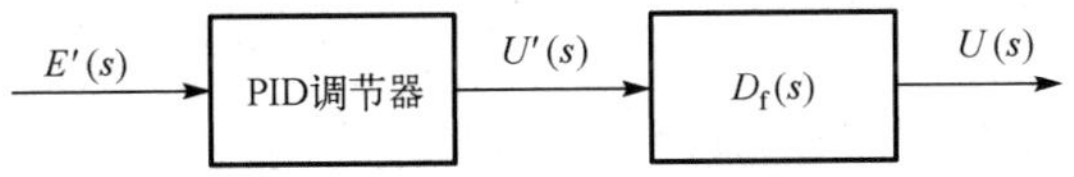

图 3.5.2　不完全微分 PID 控制器

在单位阶跃输入下，普通 PID 算法和不完全微分 PID 算法的阶跃响应比较如图 3.5.3 所示。

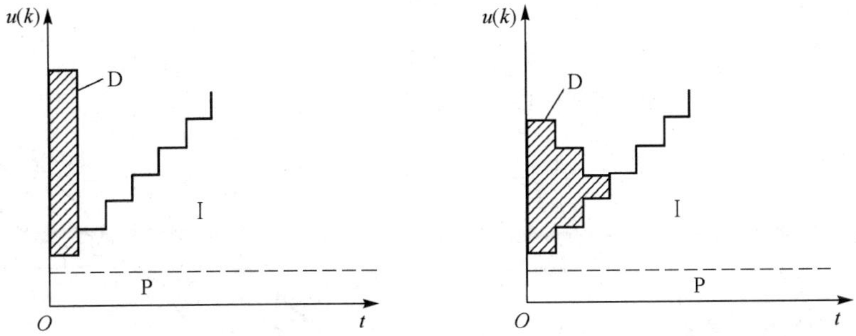

(a) 普通 PID 算法的阶跃响应　　(b) 不完全微分 PID 算法的阶跃响应

图 3.5.3　普通 PID 算法与不完全微分 PID 算法的阶跃响应比较

由图可见，普通 PID 算法中的微分作用只在第一个采样周期内起作用，而且作用较强。一般的执行机构无法在较短的采样周期内跟踪较大微分作用的输出，而且理想微分容易引起高频干扰。而不完全微分 PID 算法中的微分作用能缓慢地维持多个采样周期，使得一般的工业执行机构能较好地跟踪微分作用的输出。又由于其中含有一个低通滤波器，因此系统抗干扰能力较强。

4. 变速积分 PID 算法

变速积分 PID 算法的基本思想是：设法改变积分项的累加速度，使其与偏差的大小相对应。偏差越大，积分速度越慢；反之，积分速度越快。

设置一系数 $f[e(k)]$，它是 $e(k)$ 的函数。当 $|e(k)|$ 增大时，$f[e(k)]$ 减小，反之增加。每次采样后，用 $f[e(k)]$ 乘以 $e(k)$，再进行累加，即

$$u_{\mathrm{i}}(k)=K_{\mathrm{i}}\left\{\sum_{i=0}^{k-1}e(i)+f[e(k)]e(k)\right\}$$

式中，$u_{\mathrm{i}}(k)$ 表示变速积分项的输出值。

系数 $f[e(k)]$ 与 $|e(k)|$ 的关系可以是线性或非线性的，如设有如下的关系式：

$$f[e(k)]=\begin{cases}1, & |e(k)|\leqslant B\\ \dfrac{A-|e(k)|+B}{A}, & B<|e(k)|\leqslant(A+B)\\ 0, & |e(k)|>(A+B)\end{cases}$$

将 $u_{\mathrm{i}}(k)$ 代入 PID 算法，得到变速积分 PID 算法为

$$u(k)=K_{\mathrm{p}}e(k)+K_{\mathrm{i}}\left\{\sum_{i=0}^{k-1}e(i)+f[e(k)]e(k)\right\}+K_{\mathrm{d}}[e(k)-e(k-1)]$$

5. 带死区的 PID 算法

某些生产过程对控制精度要求不是很高，但希望系统工作平稳，执行机构不要频繁动作。针对这类系统，人们提出了一种带死区的 PID 算法。

带死区的 PID 算法表达式为

$$u(k)=\begin{cases}u(k), & |e(k)|>B\\ Ku(k), & |e(k)|\leqslant B\end{cases}$$

式中，K 为死区增益，其数值可为 0，0.25，0.5，1 等；死区 B 为一个可调的参数。其具体数值可根据实际控制对象由实验确定。

带死区的 PID 算法的动作特性如图 3.5.4 所示。

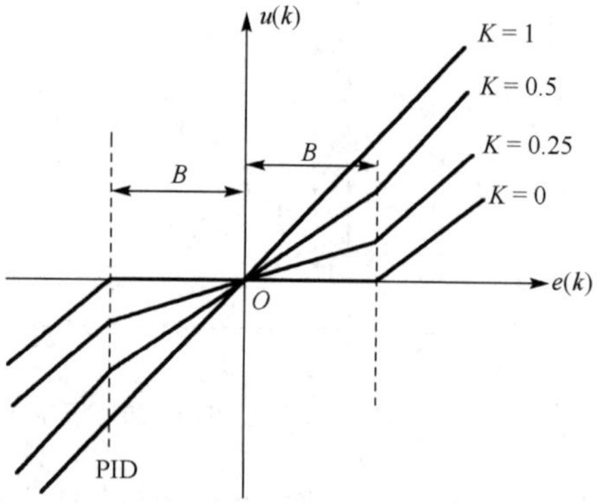

图 3.5.4 带死区的 PID 算法的动作特性

6. PID 比率控制算法

PID 比率控制算法即将两种物料的比例作为被控制量，对其进行 PID 调节。

例如，在加热炉燃烧系统中，要求按一定的比例供给空气和煤气，若空气量比较多，将带走大量的热量，使炉温下降；反之，如果煤气量过多，则会有一部分煤气不能完全燃烧而造成浪费。PID 比率控制的过程为：煤气和空气的流量差信号经变送器后，又经计算机做开方运算，得到煤气和空气的流量 q_a、q_b，再用 q_a 除以 q_b 得到一个比值 $d(k)$，将给定值 $r(k)$ 与 $d(k)$ 相减得到偏差信号 $e(k)$，$e(k)$ 经 PID 控制器调节后输出一个控制信号给调节阀，以控制一定比例的空气和煤气。

普通 PID 控制算法对于具有非线性时变不确定性的系统难以建立精确的数学模型，控制器参数往往整定不良，无法达到理想的控制效果。随着技术的发展，出现了许多新型 PID 控制算法，如自适应 PID 控制、模糊 PID 控制、神经网络 PID 控制等，为复杂系统的 PID 控制提供了新的途径。

3.6 直流电机驱动系统的伺服控制

机器人关节驱动系统中，电机驱动是应用最为广泛的驱动形式。从伺服系统模型的角度来看，无刷直流电机、正弦波同步型交流伺服电机及采用矢量变换技术的感应型交流异步伺服电机，其电机的控制模型与传统的有刷直流电机基本相同。因此都可以基于直流电机模型对上述各种伺服电机驱动的关节系统进行建模和分析。

图 3.6.1 所示为直流电机开环调速系统，图中表示了可调输入电压的电机供电系统、电机电枢回路及电机轴上的转速和转矩等几个主要环节。电机的供电系统为晶闸管整流系统，电机电压 V_a 可以由控制电压 V_c 进行调整。电枢回路的电流为 i_a，电阻为 R_a，电感为 L_a。电机的反电动势为 e_m、转速为 ω_m、电磁转矩为 τ_m、负载转矩为 τ_L。

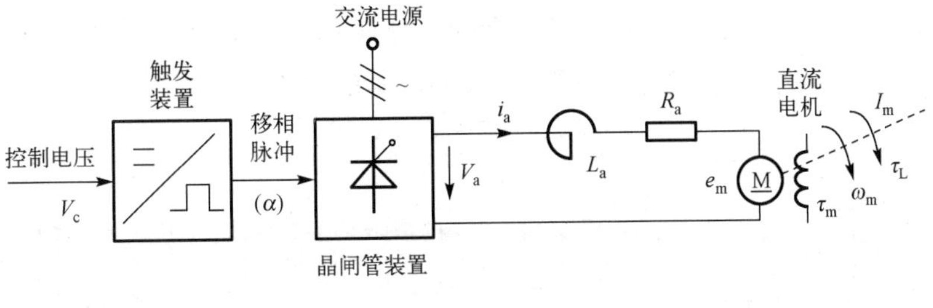

图 3.6.1　直流电机开环调速系统

针对电机电枢回路，可以写出如下电压平衡方程：

$$V_a = R_a i_a + L_a \frac{\mathrm{d}i_a}{\mathrm{d}t} + e_m \tag{3-6-1}$$

静态时，$V_a=U_a$，$i_a=I_a$，$e_m=E$，负载和驱动转矩均为常数，电机维持某一恒定转速旋转。式(3-6-1)变为

$$U_a=R_aI_a-E$$

如果改变电压U_a，则按电机特性，电机的转速将发生改变，如图3.6.2所示。电压U_a不同，对应的转速不同。即普通的直流电机可以通过改变电机的端电压进行调速。直流电机的这种调速能力称为开环调速。

直流电机这种通过改变端电压来改变转速的功能也可以用于电机控制。如式(3-6-1)所示，可以通过改变电压V_a对电机施加控制作用。这一点正是直流电机驱动关节的内在作用机制。不过，从关节伺服控制的要求来说，仅采用电机的开环调速控制是远远不够的，还需要实现更多的控制功能。

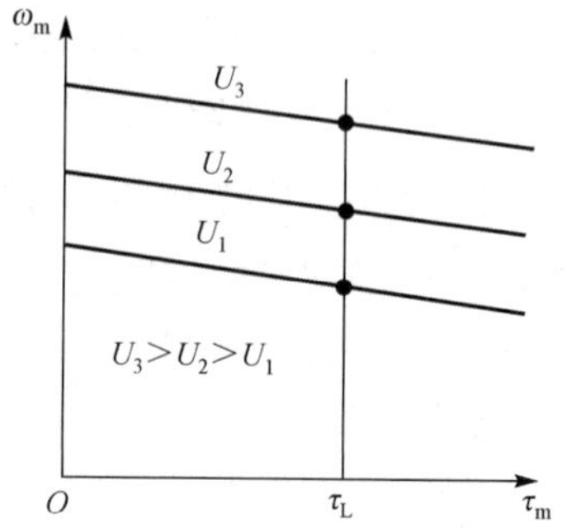

图 3.6.2　直流电机改变端电压调速

对于电机轴对应的旋转机械系统，可以建立如下力矩平衡方程：

$$\tau_m-\tau_L-F_m\omega_m=I_a\frac{d\omega_m}{dt} \tag{3-6-2}$$

其中，$F_m\omega_m$为黏滞摩擦转矩，F_m为黏滞摩擦系数。对于直流电机，还有下面两个重要的关系：

$$e_m=k_v\omega_m \tag{3-6-3}$$

$$\tau_m=k_ti_a \tag{3-6-4}$$

其中，k_v为反电动势系数，k_t为转矩系数。这两个系数均与电机的结构和磁通参数有关，对于具体的电机，它们均为常数。由式(3-6-3)、式(3-6-4)可知，电机的转速与电机的反电动势成正比，电机的电磁转矩与电枢电流也成正比。

式(3-6-1)～式(3-6-4)构成了直流电机的基本动力学模型，反映了直流电机的动态动力学特性。对式(3-6-1)～式(3-6-4)进行拉氏变换，可推导出电机拖动系统的传递函数。以V_a为输入，以电机转角θ_m为输出时，可得图3.6.3所示的直流电机系统框图。

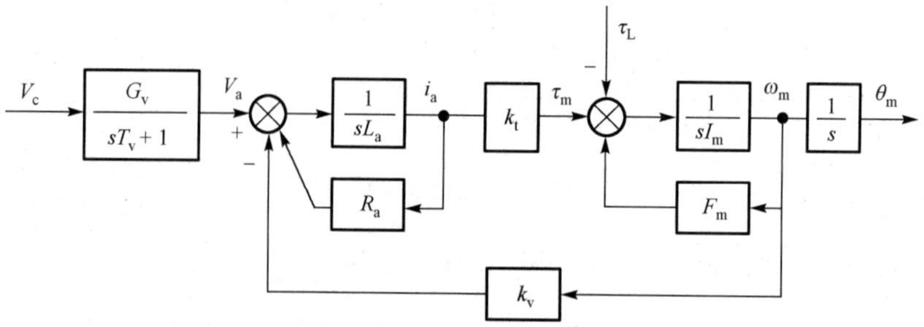

图 3.6.3　直流电机系统框图

图中，θ_m 为电机转角，$\theta_{\mathrm{m}} = \int \omega_{\mathrm{m}} \mathrm{d}t$ 。而电机电压与控制电压之间的传递函数为

$$\frac{V_{\mathrm{a}}(s)}{V_{\mathrm{c}}(s)} = \frac{G_{\mathrm{v}}}{T_{\mathrm{v}}s+1} \tag{3-6-5}$$

其中，T_{v} 为电机供电系统的时间常数，G_{v} 为电机供电系统的增益。

至此，我们建立了图 3.6.3 所示的关节电机驱动系统完整的动力学模型。在该模型包含了电机供电系统、电枢回路电阻、电感及反电动势、转子惯量、黏滞摩擦、负载转矩等主要动力学影响因素。在机器人关节控制中，涉及的主要控制问题包括电机的电流(转矩)、转速及转角的控制。

1. 电机电流的控制

对电机电流的控制主要有两个目的，一个是电流环作为速度和位置的内环，服务于电机的转速或位置的控制。另一个是关节力控制，通过对电机电流的控制间接实现对关节转矩的控制。

为了更清楚地表达系统各部分对电机电流的作用情况，对图 3.6.3 做进一步变换，得到如图 3.6.4 所示的系统框图。

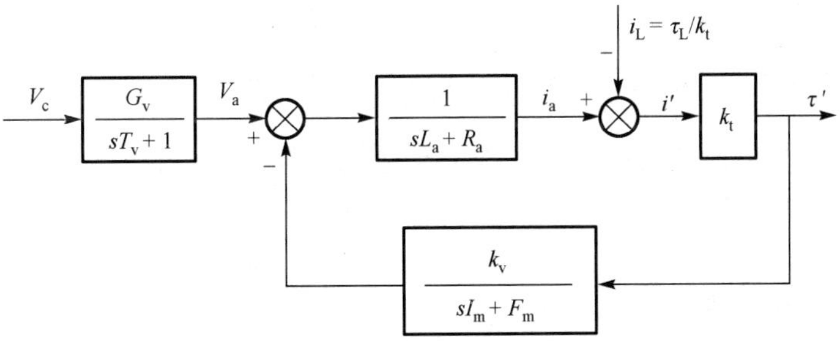

图 3.6.4　以电机电流为输出的系统框图

从图 3.6.4 可以看出，电枢回路中来自电磁驱动的电流 i_{a} 抵抗负载电流 $i_{\mathrm{L}} = \tau_{\mathrm{L}}/k_t$ ，并由于反电动势反馈的作用而形成闭环。显然，对于电流控制来说，电机的转速和电机的位置将服从电流控制的需要而变化。

$$i_{\mathrm{a}}(s) = \frac{I_{\mathrm{m}}}{k_{\mathrm{v}}k_{\mathrm{t}}}\frac{s}{\frac{L_{\mathrm{a}}I_{\mathrm{m}}}{k_{\mathrm{v}}k_{\mathrm{t}}}s^2+\frac{R_{\mathrm{a}}I_{\mathrm{m}}}{k_{\mathrm{v}}k_{\mathrm{t}}}s+1}V_{\mathrm{a}}(s) + \frac{1}{\frac{L_{\mathrm{a}}I_{\mathrm{m}}}{k_{\mathrm{v}}k_{\mathrm{t}}}s^2+\frac{R_{\mathrm{a}}I_{\mathrm{m}}}{k_{\mathrm{v}}k_{\mathrm{t}}}s+1}i_{\mathrm{L}}(s) \tag{3-6-6}$$

不考虑负载扰动时，电机电流和电压之间的传递函数为

$$G_{\mathrm{i}}(s) = \frac{i_{\mathrm{a}}(s)}{V_{\mathrm{a}}(s)} = \frac{I_{\mathrm{m}}}{k_{\mathrm{v}}k_{\mathrm{t}}}\frac{s}{\frac{L_{\mathrm{a}}I_{\mathrm{m}}}{k_{\mathrm{v}}k_{\mathrm{t}}}s^2+\frac{R_{\mathrm{a}}I_{\mathrm{m}}}{k_{\mathrm{v}}k_{\mathrm{t}}}s+1} \tag{3-6-7}$$

针对电流进行闭环控制时，闭环控制系统框图如图 3.6.5 所示。

在电流环中，k_{TA} 为电流传感器的增益系数。与电流环中的另一个环节(即电源部分)相比，电机惯量的影响远大于电源系统时间常数的影响。因此，电源部分传递函数中的小时间常数可以忽略。

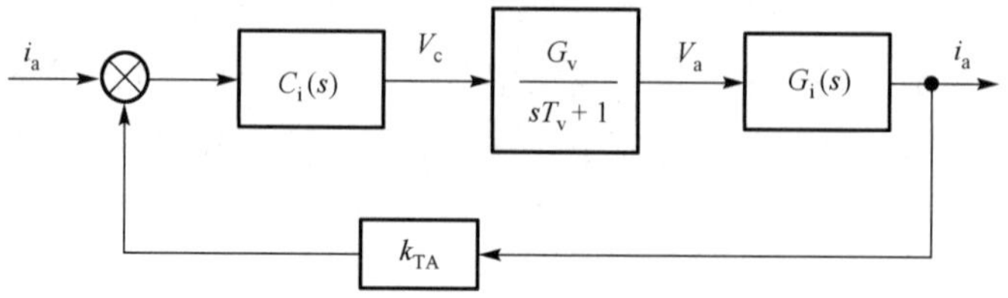

图 3.6.5　电流闭环控制系统框图

进一步地，式(3-6-7)中的 $G_i(s)$ 为二阶环节。由于相比之下，电枢回路电感的影响与电机惯量的影响也是可以忽略的，因此可将 $G_i(s)$ 近似为一阶惯性环节，即

$$\frac{i_a(s)}{V_a(s)}=\frac{I_m}{k_e k_m}\frac{s}{\frac{R_a I_m}{k_e k_m}s+1}=\frac{I_m}{k_e k_m}\frac{s}{T_m s+1} \tag{3-6-8}$$

式中，$T_m=\frac{R_a I_m}{k_v k_t}$ 称为机电时间常数，机电时间常数与电机转子的惯量有关。因此可选用比例(P)控制器或比例积分(PI)控制器对电流控制器 $C_i(s)$ 进行设计。

由于电机电流与转矩之间存在式(3-6-4)所示的比例关系，因此在对电机电流控制的基础上即可间接实现对机器人关节转矩的控制。

2. 电机转速的控制

单纯以电机调速为目的的电机转速控制主要用于传统机械设备的调速，而在机器人的控制中应用得较少。以电机转速为输出的系统框图如图 3.6.6 所示。该系统结构是电机驱动系统的典型表达形式，在常规的电机调速及位置控制中经常使用，应用广泛。

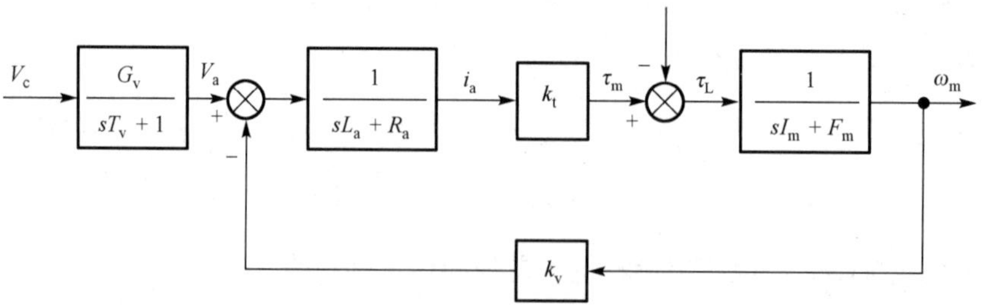

图 3.6.6　以电机转速为输出的系统框图

对于电机转速控制，有

$$\omega_{\mathrm{m}}(s)=\frac{1}{k_{\mathrm{e}}}\frac{1}{\dfrac{L_{\mathrm{a}}I_{\mathrm{m}}}{k_{\mathrm{e}}k_{\mathrm{m}}}s^2+\dfrac{R_{\mathrm{a}}I_{\mathrm{m}}}{k_{\mathrm{e}}k_{\mathrm{m}}}s+1}V_{\mathrm{a}}(s)-\frac{1}{k_{\mathrm{e}}k_{\mathrm{m}}}\frac{L_{\mathrm{a}}s+R_{\mathrm{a}}}{\dfrac{L_{\mathrm{a}}I_{\mathrm{m}}}{k_{\mathrm{e}}k_{\mathrm{m}}}s^2+\dfrac{R_{\mathrm{a}}I_{\mathrm{m}}}{k_{\mathrm{e}}k_{\mathrm{m}}}s+1}\tau_{\mathrm{L}}(s) \quad (3\text{-}6\text{-}9)$$

与电机电流控制的分析相似，以调速为目标时，可以构建单一的带有电流截止负反馈的速度闭环，也可以构建内环为电流环，外环为速度环的双闭环控制系统。带有电流截止负反馈的速度闭环是传统的调速控制方法，但对于一般的调速系统来说，采用双闭环的速度控制可以获得更好的控制性能。

双闭环控制系统的设计过程是：先设计内环控制器，然后由内向外逐步设计外环控制器。

3. 电机转角的控制

图 3.6.3 即是以电机转角为输出的系统框图，是最为常见的电机驱动系统框图表达形式，同时也是最完整的框图。控制算法如下：

$$\theta_{\mathrm{m}}(s)=\frac{1}{k_{\mathrm{e}}}\frac{1}{s\left(\dfrac{L_{\mathrm{a}}I_{\mathrm{m}}}{k_{\mathrm{e}}k_{\mathrm{m}}}s^2+\dfrac{R_{\mathrm{a}}I_{\mathrm{m}}}{k_{\mathrm{e}}k_{\mathrm{m}}}s+1\right)}V_{\mathrm{a}}(s)-\frac{1}{k_{\mathrm{e}}k_{\mathrm{m}}}\frac{L_{\mathrm{a}}s+R_{\mathrm{a}}}{s\left(\dfrac{L_{\mathrm{a}}I_{\mathrm{m}}}{k_{\mathrm{e}}k_{\mathrm{m}}}s^2+\dfrac{R_{\mathrm{a}}I_{\mathrm{m}}}{k_{\mathrm{e}}k_{\mathrm{m}}}s+1\right)}\tau_{\mathrm{L}}(s) \quad (3\text{-}6\text{-}10)$$

电机转角的控制方案一般采用内外环结合的控制结构，最里边是电流环，然后是速度环，最外边是位置环(转角环)。设计过程仍然是先内后外，逐层设计控制器。图 3.6.7 所示为电机驱动独立关节的位置伺服控制系统结构框图。控制系统中忽略了电枢电感及供电系统时间常数的影响。

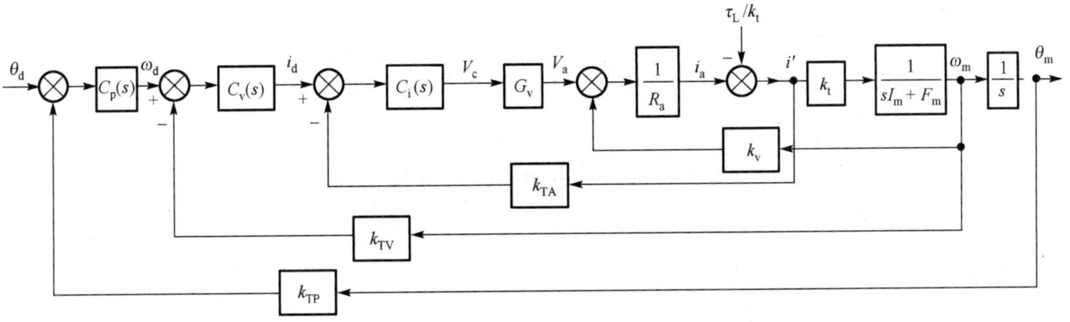

图 3.6.7　电机驱动独立关节的位置伺服控制系统结构框图

电机作为被控对象时，实质上的被控对象是电机的转子，即本质上是对转子进行控制。电机的转角、转速和电流即对应于转子的转角、转速和转矩。因此，电机的转角、转速和电流三者之间并不是独立的，都与电机转子密切相关。转子作为单一的运动物体，其转角、转速和力矩相互约束。从图 3.6.7 所示的多环伺服控制结构中可以看出，在以位置控制为目标的情况下，电机的电流和转速都是辅助于位置控制目标的，在满足位置控制目标的条件下，电机的电流和转速都不是任意的。

从图 3.6.7 中还可以看出，对于电机驱动的机器人关节来说，最重要的参数是电机转子的惯量和摩擦系数。在机械臂中，由于机械臂由多个关节组成，机械臂运动过程中连杆的位姿不断变化，因此等效到电机轴上的转动惯量的影响也是动态变化的。随位姿不断变化的转动惯量以惯性张量矩阵的形式出现，对机器人整机系统的动力学性能产生显著的不利影响。

4. 电机位置、转速、电流三者间的关系

电机的开环调速在高性能伺服系统中往往不能满足需求，需要使用闭环控制。同时，纯粹的位置闭环控制由于没有考虑转速和电流的作用，在动态性能上也存在缺陷。在机器人控制系统中，主要对关节位置或力矩进行控制，并且具有较高的控制性能，因此需要构建闭环控制系统。

在电机拖动运动控制中，大多采用位置-速度-电流三闭环的结构形式，最里边是电流环，其次为速度环，最外边是位置环。对应的控制器分别为电流调节器、速度调节器和位置调节器。常用的方法是先设计内环，由内而外依次设计速度环和位置环。此外，由于电机的电流与电磁力矩成正比，因此对电机电流的控制与对力矩的控制是等效的。

“位移、速度、加速度”三者之间存在严格的依赖关系，图 3.6.8 给出了位移(s)、速度(v)、加速度(a)之间的关系曲线。图中对应了一个完整的“启、停”过程。

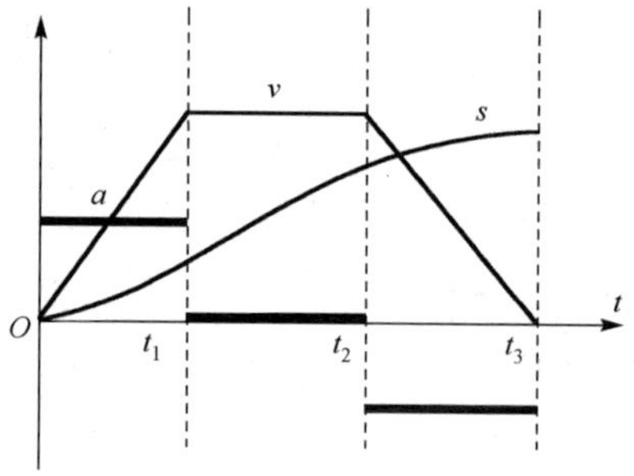

图 3.6.8　位移、速度、加速度关系

运动从静止开始，包含了加速、匀速、减速三个阶段，直至运动结束。运动曲线以速度的梯形曲线最为突出，因此常称其为梯形速度曲线。

在加速段，加速度恒定。速度到达预定值后，加速度变为零，进入匀速运动阶段。在即将停止之前，从停止时刻开始将加速度设定为与加速时相反的方向，进入匀减速过程，直至速度降为零，运动过程结束，同时完成了预定的位移。

位移由加速、匀速、减速对应的三段位移组成：

$$s_1 = \frac{1}{2}at^2 \quad 0 < t < t_1$$

$$s_2 = s_1 + vt \quad t_1 < t < t_2$$

$$s_3 = s_2 + vt - \frac{1}{2}at^2 \quad t_2 < t < t_3$$

梯形速度运动中，若位移为确定值，则速度和加速度可以有多种可能的选择。但最大速度和最大加速度存在限制时，系统将无法满足其跟踪性能。

如果系统的最大速度受到限制，当最大速度过低时，系统无法在规定的时间内到达指定的位移。如果系统的速度没有限制而加速度存在限制，那么当最大加速度过低时，系统同样无法在规定的时间内达到相应的速度和位移，系统也将无法跟踪给定输入。

当控制目标为某一位移时，控制系统的给定输入为该位移量。在系统调节过程中，将根据给定的位移输入进行调节，确定所需的速度和加速度。

电机为旋转系统，其运动与图 3.6.8 中的直线运动略有不同，与位移相对应的是转角，与速度、加速度相对应的是角速度和角加速度，计算时需进行相应的替换，但计算公式是相同的。

对于机器人关节驱动系统来说，需要将电机的运动换算到机器人连杆上。对于转动关节 i，电机输出轴一般需连接减速器，经减速器再连接至关节的连杆上。假如减速器的减速比为 ρ，则连杆的转角 q_i、角速度 $\dot{q}_i$ 及力矩 τ_i 计算如下：

$$q_i = \frac{\theta_{\mathrm{m}}}{\rho}, \qquad \dot{q}_i = \frac{\omega_{\mathrm{m}}}{\rho}, \qquad \tau_i = \rho\tau_{\mathrm{m}}$$

对于移动关节，除了需要将电机的输出轴连接至减速器上，还需要进一步将其连接至丝杠丝母副上，将旋转运动转换为直线移动。假设丝杠的导程为 p，则连杆的位移 d_i、速度 v_i 及力 f_i 可按下面的公式进行计算：

$$d_i = \frac{\theta_{\mathrm{m}}}{\rho}\frac{p}{2\pi} = \frac{\theta_{\mathrm{m}}}{\rho'}, \qquad v_i = \frac{v_m}{\rho'}, \qquad f_i = \rho\tau_{\mathrm{m}}\frac{2\pi}{p} = \rho'\tau_{\mathrm{m}}$$

式中，$\rho' = \frac{2\pi}{p}\rho$，可以将其看成丝杠传动系统的等效减速比。

5. 位置控制和力控制

对机器人进行轨迹控制时，需要进行精确的关节位置控制。关节位置控制的精度越高，机器人末端的位姿及轨迹精度也就越高。而对机器人进行力控制时，理想情况下对关节的控制应该为力控制。但实际应用中一般存在两种具体的控制实现模式，即阻抗控制和导纳控制。

阻抗控制和导纳控制是介于理想的位置控制和理想的力控制之间的一种控制模式，在进行机器人力位柔顺操作时需要采用这两种控制模式。导纳控制是基于关节的位置控制进行的，在关节位置环的基础上构建机器人的力位柔顺控制系统。阻抗控制则是基于关节的电流控制，关节上没有位置环和速度环，控制模式更为直接。

目前市场上机器人的实际应用系统中，大多数机器人关节中都具备良好的位置控制环，有些关节控制系统中虽然也提供电流控制闭环，但关节位置控制往往比电流控制的性能更优。因此，在针对机器人柔顺控制的研究和应用中，很多机器人的柔顺控制中常常采取导纳控制的方案。很显然，当需要采用阻抗控制时，机器人关节上应该具有更好的电流环控制性能。

3.7 机器人单关节轨迹控制

经以上对直流电机伺服控制的分析可以看出，影响电机伺服控制性能的主要因素是电机转子的等效转动惯量、传动系统的摩擦、外力的扰动等。本节以此为基础对机器人单关节的伺服控制问题做进一步分析。

由于电机的惯量和摩擦相比于其他因素影响更为显著，因此对于机械臂关节来说，可以将惯量和摩擦之外的因素忽略，如图 3.7.1 所示，简化后的关节驱动系统仅保留其最重要的部分。图中，D 表示机械臂关节之间的惯量及其他非线性耦合作用。V 为输入的控制作用。

图 3.7.2 为采用 PD 控制器的关节位置伺服系统，图中 K_{p}、K_{d} 为相应的比例和微分控制器系数。

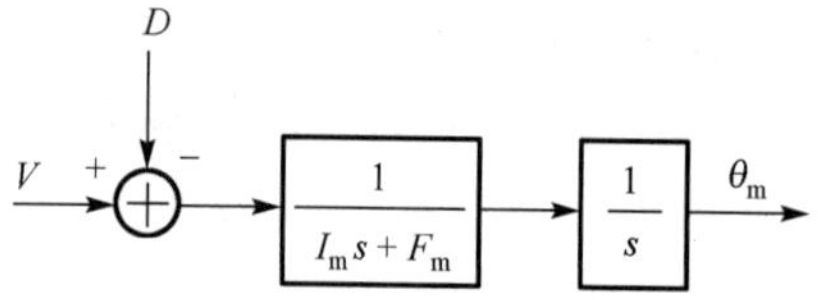

图 3.7.1 简化后的关节驱动系统

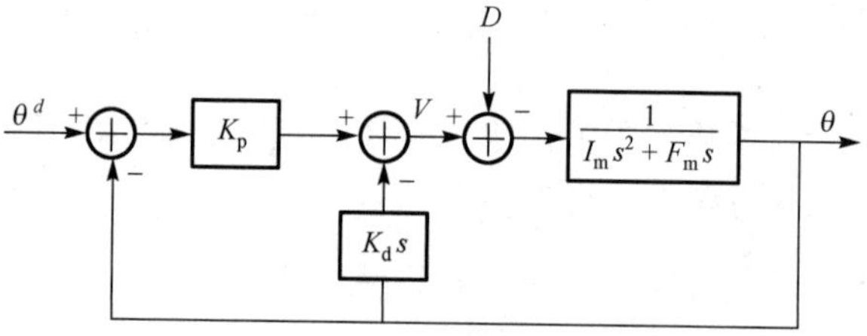

图 3.7.2 采用 PD 控制器的关节位置伺服系统

PD 控制器的控制输出信号为

$$V(s)=K_{\mathrm{p}}[\theta^d(s)-\theta(s)]-K_{\mathrm{d}}\theta(s) \tag{3-7-1}$$

得到的闭环系统为

$$\theta(s)=\frac{K_{\mathrm{p}}}{\Omega(s)}\theta^d(s)-\frac{1}{\Omega(s)}D(s) \tag{3-7-2}$$

其中

$$\Omega(s)=I_{\mathrm{m}}s^2+(F_{\mathrm{m}}+K_{\mathrm{d}})s+K_{\mathrm{p}} \tag{3-7-3}$$

对于所有正的 K_{p}、K_{d} 及有界的外部干扰，闭环系统是稳定的。在阶跃输入信号作用下，干扰为恒值时，系统的稳态误差为

$$e_{\mathrm{ss}}=\lim_{s\to 0}sE(s)=-\frac{D}{K_{\mathrm{p}}} \tag{3-7-4}$$

系统为 I 型系统，闭环系统为二阶系统时，相应的阻尼比和无阻尼固有振荡频率分别为

$$\omega=\sqrt{\frac{K_{\mathrm{p}}}{I_{\mathrm{m}}}},\qquad \xi=\frac{F_{\mathrm{m}}+K_{\mathrm{d}}}{2}\sqrt{\frac{1}{K_{\mathrm{p}}I_{\mathrm{m}}}} \tag{3-7-5}$$

如果采用 PID 控制器，如图 3.7.3 所示，K_i 为积分调节器系数，则控制输出信号为

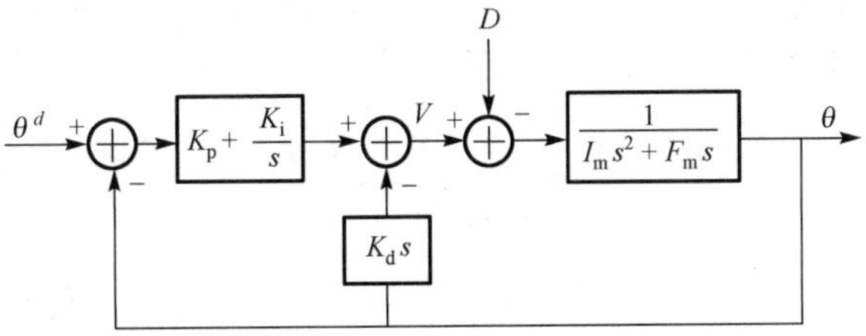

图 3.7.3　采用 PID 控制器的关节伺服系统

$$V(s)=\left(K_p+\frac{K_i}{s}\right)[\theta^d(s)-\theta(s)]-K_d\theta(s) \tag{3-7-6}$$

闭环系统为三阶系统，有

$$\theta(s)=\frac{K_p s+K_i}{\Omega_2(s)}\theta^d(s)-\frac{s}{\Omega_2(s)}D(s) \tag{3-7-7}$$

其中

$$\Omega_2(s)=I_m s^3+(F_m+K_d)s^2+K_p s+K_i \tag{3-7-8}$$

使用劳斯-赫尔维茨稳定性判据可得，当增益系数为正值，系统稳定，并且

$$K_i<\frac{(F_m+K_d)K_p}{I_m} \tag{3-7-9}$$

时，可通过选择合适的积分作用消除系统的稳态误差。

3.8　前馈控制

在上面的 PID 控制中，都假设了参考信号和外界干扰是恒定的。在跟踪更常见的时变轨迹时，可能不能满足所需的要求。

图 3.8.1 给出了一种前馈控制方案。按前馈控制设计要求，反馈控制回路中的控制器需满足闭环稳定性要求，而前馈控制部分也同样需要满足稳定性要求。

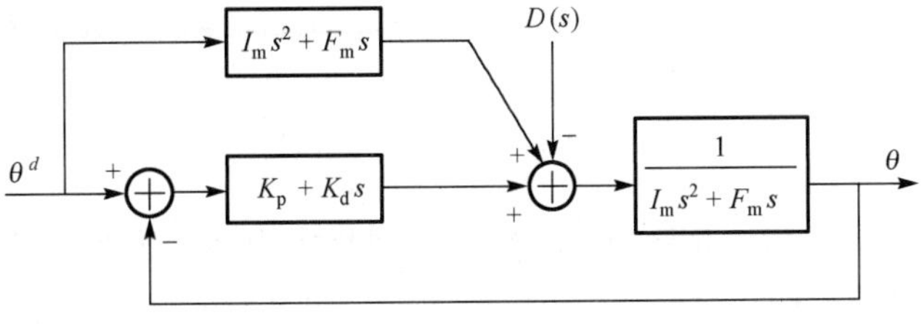

图 3.8.1　采用前馈控制的关节伺服系统

如果选择前馈控制的传递函数为被控对象传递函数的倒数，则可以实现前馈的补偿，此时被控对象应为最小相位系统。即系统传递函数的所有零点应位于复平面的左边平面上，此时电机伺服控制对象符合最小相位系统的要求。

选取闭环控制部分为$K_p + K_d s$，前馈控制部分为$I_m s^2 + F_m s$。控制器的输出信号由两部分组成，控制输出信号可写为

$$\begin{aligned} V(t) &= I_m \ddot{\theta}^d + F_m \dot{\theta}^d + K_d(\dot{\theta}^d - \dot{\theta}) + K_p(\theta^d - \theta) \\ &= f(t) + K_d \dot{e}(t) + K_p e(t) \end{aligned} \tag{3-8-1}$$

其中，$f(t)$为前馈控制信号，可得

$$f(t) = I_m \ddot{\theta}^d + F_m \dot{\theta}^d \tag{3-8-2}$$

$e(t)$为跟踪误差，有$e(t) = \theta^d(t) - \theta(t)$。另外，针对被控对象，有

$$V(t) - d(t) = I_m \ddot{\theta} + F_m \dot{\theta} \tag{3-8-3}$$

因此可得

$$I_m \ddot{e}(t) + (F_m + K_d)\dot{e}(t) + K_p e(t) = -d(t) \tag{3-8-4}$$

从而，当系统外部扰动为零时，系统可以跟踪任意轨迹。

3.9 考虑关节柔性的控制

在机械臂关节驱动系统中，普遍需要使用高减速比的减速器。目前，谐波减速器和 RV 减速器是两种典型的机器人关节减速器形式。谐波减速器内部存在一个可变形的柔轮，导致谐波减速器的关节传动链具有明显的柔性。关节中这种减速器带来的柔性将对机器人的动态伺服性能产生不利影响。图 3.9.1 为柔性关节示意图。

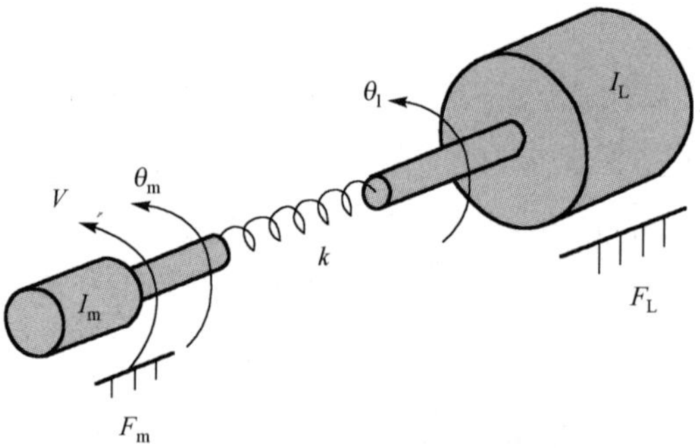

图 3.9.1 柔性关节示意图

考虑关节柔性后，关节的模型分为两部分，对每个子部分仍然按刚性系统建模。如图 3.9.2 所示，分别建立动力学方程

$$I_m \ddot{\theta}_m + F_m \dot{\theta}_m - k(\theta_l - \theta_m) = V \tag{3-9-1}$$

$$I_L\ddot{\theta}_l + F_L\dot{\theta}_l + k(\theta_l - \theta_m) = 0 \tag{3-9-2}$$

进行拉氏变换后，上述两个方程可写为

$$\begin{aligned} p_l(s)\theta_l(s) &= k\theta_m(s) \\ p_m(s)\theta_m(s) &= k\theta_l(s) + V(s) \end{aligned} \tag{3-9-3}$$

其中

$$\begin{aligned} p_l(s) &= I_L s^2 + F_L s + k \\ p_m(s) &= I_m s^2 + F_m s + k \end{aligned} \tag{3-9-4}$$

输入 V 和输出 θ_l 之间的开环传递函数为

$$\begin{aligned} \frac{\theta_l(s)}{V(s)} &= \frac{k}{p_l(s)p_m(s) - k^2} \\ &= \frac{k}{I_m I_L s^4 + (I_m F_L + I_L F_m)s^3 + [k(I_m + I_L) + F_m F_L]s^2 + k(F_L + F_m)s} \end{aligned} \tag{3-9-5}$$

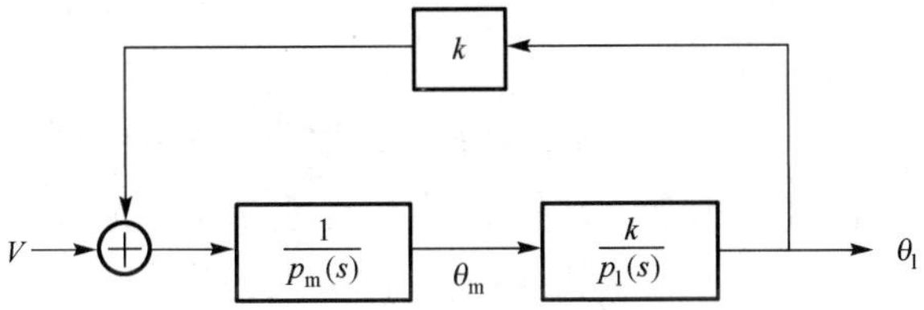

图 3.9.2　柔性关节系统模型

在式(3-9-5)中，如果忽略摩擦系数 F_m 和 F_L，则系统的开环多项式为 $p_l(s)p_m(s) - k^2 = I_m I_L s^4 + k(I_m + I_L)s^2$。开环系统在原点处有双重极点，并且在虚轴上有一对共轭极点 $s = \pm j\omega$，$\omega^2 = k\left(\dfrac{1}{I_m} + \dfrac{1}{I_L}\right)$，共轭极点的频率与刚度系数 k 有关，它随着刚度系数的增大而增大。系统阻尼较小时，系统的开环极点将处于左半平面靠近虚轴的位置，将增加系统控制的难度。

在对系统进行闭环反馈控制时，有两种常见的反馈控制方式，图 3.9.3 所示为从电机端进行的反馈，图 3.9.4 所示为从连杆端进行的反馈，在系统中采用了 PD 控制。两种控制方案的主要区别不仅在于反馈的位置不同，而且在于反馈闭环回路中是否包含了减速器环节。

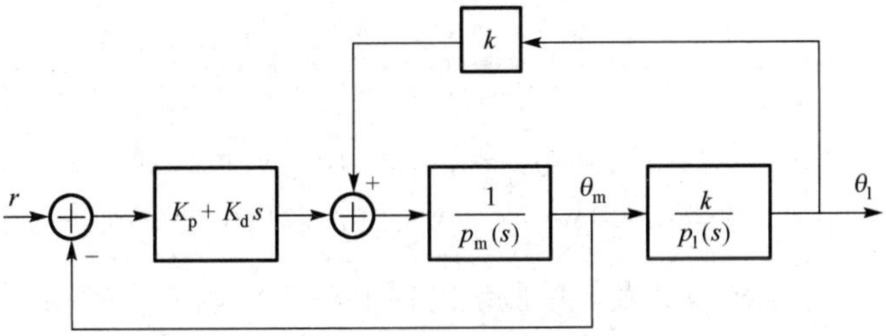

图 3.9.3　在柔性关节系统中从电机端进行的反馈

由于减速器的非线性，一般而言，将其包含在闭环内部将引入更多非线性的影响，给控制系统设计带来难度。关节传动系统中存在较大的柔性时，将显著增加系统的振荡，限制控制器参数的调节范围。

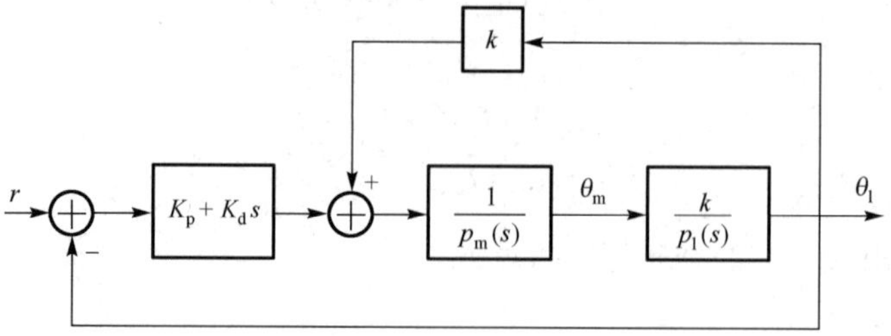

图 3.9.4　在柔性关节系统中从连杆端进行的反馈

在传统数控机床伺服轴的控制中，有半闭环和全闭环两种方式，其本质区别在于是否将减速器及丝杠等非线性显著的传动环节包含到闭环中。这里重点分析采用全闭环控制后由柔性带来的影响。

如果电机传动系统的非线性因素得以降低，比如采用更高性能的减速器及更高性能的丝杠丝母直线传动系统，则采用全闭环控制对于提高关节整体的性能是有利的。目前在高性能数控机床中，全闭环的控制方式或全闭环和半闭环结合的双反馈控制方式已被广泛采用。

但是在机器人系统中，由于减速器的减速比一般很大，远大于数控机床中减速器的减速比，导致机器人关节的非线性因素产生的影响更为突出，同时减速器柔性产生的影响也更为明显，因此，在机器人特别是工业机器人中，从电机端反馈的控制方式仍然是机器人关节控制中广泛采用的主流控制方式。

同时，进一步提升机器人关节传动系统的性能仍然是非常必要的，其对于提高机器人整机的轨迹跟踪控制性能及机器人的力位柔顺控制性能都具有重要意义。

1. 传动间隙

在实际的机器人控制中，除以上提到的关节摩擦及柔性的影响之外，传动系统中的间隙也是常见的经典难题之一。间隙在各类机械传动系统中广泛存在，间隙非线性属于一种特殊的非线性形式。传动系统进入间隙状态后，系统的传动力将降为零，系统在间隙段内无法传递动力。不仅如此，在高速运转的系统中，特别是频繁启停及频繁加减速的系统中，由于受间隙的影响，系统会出现频繁的内部冲击作用，对系统的动态性能带来不利影响。因此，长期以来，减小间隙或加速器回差一直是减速器研发和制造领域的重要问题之一。

在常规的机械传动系统设计及加工制造过程中，一般通过标准化使其系统符合相关的装配工艺，以实现减小间隙及提高其他工艺指标的目的。

在机器人关节中采用谐波减速器后，减小了传动系统的间隙，但增加了系统的柔性。

2．控制器输出饱和问题

在伺服控制系统中，常常涉及饱和问题。由于功率及材料性能所限，控制系统的输出及电机驱动转矩都不可能是无限大的，例如，在存在控制器饱和时，系统将无法提供所需的加速度值而导致系统上升时间明显变长。实际系统中，所有的装置都需要在其允许的指标范围内工作，因此产生饱和问题是不可避免的，在针对实际应用设计控制算法时，需要考虑系统本身存在的饱和范围的相关限制。

3．连杆的柔性

关节驱动系统中，除减速器带来的柔性之外，机器人连杆带来的柔性也是比较显著的。与数控机床不同，机械臂采用串联关节结构，多连杆的串联扩大了机械臂的运动范围和作业空间，但其长臂结构也对提高机械臂的刚性带来了困难。一般而言，机械臂的刚性远低于机床的刚性。机床的高刚性与其设计理念有关，作为零件加工设备，保证机床的高精度是第一位的，因此要求机床的刚性要尽可能高，所以在机床的设计中，采用类似机械臂的长臂结构对于保证机床的刚性是十分不利的。为此，机床的结构大多为直角坐标结构，一方面是因为正交的进给轴可以给机床的控制带来方便，另一方面是因为正交的直角坐标结构更利于机床的高刚性设计(通过优化床身的结构即可实现)。此外，直角坐标结构也有利于降低伺服轴相互之间的动力学扰动。

在五轴联动的数控机床中，由于需要尽量缩短摆动轴的杆长，因此通常将机床的摆动轴设计成集成度很高的结构，使其既满足摆动运动的需求，也保证机床的刚性。

对于多自由度机械臂系统，其柔性主要来自两方面，一方面是关节内部的传动系统带来的柔性，另一方面是连杆的受力变形带来的柔性。该系统是一种多柔体串联的系统。如图 3.9.5 所示，假设机械臂第 i 关节的刚度为 c_i，连杆 i 的刚度为 k_i。按串联弹簧的计算方法，得机械臂整机的刚度为

$$\frac{1}{k}=\sum_{i=1}^{n}\left(\frac{1}{k_i}+\frac{1}{c_i}\right)$$

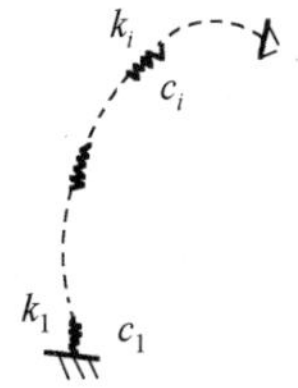

图 3.9.5　机械臂关节及连杆的柔性

当考虑机械臂的弹性变形时，需要对运动学和动力学模型中基于刚体的模型进行相应的修改，可在原有的刚体模型中增加描述弹性变形的部分。这种处理弹性变形的方式在建模方面可简化，与机械臂分布式弹性力学模型相比具有一定的优势。随着机器人技术的发展和机器人应用领域的扩大，不同的机器人将应用于不同场合，因此不宜将机器人的所有性能进行统一。对此，可将机器人按应用场合和机器人自身的设计特点加以区分，划分为不同类型，分别进行处理。

第一类：高刚性的机器人，包括传统的数控机床、工业机器人及与它们类似的机械系统。

第二类：考虑柔性变形的机器人，在机器人刚体模型的基础上，增加关节及连杆弹性变形的部分，刚柔结合进行分析研究。

第三类：柔体机器人，包括各类采用仿生材料制成的仿生机器人等。

从本章的分析中可以看出，针对机器人单关节的建模和控制是以位置闭环控制为主的。以位置控制为目标的控制方法对控制器输出到控制对象的控制作用关注不够，其不是直接设计控制作用，而是更多地通过对控制结构的设计使系统的传递函数符合希望的目标。这些方法对于位置控制来说是合适的，但对于关节的力控制来说则存在较多不足。

思考题与习题

3-1 试分析间隙对系统工作过程的影响，说明减小间隙的措施有哪些。

3-2 试阐述电机反电动势对开环及闭环调速的影响。

3-3 高阶系统在什么条件下可以近似看成二阶系统？

3-4 图 1 所示为一水平面内转动关节的驱动系统，连杆的质心位置与质量如图所示。电机转子的转动惯量为 I，减速比 i 为输入转速与输出转速之比，电机两端施加电压 $u(t)$，电机的转矩系数为 k_m，电机的反电动势系数为 k_e，写出微分方程及传递函数表达式。

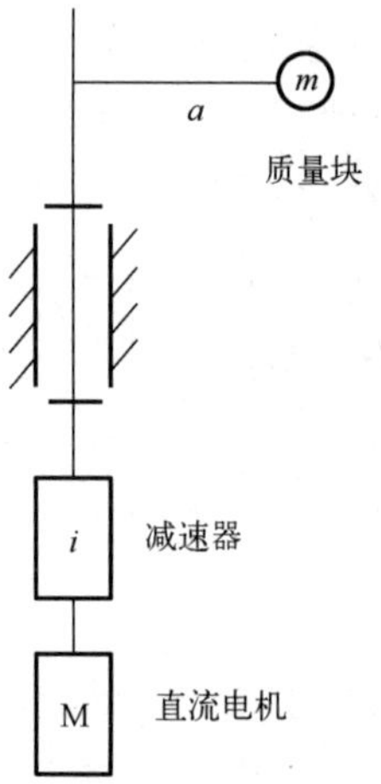

图 1　题 3-4 图

3-5 试说明系统超调量与阻尼比的关系，以及二阶系统中阻尼比变化时系统的极点是如何变化的。

3-6 试说明工程设计中经常采用典型 I 型和典型 II 型系统的理由。

第 4 章 机器人轨迹规划与独立关节控制

机器人运动学是机器人运动及完成相关操作的基础，构成了机器人控制系统的基本框架。

机器人与传统的自动化设备不同，机器人的运动一般是多自由度联动的，要求所有关节的运动是同步协调的，机器人在关节空间的运动与机器人末端的整体运动相互对应。从更广义的情况来说，对机器人的控制既包括对机器人关节的伺服控制，也包括对机器人多关节轨迹控制，甚至包括对多个机器人构成的机器人群体的协同控制。本章主要讨论机器人的多关节轨迹控制。

总体上，机器人轨迹控制可以分为两大类：一类是与数控机床相似的方式，在数控机床系统中从运动学层面解决多轴联动轨迹规划问题，在运动轴的伺服系统中解决各轴的动力学控制问题，各轴的运动控制是独立的，传统的工业机器人采用的独立关节控制即属于此类。另一类是在机器人多轴(多关节)控制中综合考虑轨迹规划及伺服控制等问题。随着机器人技术的发展和应用领域的拓展，特别是人机协作及机器人在未知环境中的自主控制等应用需求的增加，人们对机器人控制性能的要求更高，该类机器人的控制对于提高作业性能也更为重要。

运动学层面的控制可以理解为：机器人是一个理想的执行体，所有的运动都按理想的状态执行并完成，不受动力学参数的限制。比如，机械臂可以携带工具以期望的速度准确到达期望的位姿等。

显然，理想的运动在现实中是不存在的，但是这一点并不意味着运动学层面的控制没有意义。相反，对于实际应用来说，很多的控制任务都是在处理与运动学相关的问题。动力学因素主要影响机器人的启动、停止等动态过程，并对轨迹精度产生不利影响。在传统机械设备(如数控机床)的运动控制中，为了提高机床的运动精度，一般尽量将机床设计成高刚性的，使机床可以被等效成理想刚体，并且使机床的控制系统也足以令动力学影响因素降到最低，以在所允许的精度指标下忽略这些动力学因素的影响。

4.1 机械臂关节空间与笛卡儿空间的运动变换

在对机器人进行控制时，由于机器人的驱动系统都位于关节上，因此需要解决关节空间与笛卡儿空间的运动学求解变换问题。

如图 4.1.1 所示，已知关节的位移 q、速度 $\dot{q}$、和加速度 $\ddot{q}$，需要通过运动学求解得到机器人在笛卡儿空间对应的运动，包括笛卡儿空间的位移 x、速度 $\dot{x}$ 和加速度 $\ddot{x}$ 等，反之亦然。

1. 位姿的正、逆运动学变换

位置姿态的运动学求解是基于齐次变换矩阵进行的，包括坐标系位置的平移变换和坐标系姿态的旋转变换及对应的逆变换。

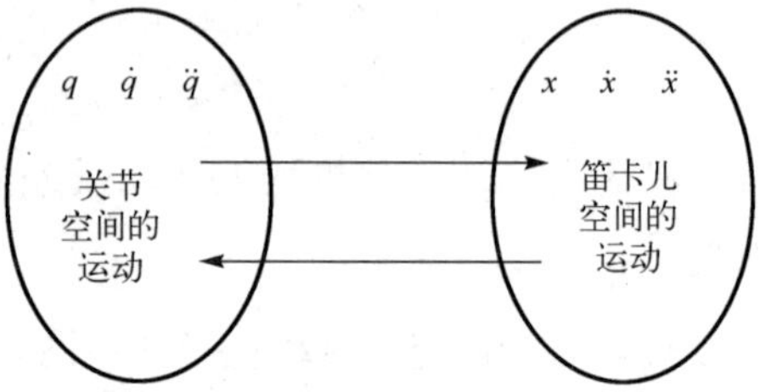

图 4.1.1　关节空间与笛卡儿空间的运动

由 n 个关节串联的多自由度机械臂，其运动学方程可表示如下：

$$ {}^{0}_{n}\boldsymbol{T} = {}^{0}_{1}\boldsymbol{T}(q_1)\,{}^{1}_{2}\boldsymbol{T}(q_2)\cdots{}^{i-1}_{i}\boldsymbol{T}(q_i)\cdots{}^{n-1}_{n}\boldsymbol{T}(q_n) = f(q_1, q_2, \cdots, q_n) \tag{4-1-1}$$

即机械臂末端的位姿是关节变量的函数。

在运动学分析求解过程中，有时需要使用矩阵的逆。对于齐次矩阵

$$\boldsymbol{T} = \begin{bmatrix} \boldsymbol{R} & \boldsymbol{P} \\ \boldsymbol{0} & \boldsymbol{1} \end{bmatrix} \tag{4-1-2}$$

逆矩阵可通过下式得到

$$\boldsymbol{T}^{-1} = \begin{bmatrix} \boldsymbol{R}^{\mathrm{T}} & -\boldsymbol{R}^{\mathrm{T}}\boldsymbol{P} \\ \boldsymbol{0} & \boldsymbol{1} \end{bmatrix} \tag{4-1-3}$$

$$\boldsymbol{R}^{-1} = \boldsymbol{R}^{\mathrm{T}} \tag{4-1-4}$$

2. 速度的正、逆运动学变换

关于速度的运动学求解是基于雅可比矩阵进行的，如

$$\dot{\boldsymbol{X}} = \boldsymbol{J}\dot{\boldsymbol{q}} \tag{4-1-5}$$

$$\dot{\boldsymbol{q}} = \boldsymbol{J}^{-1}\dot{\boldsymbol{X}}$$

3. 雅可比矩阵的广义逆

雅可比矩阵的求逆问题：当雅可比矩阵不是方阵时，雅可比矩阵不可逆。此时需要引入雅可比矩阵的广义逆矩阵。

对于 $m \times n$ 的矩阵 $\boldsymbol{A}$，若 $\boldsymbol{A}$ 为满秩矩阵，即 $\text{rank}(\boldsymbol{A})=\min(m,n)$，则可以定义如下右逆和左逆矩阵：

当 $m<n$ 时，$\text{rank}(\boldsymbol{A})=m$，定义 $n \times m$ 的矩阵 $\boldsymbol{A}_\text{r}$ 为右逆矩阵，满足 $\boldsymbol{A}\boldsymbol{A}_\text{r} = \boldsymbol{I}_m$。

当 $m>n$ 时，$\text{rank}(\boldsymbol{A})=n$，定义 $n \times m$ 的矩阵 $\boldsymbol{A}_\text{l}$ 为左逆矩阵，满足 $\boldsymbol{A}\boldsymbol{A}_\text{r} = \boldsymbol{I}_n$。

进一步地，可定义如下广义逆矩阵：

当 $m<n$ 时，定义 $\boldsymbol{A}_\text{r}^+ = \boldsymbol{A}^\text{T}(\boldsymbol{A}\boldsymbol{A}^\text{T})^{-1}$ 为右广义逆。

当 $m>n$ 时，定义 $\boldsymbol{A}_\text{l}^+ = (\boldsymbol{A}^\text{T}\boldsymbol{A})^{-1}\boldsymbol{A}^\text{T}$ 为左广义逆。

容易验证 $\boldsymbol{A}\boldsymbol{A}_\text{r}^+ = \boldsymbol{I}_m$，$\boldsymbol{A}_\text{l}^+\boldsymbol{A} = \boldsymbol{I}_n$。

更一般地，引入 n 阶正定矩阵 $\boldsymbol{W}_\text{r}$，定义 $\boldsymbol{A}_\text{r}^+ = \boldsymbol{W}_\text{r}\boldsymbol{A}^\text{T}(\boldsymbol{A}\boldsymbol{W}_\text{r}\boldsymbol{A}^\text{T})^{-1}$ 为加权右广义逆。引入 m 阶正定矩阵 $\boldsymbol{W}_1$，定义 $\boldsymbol{A}_\text{l}^+ = (\boldsymbol{A}^\text{T}\boldsymbol{W}_1\boldsymbol{A})^{-1}\boldsymbol{A}^\text{T}\boldsymbol{W}_1$ 为加权左广义逆。

有了矩阵的广义逆之后，就可以利用雅可比矩阵的广义逆，将笛卡儿空间的速度换算为关节空间对应的关节速度。

4．笛卡儿空间的运动描述

机器人的正逆运动变换涉及机器人末端在笛卡儿空间的位姿和速度的描述。在笛卡儿空间，对位置的描述是很常见的，也十分清晰、没有歧义。而对角速度的描述则不同，实际上存在一些特殊性。

⟹ 笛卡儿空间的角速度描述

在处理速度问题的时候，面临的另外一个常见的问题是如何进行角速度的描述。式(4-1-5)中的笛卡儿速度既包括线速度，也包括角速度，即

$$\dot{\boldsymbol{x}} = \begin{bmatrix} \boldsymbol{v} \\ \boldsymbol{\omega} \end{bmatrix} \tag{4-1-6}$$

对于线速度，可以由位置向量求导求得，概念和计算都比较直观。而处理角速度时，则存在一些不清晰的地方。在齐次矩阵中，角速度是用旋转矩阵 $\boldsymbol{R}$ 来描述的。而对旋转矩阵中的元素直接求导时，其物理意义并不十分清楚。

一种常见的处理方法是，将角速度用坐标系上三个轴的分量来描述，即

$$\boldsymbol{\omega} = \begin{bmatrix} \omega_x \\ \omega_y \\ \omega_z \end{bmatrix} \tag{4-1-7}$$

并且角速度 $\boldsymbol{\omega}$ 的三个分量可以在反对称矩阵 $\boldsymbol{S}$ 中描述

$$\boldsymbol{S}(\boldsymbol{\omega}) = \begin{bmatrix} 0 & -\omega_z & \omega_y \\ \omega_z & 0 & -\omega_x \\ -\omega_y & \omega_x & 0 \end{bmatrix} \tag{4-1-8}$$

另一种处理方法是，利用欧拉角的描述方法，将姿态的变化等效描述为三个欧拉角的转动。然后对三个欧拉角求导，进而得到与欧拉角相对应的旋转角速度的描述。如选用 ZYZ 欧拉角时，有

$$\boldsymbol{R}=\boldsymbol{R}_{z,\psi}\boldsymbol{R}_{y,\theta}\boldsymbol{R}_{z,\phi}=f(\psi,\theta,\phi) \tag{4-1-9}$$

$$\dot{\boldsymbol{x}}=\begin{bmatrix}\dot{\boldsymbol{d}}\\ \dot{\boldsymbol{\alpha}}\end{bmatrix}$$

其中，$\boldsymbol{\alpha}=[\psi \quad \theta \quad \phi]^{\mathrm{T}}$，有

$$\dot{\boldsymbol{\alpha}}=\begin{bmatrix}\dot{\psi}\\ \dot{\theta}\\ \dot{\phi}\end{bmatrix} \tag{4-1-10}$$

$\boldsymbol{d}$ 为末端坐标系原点在基坐标系中位置向量，对应于式(4-1-2)，有 $\dot{\boldsymbol{d}}=\dot{\boldsymbol{P}}$。

利用反对称矩阵对旋转矩阵 $\boldsymbol{R}$ 求导时，有

$$\dot{\boldsymbol{R}}=\boldsymbol{S}(\boldsymbol{\omega})\boldsymbol{R} \tag{4-1-11}$$

再利用式(4-1-4)，用 $\boldsymbol{R}$ 矩阵的转置替换矩阵的逆，可得

$$\boldsymbol{S}(\boldsymbol{\omega})=\dot{\boldsymbol{R}}\boldsymbol{R}^{\mathrm{T}} \tag{4-1-12}$$

由式(4-1-8)和式(4-1-12)相等，可得出角速度分量 ω_x、ω_y、ω_z 与欧拉角角速度分量 $\dot{\varphi}$、$\dot{\theta}$、$\dot{\boldsymbol{\phi}}$ 之间的关系。

$$\boldsymbol{\omega}=\begin{bmatrix}\omega_x\\ \omega_y\\ \omega_z\end{bmatrix}=\begin{bmatrix}c(\phi)s(\theta)\dot{\psi}-s(\phi)\dot{\theta}\\ s(\phi)s(\theta)\dot{\psi}+c(\phi)\dot{\theta}\\ \dot{\phi}+c(\theta)\dot{\psi}\end{bmatrix}=\begin{bmatrix}c(\phi)s(\theta) & -s(\phi) & 0\\ s(\phi)s(\theta) & c(\phi) & 0\\ c(\theta) & 0 & 1\end{bmatrix}\begin{bmatrix}\dot{\psi}\\ \dot{\theta}\\ \dot{\phi}\end{bmatrix}=\boldsymbol{B}(\boldsymbol{\alpha})\dot{\boldsymbol{\alpha}} \tag{4-1-13}$$

其中，$c(\cdot)=\cos(\cdot), s(\cdot)=\sin(\cdot)$。

4.2 机械臂通过系列路径点的运动

单纯的“点到点”的运动不能满足机器人轨迹运动的要求。在机器人轨迹运动中，机器人需沿轨迹线路连续运动。在机械臂运动中，轨迹运动要求机械臂末端及作业工具按作业要求沿曲线连续运动，并在运动中保持所需的姿态。同时，受机器人本体及控制系统的物理条件所限，其完成运动所需的时间并不是随意的，运动的速度和加速度都不可能无限大，而应该满足相应的参数范围约束条件。因此，在规划和控制过程中也需从作业时间及效率等方面对运行速度的选择提出相应的具体要求。总体的原则是，速度的选择以满足轨迹的要求为主，并兼顾运动的效率，缩短运动时间。在需要多台设备协同作业的场合，运动速度和节拍需根据系统整体的作业规划进行协调。

针对机械臂的运动，在机械臂末端连续经过 N 个路径点时，如果选择 $(N-1)$ 阶多项式，那么参照等阶多项式插值的方式来规划轨迹。虽然该方法从原理上可以实现所需的轨迹，但显然存在如下缺点：

(1) 不能指定起点和终点速度。

(2) 多项式及其系数取决于指定的点，改变某一点时，需要对所有的点进行重新计算。

(3) 多项式阶数增加时，约束方程的求解难度增加，多项式系数的数值计算精度将会降低。

(4) 多项式阶数增加时，其振动特性会增加，可能产生不自然的轨迹。

为了简化问题，在实际规划中基于三阶多项式或二阶抛物线曲线，形成了多种实用化的轨迹规划方法。

1. 路径点具有指定速度的插值多项式

具体方法是，将轨迹的起点速度和终点速度设置为零，在轨迹中(包括起点和终点)插入 N 个中间点 q_k ，$k=1,2,\cdots,N$ ，从而将轨迹分解为 $N-1$ 段，对每段构建一个三阶多项式，整个轨迹共包含 $N-1$ 个三阶多项式。$\dot{q}_1=\dot{q}_N=0$ 。

每段多项式涉及 q_k 和 q_{k+1} 两个点，分别对应于该段的起点和终点，指定对应的速度后可得到如下方程：

$$\Pi_k(t_k)=q_k$$

$$\dot{\Pi}_k(t_k)=\dot{q}_k$$

$$\Pi_{k+1}(t_{k+1})=q_{k+1}$$

$$\dot{\Pi}_{k+1}(t_{k+1})=\dot{q}_{k+1}$$

将相邻两段的位置和速度指定为相同的数值，使其连续：

$$\Pi_k(t_{k+1})=\Pi_{k+1}(t_{k+1})$$

$$\dot{\Pi}_k(t_{k+1})=\dot{\Pi}_{k+1}(t_{k+1})$$

式中，$k=1,\cdots,N-2$ 。

2. 在路径点指定参考速度的插值多项式

可进一步通过下面的方法指定速度，通过一种启发式的方法，以更简便的方式给出速度的指定值。

如图 4.2.1 所示，整个轨迹的起点和终点的速度为零。对于中间的轨迹段，如果速度的方向发生改变，则可以将衔接点的速度指定为零。如果速度的方向保持不变，则可以将平均速度作为指定速度。

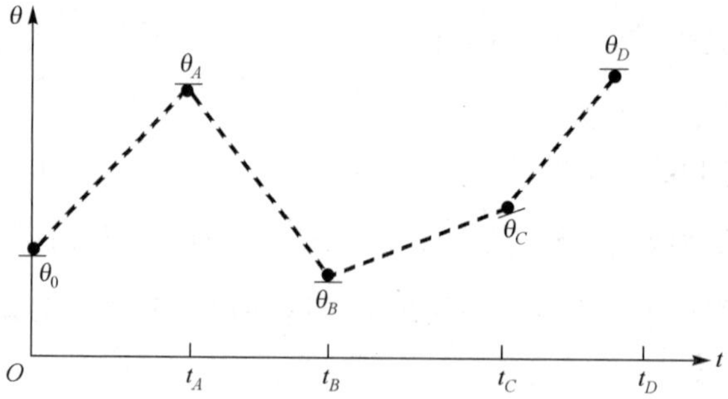

图 4.2.1 路径点速度的启发式确定方法

具体计算如下式所示：

$$\dot{q}_1 = 0$$

$$\dot{q}_k = \begin{cases} 0, & \operatorname{sgn}(v_k) \neq \operatorname{sgn}(v_{k+1}) \\ \dfrac{1}{2}(v_k + v_{k+1}), & \operatorname{sgn}(v_k) = \operatorname{sgn}(v_{k+1}) \end{cases}$$

$$\dot{q}_N = 0$$

3．路径点具有连续的加速度的插值多项式（样条）

以上两种规划方法仅能保证速度的连续，不能保证加速度的连续。如果要保证加速度连续，需要增加相应的加速度约束条件。对于图 4.2.2 所示的 N 个点的轨迹，如每个小轨迹段仍采用三阶多项式拟合，则中间点的约束方程有 $4(N-2)$ 个，起点和终点的约束方程有 6 个，总的方程有 $4N-2$ 个，与 $4(N+1)$ 个多项式系数不相符。

为了求解约束方程，引入两个虚拟点 t_2 和 t_{N+1}。引入虚拟点的作用仅是增加约束，只需保证连续性的条件即可，可以不用指定具体的点。引入虚拟点之后，可使约束方程的数量变为 $N+1$ 个。

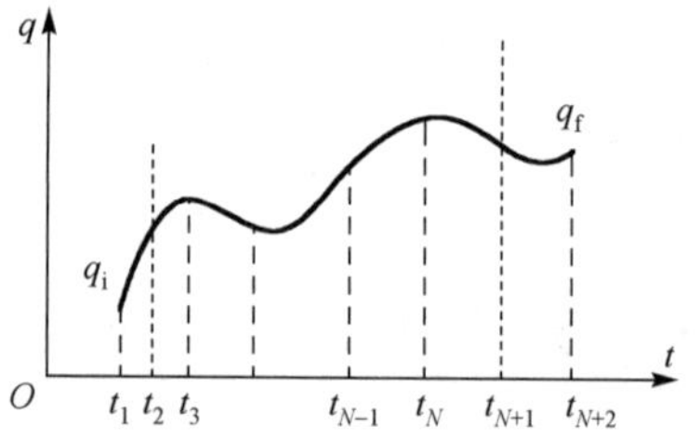

图 4.2.2 具有 N 个中间点的路径示意图

当 $k = 3,\cdots,N$ 时，$N-2$ 个中间点对应的约束方程可写成如下形式：

$$\Pi_{k-1}(t_k) = q_k \tag{4-2-1}$$

$$\Pi_{k-1}(t_k) = \Pi_k(t_k) \tag{4-2-2}$$

$$\dot{\Pi}_{k-1}(t_k) = \dot{\Pi}_k(t_k) \tag{4-2-3}$$

$$\ddot{\Pi}_{k-1}(t_k) = \ddot{\Pi}_k(t_k) \tag{4-2-4}$$

所列出的方程数为 $4(N-2)$ 个。

对起点和终点，可写出如下 6 个方程：

$$\Pi_1(t_1) = q_{\mathrm{i}} \tag{4-2-5}$$

$$\dot{\Pi}_1(t_1) = \dot{q}_{\mathrm{i}} \tag{4-2-6}$$

$$\ddot{\Pi}_1(t_1) = \ddot{q}_{\mathrm{i}} \tag{4-2-7}$$

$$\Pi_{N+1}(t_{N+2}) = q_{\mathrm{f}} \tag{4-2-8}$$

$$\dot{\Pi}_{N+1}(t_{N+2}) = \dot{q}_{\mathrm{f}} \tag{4-2-9}$$

$$\ddot{\Pi}_{N+1}(t_{N+2}) = \ddot{q}_{\mathrm{f}} \tag{4-2-10}$$

在 $k = 2$ 和 $k = N + 1$ 时刻，对应于两个虚拟点，可写出如下 3 个方程：

$$\Pi_{k-1}(t_k) = \Pi_k(t_k) \tag{4-2-11}$$

$$\dot{\Pi}_{k-1}(t_k) = \dot{\Pi}_k(t_k) \tag{4-2-12}$$

$$\ddot{\Pi}_{k-1}(t_k) = \ddot{\Pi}_k(t_k) \tag{4-2-13}$$

得到的系统是关于 4(*N*+1)个未知数的 4(*N*+1)个方程，刚好与 *N*+1 个三阶多项式的系数相对应。因此可以通过约束方程求解出多项式的系数。

上述方程的求解可做进一步简化。由于三阶多项式的二阶导数是时间的线性函数，因此可以写出如下的直线方程：

$$\ddot{\Pi}_k(t) = \frac{\ddot{\Pi}_k(t_k)}{\Delta t_k}(t_{k+1} - t) + \frac{\ddot{\Pi}_k(t_{k+1})}{\Delta t_k}(t - t_k)\text{，}\quad k = 1, \cdots, N + 1 \tag{4-2-14}$$

其中， $\Delta t_k = t_{k+1} - t_k$ 为从 q_k 到 q_{k+1} 的时间间隔。

对式(4-2-14)做两次积分，可得到如下形式的三阶多项式表达式：

$$\begin{aligned}\Pi_k(t) = {} & \frac{\ddot{\Pi}_k(t_k)}{6\Delta t_k}(t_{k+1} - t)^3 + \frac{\ddot{\Pi}_k(t_{k+1})}{6\Delta t_k}(t - t_k)^3 \\ & + \left[\frac{\Pi_k(t_{k+1})}{\Delta t_k} - \frac{\Delta t_k \ddot{\Pi}_k(t_{k+1})}{6}\right](t - t_k) \\ & + \left[\frac{\Pi_k(t_k)}{\Delta t_k} - \frac{\Delta t_k \ddot{\Pi}_k(t_k)}{6}\right](t_{k+1} - t),\ k = 1, \cdots, N + 1\end{aligned} \tag{4-2-15}$$

式(4-2-15)所示的三阶多项式的系数包含 $\Pi_k(t_k)$ 、 $\Pi_k(t_{k+1})$ 、 $\ddot{\Pi}_k(t_k)$ 、 $\ddot{\Pi}_k(t_{k+1})$ 共 4 个未知数。采用上面的三阶多项式表达之后，可对约束方程中原有的 4(*N*+1)个未知数中的绝大部分进行简化去除。

对于位置约束：式(4-2-1)中， q_k 的值是已知的， $k = 3, \cdots, N$ 。因此式(4-2-1)和式(4-2-2)两个方程中的 2(*N*–2)个未知数得以去除。

对于两个虚拟点，由式(4-2-11)所示的连续性约束，其中的 2 个未知数可以去除。

对于起点和终点， q_{i} 、 q_{f} 已知，因此可去除 2 个未知数。

对于速度约束：由于式(4-2-6)和式(4-2-9)中的$\dot{q}_{\mathrm{i}}$、$\dot{q}_{\mathrm{f}}$已知，因此$\dot{\Pi}_1(t_1)$、$\dot{\Pi}_{N+1}(t_{N+2})$这2个未知数可去除。

又由于加速度函数是线性的，且$\dot{q}_{\mathrm{i}}$、$\dot{q}_{\mathrm{f}}$、$\ddot{\Pi}_1(t_1)$、$\ddot{\Pi}_{N+1}(t_{N+2})$已知，因此可利用加速度的线性关系计算出$\dot{\Pi}_1(t_2)$、$\dot{\Pi}_{N+1}(t_{N+1})$，进而去除2个未知数。

对于加速度约束：起点和终点的加速度已知，再根据式(4-2-4)中的加速度连续性约束，可进一步去除N个未知数。

最后，未知数减少至N个。对于剩余的N个未知数，利用式(4-2-3)和式(4-2-12)写出对应的N个约束条件方程：

$$
\begin{gathered}
\dot{\Pi}_1(t_2)=\dot{\Pi}_2(t_2)\\
\dot{\Pi}_2(t_3)=\dot{\Pi}_3(t_3)\\
\vdots\\
\dot{\Pi}_N(t_{N+1})=\dot{\Pi}_{N+1}(t_{N+1})
\end{gathered}
$$

对三阶多项式，即式(4-2-15)求导，按$k=1,\cdots,N+1$代入后，可给出$\dot{\Pi}_k(t_{k+1})$和$\dot{\Pi}_{k+1}(t_{k+1})$，代入上述N个约束方程后即得到最后的求解方程。

由于上面的约束方程具有迭代特征，因此也可以采用一种前向-后向折算的求解方法。从第一个方程开始，将$\dot{\Pi}_2(t_2)$表示为$\dot{\Pi}_3(t_3)$的函数，然后代入第二个方程，使其成为一个关于$\dot{\Pi}_3(t_3)$和$\dot{\Pi}_4(t_4)$的方程，逐步计算，最后一个方程中将只有$\dot{\Pi}_{N+1}(t_{N+1})$一个未知数。求出该未知数后，再由反向计算得出所有的其他未知数。

上述的三阶多项式序列称为样条(spline)，它表示插入一个给定点序列以确保函数及其导数连续的光滑函数。

4．与抛物线混合的内插线性多项式

为了实现轨迹规划过程的简化，在直线段路径的基础上，在直线段连接点附近混合一段抛物线，实现一阶导数的连续。整条轨迹由线性多项式和二阶多项式序列构成。

令$\Delta t_k=t_{k+1}-t_k$为从q_k到q_{k+1}的时间段长度。$\Delta t_{k,k+1}$为一个时间区间，在此区间内$q_{k,k+1}$为时间的线性函数。同样令$\dot{q}_{k,k+1}$为常值速度且令$\ddot{\Pi}_k$为持续时间$\Delta t_k'$的抛物线混合加速度，得到的轨迹如图4.2.3所示。

假定q_k、Δt_k、$\Delta t_k'$的值给定，中间点的速度和加速度可按如下公式进行计算：

$$\dot{q}_{k-1,k}=\frac{q_k-q_{k-1}}{\Delta t_{k-1}} \tag{4-2-16}$$

$$\ddot{q}_k=\frac{\dot{q}_{k,k+1}-\dot{q}_{k-1,k}}{\Delta t_k'} \tag{4-2-17}$$

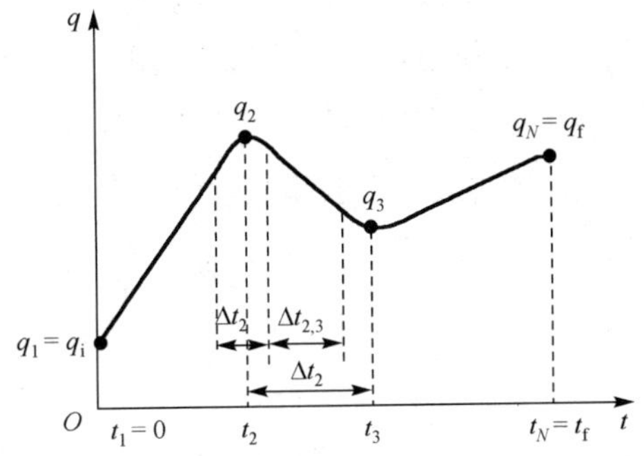

图 4.2.3　与抛物线混合的内插线性多项式曲线

应该特别注意第一个和最后一个分段。事实上，如果想要保持轨迹(至少在部分时间)与第一分段和最后一个分段一致，得到的轨迹应具有比 $t_N - t_1 + (\Delta t_1' + \Delta t_N')/2$ 更长的时间。其中，为计算起始和最终加速度，施加了 $\dot{q}_{0,1} = \dot{q}_{N,N+1} = 0$ 的条件。

注意，$q(t)$ 不会到达路径点中的任何一个，而是从其附近经过。混合加速度越大，其与所要经过的路径点越接近。

在给定 q_k、Δt_k、$\Delta t_k'$ 的基础上，由式(4-2-16)、式(4-2-17)可计算 $\dot{q}_{k-1,k}$ 和 $\ddot{q}_k$，并生成一个混合抛物线的线性多项式序列。

4.3　机械臂笛卡儿空间轨迹规划

1. 机器人的路径与轨迹规划

在移动机器人大范围运动时，我们对机器人进行控制时主要关注机器人的无障碍路径问题。而对于机械臂来说，由于机械臂的运动范围一般较小，因此其运动规划问题一般是指轨迹的规划问题。当需要关注运动中的局部性能时，除了障碍，还需要考虑更多细节因素的影响。如在狭窄路径上，需要考虑机器人的尺寸和结构，看看机器人能否顺利通过；在机器人处于陡坡路段或急转弯时，需要考虑机器人的加减速能力；在机器人与环境存在接触作用时，需要考虑运动过程中的受力和变形等问题。

1) 路径规划

在进行机器人的路径规划时，一般会给出沿路径分布的一系列位姿点，该问题是运动学层面的。路径规划时并不考虑机器人受力等因素的影响，即机器人的路径规划不涉及机器人的动力学问题，这一点在移动机器人路径规划中体现得更为明显，而在机械臂的规划中，通常并不明确区分路径规划和轨迹规划。

机器人的路径规划虽然不涉及动力学问题，但该问题并不简单，是计算机领域经典的困难问题之一。常见的规划目标是找出机器人理想的无碰撞路径。对于移动机器人来说，主要需要解决的是机器人在未知环境中的导航定位等问题。机械臂的路径规划则主要是指机械臂末端的路径规划。显然，移动机器人的路径规划方法同样适用于机械臂的路径规划。本章主要讨论机械臂末端的路径和轨迹规划，两者不做严格区分，主要是指笛卡儿空间的轨迹规划。

2) 轨迹规划

机器人的轨迹规划一般用于机器人的控制，通过轨迹规划得到控制系统的轨迹输入参数，如关节的位置、速度及加速度等，机器人的关节控制系统根据规划的轨迹对机器人进行伺服运动控制。机器人的轨迹规划一般需要考虑机器人动力学约束的影响，如机器人关节的加速度不能过大等。规划时对位置、速度、加速度都要进行计算。

3) 机器人的自主运动

机器人的自主运动是指机器人在未知环境中的运动。此时，机器人需要实时感知环境的状态和变化，并实现机器人的自主控制。显然，机器人自主运动的首要问题是环境的自主感知，利用外部传感器感知外部环境，建立环境地图，规划移动路径，并实现机器人的自主运动控制。

机械臂需安装在基座上进行工作，因此机械臂没有自主移动问题，但严格来说，人们也可以控制机械臂自主运动、自主作业。能否自主运动或作业取决于机器人控制系统自身的性能，同时在更多程度上取决于其对环境的感知能力及对自身状态的感知能力。移动机器人在运动过程中需要不断感知环境的信息，建立环境地图，并搜索可行的移动路径，进而控制自身运动。因此，实时建图和路径搜索等构成了移动机器人导航控制中的重要内容。

4) 机器人的可编程运动

机器人的可编程运动是指机器人可以事先规划运动。人们以示教或离线编程的方式控制机器人运动，实现预先设定好的运动规划和作业任务。

总体上，机器人的可编程运动主要是针对机械臂而言的。移动机器人在复杂的环境中运动，很难对环境及作业任务进行事先给定，因此对移动机器人进行编程，实现可编程运动的意义并不大。但是对于机械臂来说，很多机械臂完成的是类似数控机床等传统机械设备完成的工作，主要在工厂的车间中或者一些确定的工作场所内进行运动和作业，因此可对机械臂进行编程，实现可编程运动，提高作业效率。同时，可编程运动的方式也是数控机床等传统加工设备的典型运动方式。

关节空间和笛卡儿空间的轨迹规划各自具有不同的特点。相比于关节空间的轨迹规划，笛卡儿空间的轨迹规划与机器人的作业环境更为接近，轨迹更为直观。

在机器人作业系统中，机器人的操作是由机械臂终端夹手位姿的笛卡儿坐标节点序列规定的。所谓节点是指表示夹手位姿的齐次变换矩阵。

2. 机械臂作业及运动过程描述

任一刚体相对于参考系的位姿是用与它固接的坐标系来描述的，相对于固接坐标系，刚体上任一点可用相应的位置矢量表示；任一方向可用方向余弦表示。给出刚体的固接坐标系后，只要规定固接坐标系的位姿，便可重构该刚体的位姿。

机械臂的作业运动可用夹手位姿节点序列来规定，每个节点由工具坐标系相对于作业坐标系的齐次变换来描述。如图 4.3.1 所示，机械臂沿直线运动，把螺栓从槽中取出并放入托架的一个孔中。图中用 $\boldsymbol{P}_i(i=0, 1, 2, 3, 4, 5)$表示沿直线运动的各节点的位姿，机器人按节点顺序沿虚线运动并完成作业，$\boldsymbol{P}_i$ 为夹手所经过的直角坐标节点。

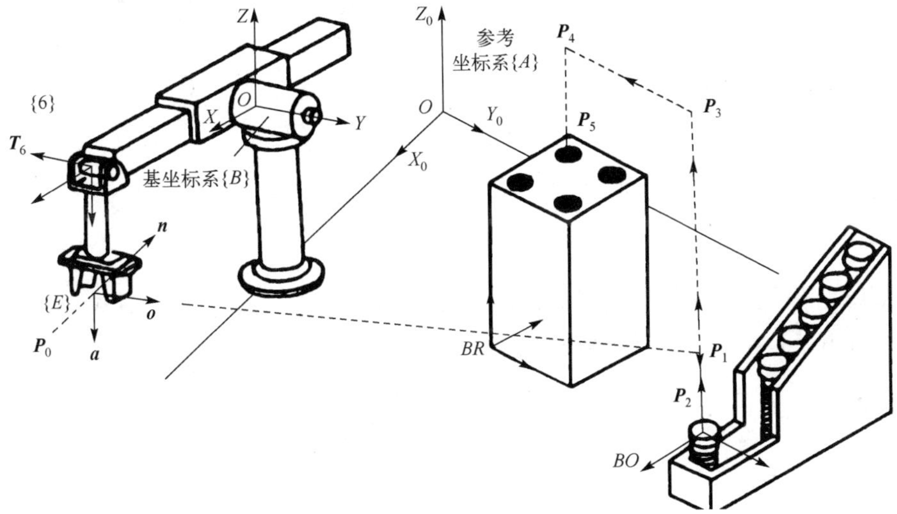

图 4.3.1　机械臂作业过程描述

3. 两个节点之间的“直线”运动

机械臂在完成作业时，夹手的位姿用一系列节点 $\boldsymbol{P}_i$ 来表示。因此，在直角坐标空间中进行轨迹规划的首要问题是：在由两节点 $\boldsymbol{P}_i$ 和 $\boldsymbol{P}_{i+1}$ 所定义的路径起点和终点之间，如何生成一系列中间点。两节点之间最简单的路径是在空间中的直线运动和绕某定轴的转动。若给定运动时间，则可以产生一个线速度和角速度受控的运动。

如图 4.3.1 所示，要生成从节点 $\boldsymbol{P}_0$(原位)运动到 $\boldsymbol{P}_1$(接近螺栓)的轨迹，就要改变机械臂的位姿 ${}^0\boldsymbol{T}_6$ 使得夹手坐标系{E}的原点从 $\boldsymbol{P}_0$ 节点变至 $\boldsymbol{P}_1$ 节点。或者更一般地，从一节点 $\boldsymbol{P}_i$ 到下一节点 $\boldsymbol{P}_{i+1}$ 的运动可表示为从

$$ {}^0\boldsymbol{T}_6 = {}^0\boldsymbol{T}_B\,{}^B\boldsymbol{T}_i\,{}^6\boldsymbol{T}_E^{-1} \tag{4-3-1}$$

到

$$^{0}\boldsymbol{T}_6 = {}^{0}\boldsymbol{T}_B\,{}^{B}\boldsymbol{T}_{i+1}\,{}^{6}\boldsymbol{T}_E^{-1} \tag{4-3-2}$$

的运动。其中，$^{6}\boldsymbol{T}_E$表示夹手坐标系$\{E\}$相对末端连杆系$\{6\}$的变换。$^{B}\boldsymbol{P}_i$和$^{B}\boldsymbol{P}_{i+1}$分别表示两节点$\boldsymbol{P}_i$和$\boldsymbol{P}_{i+1}$相对于基坐标系$\{B\}$的齐次变换，即将式(4-3-1)中的$^{B}\boldsymbol{T}_i$改用$^{B}\boldsymbol{P}_i$来表示。

如果起点$\boldsymbol{P}_i$是相对另一坐标系$\{A\}$描述的，那么可通过下面的变换过程得到

$$^{B}\boldsymbol{P}_i = {}^{0}\boldsymbol{T}_B^{-1}\,{}^{0}\boldsymbol{T}_A\,{}^{A}\boldsymbol{P}_i \tag{4-3-3}$$

与式(4-3-1)和式(4-3-2)相对应的从节点$\boldsymbol{P}_i$到$\boldsymbol{P}_{i+1}$的运动可由“驱动变换”$\boldsymbol{D}(\lambda)$来表示。

$$^{0}\boldsymbol{T}_6(\lambda) = {}^{0}\boldsymbol{T}_B\,{}^{B}\boldsymbol{P}_i\boldsymbol{D}(\lambda)\,{}^{6}\boldsymbol{T}_E^{-1} \tag{4-3-4}$$

其中，驱动变换$\boldsymbol{D}(\lambda)$是归一化时间λ的函数；$\lambda=t/T$，$\lambda\in[0,1]$；t为自运动开始算起的实际时间；T为走过该轨迹段的总时间。

在节点$\boldsymbol{P}_i$处，实际时间t=0，所以λ=0，式(4-3-4)与式(4-3-1)相同，$\boldsymbol{D}(0)$是4×4的单位矩阵。

在节点$\boldsymbol{P}_{i+1}$处，$t=T$，λ=1，有

$$^{B}\boldsymbol{P}_i\boldsymbol{D}(1) = {}^{B}\boldsymbol{P}_{i+1}$$

式(4-3-4)与式(4-3-2)相同，因此得

$$\boldsymbol{D}(1) = {}^{B}\boldsymbol{P}_i^{-1}\,{}^{B}\boldsymbol{P}_{i+1} \tag{4-3-5}$$

如果规定夹手坐标系的三个坐标轴用$\boldsymbol{n}$，$\boldsymbol{o}$和$\boldsymbol{a}$表示，坐标原点用$\boldsymbol{p}$表示，则节点$\boldsymbol{P}_i$和$\boldsymbol{P}_{i+1}$可用相应的齐次变换矩阵来表示，即

$$^{B}\boldsymbol{P}_i = \begin{bmatrix} \boldsymbol{n}_i & \boldsymbol{o}_i & \boldsymbol{a}_i & \boldsymbol{p}_i \\ 0 & 0 & 0 & 1 \end{bmatrix} = \begin{bmatrix} n_{i_x} & o_{i_x} & a_{i_x} & p_{i_x} \\ n_{i_y} & o_{i_y} & a_{i_y} & p_{i_y} \\ n_{i_z} & o_{i_z} & a_{i_z} & p_{i_z} \\ 0 & 0 & 0 & 1 \end{bmatrix}$$

$$^{B}\boldsymbol{P}_{i+1} = \begin{bmatrix} \boldsymbol{n}_{i+1} & \boldsymbol{o}_{i+1} & \boldsymbol{a}_{i+1} & \boldsymbol{p}_{i+1} \\ 0 & 0 & 0 & 1 \end{bmatrix} = \begin{bmatrix} n_{i+1_x} & o_{i+1_x} & a_{i+1_x} & p_{i+1_x} \\ n_{i+1_y} & o_{i+1_y} & a_{i+1_y} & p_{i+1_y} \\ n_{i+1_z} & o_{i+1_z} & a_{i+1_z} & p_{i+1_z} \\ 0 & 0 & 0 & 1 \end{bmatrix}$$

对于矩阵$\boldsymbol{T}=\begin{bmatrix} \boldsymbol{R} & \boldsymbol{P} \\ \boldsymbol{0} & 1 \end{bmatrix}$，$\boldsymbol{R}=\begin{bmatrix} \boldsymbol{n} & \boldsymbol{o} & \boldsymbol{a} \end{bmatrix}$，$\boldsymbol{T}$的逆矩阵可表示为

$$\boldsymbol{T}^{-1} = \begin{bmatrix} \boldsymbol{R}^{\mathrm{T}} & -\boldsymbol{R}^{\mathrm{T}}\boldsymbol{P} \\ \boldsymbol{0} & 1 \end{bmatrix} = \begin{bmatrix} \boldsymbol{R}^{\mathrm{T}} & \begin{pmatrix} -\boldsymbol{P}\cdot\boldsymbol{n} \\ -\boldsymbol{P}\cdot\boldsymbol{o} \\ -\boldsymbol{P}\cdot\boldsymbol{a} \end{pmatrix} \\ \boldsymbol{0} & 1 \end{bmatrix} = \begin{bmatrix} n_x & n_y & n_z & -\boldsymbol{p}\cdot\boldsymbol{n} \\ o_x & o_y & o_z & -\boldsymbol{p}\cdot\boldsymbol{o} \\ a_x & a_y & a_z & -\boldsymbol{p}\cdot\boldsymbol{a} \\ 0 & 0 & 0 & 1 \end{bmatrix}$$

利用上面的矩阵求逆公式求出 ${}^{B}\boldsymbol{P}_i^{-1}$，再右乘 ${}^{B}\boldsymbol{P}_{i+1}$，可得

$$\boldsymbol{D}(1)=\begin{bmatrix} \boldsymbol{n}_i\cdot\boldsymbol{n}_{i+1} & \boldsymbol{n}_i\cdot\boldsymbol{o}_{i+1} & \boldsymbol{n}_i\cdot\boldsymbol{a}_{i+1} & \boldsymbol{n}_i\cdot(\boldsymbol{p}_{i+1}-\boldsymbol{p}_i) \\ \boldsymbol{o}_i\cdot\boldsymbol{n}_{i+1} & \boldsymbol{o}_i\cdot\boldsymbol{o}_{i+1} & \boldsymbol{o}_i\cdot\boldsymbol{a}_{i+1} & \boldsymbol{o}_i\cdot(\boldsymbol{p}_{i+1}-\boldsymbol{p}_i) \\ \boldsymbol{a}_i\cdot\boldsymbol{n}_{i+1} & \boldsymbol{a}_i\cdot\boldsymbol{o}_{i+1} & \boldsymbol{a}_i\cdot\boldsymbol{a}_{i+1} & \boldsymbol{a}_i\cdot(\boldsymbol{p}_{i+1}-\boldsymbol{p}_i) \\ 0 & 0 & 0 & 1 \end{bmatrix}$$

其中，$\boldsymbol{n}\cdot\boldsymbol{p}$ 表示矢量 $\boldsymbol{n}$ 与 $\boldsymbol{p}$ 的标积。

工具坐标系从节点 $\boldsymbol{P}_i$ 到 $\boldsymbol{P}_{i+1}$ 的运动可由 $\boldsymbol{D}(\lambda)$ 表示，λ 由 0 到 1 变化，对应工具的位姿由 $\boldsymbol{D}(0)$变化到 $\boldsymbol{D}(1)$，这其中既包含了位置的变化，也包含了姿态的变化。驱动变换 $\boldsymbol{D}(\lambda)$ 可分解为平移运动和旋转运动的组合，平移运动使坐标系的原点到达指定的目标位置，而旋转运动使工具到达对应的姿态。

姿态的旋转运动比平移运动复杂一些，一般可通过以下两种方法实现，一种是基于等效轴角表示的单轴规划方法，另一种是双轴规划方法。

4．姿态的单轴规划方法

单轴规划方法基于等效轴角，将旋转运动等效为绕等效轴旋转所需角度的运动，如下式所示：

$$\boldsymbol{D}(\lambda)=\boldsymbol{L}(\lambda)\boldsymbol{R}_k(\lambda) \tag{4-3-6}$$

其中

$$\boldsymbol{L}(\lambda)=\begin{bmatrix} 1 & 0 & 0 & \lambda x \\ 0 & 1 & 0 & \lambda y \\ 0 & 0 & 1 & \lambda z \\ 0 & 0 & 0 & 1 \end{bmatrix}$$

$$\boldsymbol{R}_k(\lambda)=\begin{bmatrix} k_x k_x \mathrm{vers}(\lambda\theta)+c(\lambda\theta) & k_y k_x \mathrm{vers}(\lambda\theta)-k_z s(\lambda\theta) & k_z k_x \mathrm{vers}(\lambda\theta)+k_y s(\lambda\theta) & 0 \\ k_x k_y \mathrm{vers}(\lambda\theta)+k_z \mathrm{s}(\lambda\theta) & k_y k_y \mathrm{vers}(\lambda\theta)+c(\lambda\theta) & k_z k_y \mathrm{vers}(\lambda\theta)-k_x s(\lambda\theta) & 0 \\ k_x k_z \mathrm{vers}(\lambda\theta)-k_y \mathrm{s}(\lambda\theta) & k_y k_z \mathrm{vers}(\lambda\theta)+k_x s(\lambda\theta) & k_z k_z \mathrm{vers}(\lambda\theta)+c(\lambda\theta) & 0 \\ 0 & 0 & 0 & 1 \end{bmatrix}$$

其中，$\mathrm{vers}(\lambda\theta)=1-\cos(\lambda\theta); c(\lambda\theta)=\cos(\lambda\theta); s(\lambda\theta)=\sin(\lambda\theta)$ 。

5．姿态的双轴规划方法

双轴规划方法将旋转运动分解为绕两个轴的旋转。

第一个旋转使工具轴线与预期的接近方向 $\boldsymbol{a}$ 对准。

第二个旋转是绕工具轴线 (a) 的转动，对准方向矢量 $\boldsymbol{o}$，如图 4.3.2 所示。即可将驱动函数 $\boldsymbol{D}(\lambda)$分解为下面的平移运动和绕两个轴旋转的复合运动：

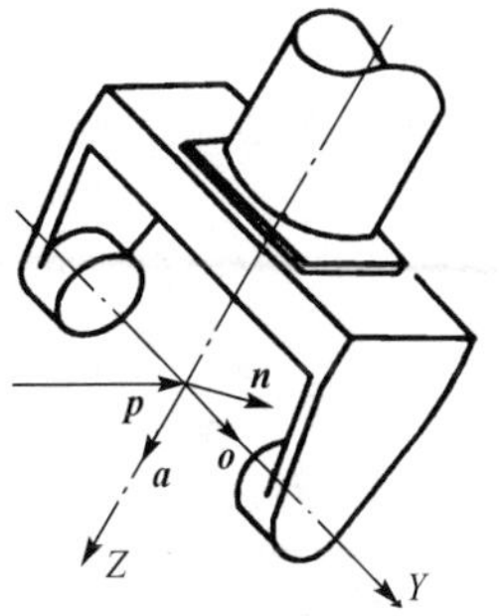

图 4.3.2　矢量 $\boldsymbol{n}$、$\boldsymbol{o}$、$\boldsymbol{a}$ 和 $\boldsymbol{p}$

$$D(\lambda)=L(\lambda)R_a(\lambda)R_o(\lambda) \tag{4-3-7}$$

$L(\lambda)$是平移运动的齐次变换，其作用是把节点 P_i 的坐标原点沿直线运动到 P_{i+1} 的原点。

$R_a(\lambda)$是绕 a 轴旋转的齐次变换表示，其作用是将 P_i 的接近矢量 a_i 转向 P_{i+1} 的接近矢量 a_{i+1}。

$R_o(\lambda)$是绕 o 轴旋转的齐次变换表示，其作用是将 P_i 的方向矢量 o_i 转向 P_{i+1} 的方向矢量 o_{i+1}。

选取工具轴线(a)为 Z 轴、方向矢量(o)为 X 轴方向矢量，建立夹手坐标系。则上面的双轴旋转方法与 ZYZ 欧拉角的姿态描述方法是一致的。

旋转变换矩阵 $R_a(\lambda)$可通过如下的两个步骤来获得。第一步，使 P_i 的坐标系绕其 Z 轴转过一定角度ψ，使旋转后坐标系的 Y 轴与 p_i，p_{i+1} 的公法线重合；然后，将旋转后的 Y 轴作为 k 轴，使坐标系绕 k 轴旋转 θ 角，即可得到 $R_a(\lambda)$。

$R_a(\lambda)$如下所示：

$$R_a(\lambda)=\begin{bmatrix} s^2(\psi)v(\lambda\theta)+c(\lambda\theta) & -s(\psi)c(\phi)v(\lambda\theta) & c(\psi)c(\lambda\theta) & 0 \\ -s(\psi)c(\psi)v(\lambda\theta) & c^2(\psi)v(\lambda\theta)+c(\lambda\theta) & s(\psi)s(\lambda\theta) & 0 \\ -c(\psi)s(\lambda\theta) & -s(\psi)s(\lambda\theta) & c(\lambda\theta) & 0 \\ 0 & 0 & 0 & 1 \end{bmatrix} \tag{4-3-8}$$

其中，$v(\cdot)=\text{vers}(\cdot)=1-\cos(\cdot)$；$c(\cdot)=\cos(\cdot)$；$s(\cdot)=\sin(\cdot)$；$\lambda\in[0,1]$。

矢量 k 是 P_i 的 Y 轴绕其 Z 轴转过ψ角得到的，即

$$k=\begin{bmatrix} -s(\psi) \\ c(\psi) \\ 0 \\ 1 \end{bmatrix}=\begin{bmatrix} c(\psi) & -s(\psi) & 0 & 0 \\ s(\psi) & c(\psi) & 0 & 0 \\ 0 & 0 & 1 & 0 \\ 0 & 0 & 0 & 1 \end{bmatrix}\begin{bmatrix} 0 \\ 1 \\ 0 \\ 1 \end{bmatrix}$$

因此，$k_x=-s(\psi)$，$k_y=c(\psi)$，$k_z=0$。根据绕等效轴 k 旋转 θ 角的旋转变换通式，即可得到式(4-3-8)。

从以上分析中可以看出，旋转运动 $R_a(\lambda)$实际上是绕 p_i，p_{i+1} 坐标系 Z 轴的公垂线旋转的，k 轴就是其公垂线。

旋转变换 $R_o(\lambda)$表示绕接近矢量 a 转动ϕ角的变换矩阵。

$$R_o(\lambda)=\begin{bmatrix} c(\lambda\phi) & -s(\lambda\phi) & 0 & 0 \\ s(\lambda\phi) & c(\lambda\phi) & 0 & 0 \\ 0 & 0 & 1 & 0 \\ 0 & 0 & 0 & 1 \end{bmatrix} \tag{4-3-9}$$

显然，平移量 λx，λy，λz 和转动量 $\lambda\theta$ 及 $\lambda\phi$与 λ 成正比。若 λ 随时间线性变化，则 $D(\lambda)$所代表的合成运动将是一个恒速移动和绕两个轴恒速转动的复合。

为了确定位移量及旋转角度，将 $\boldsymbol{L}(\lambda)$、$\boldsymbol{R}_a(\lambda)$和 $\boldsymbol{R}_o(\lambda)$相关矩阵代入式(4-3-7)，得到用欧拉角描述的 $\boldsymbol{D}(\lambda)$ 表达式为

$$\boldsymbol{D}(\lambda)=\begin{bmatrix}\boldsymbol{dn} & \boldsymbol{do} & \boldsymbol{da} & \boldsymbol{dp}\\ 0 & 0 & 0 & 1\end{bmatrix} \tag{4-3-10}$$

其中

$$\boldsymbol{do}=\begin{bmatrix}-s(\lambda\phi)\left[s^2(\psi)v(\lambda\theta)+c(\lambda\theta)\right]+c(\lambda\phi)\left[-s(\psi)c(\psi)v(\lambda\theta)\right]\\ -s(\lambda\phi)\left[-s(\psi)c(\psi)v(\lambda\varphi)\right]+c(\lambda\phi)\left[c^2(\psi)v(\lambda\theta)+c(\lambda\theta)\right]\\ -s(\lambda\phi)\left[-c(\psi)s(\lambda\theta)\right]+c(\lambda\phi)\left[-s(\psi)s(\lambda\theta)\right]\end{bmatrix}$$

$$\boldsymbol{da}=\begin{bmatrix}c(\psi)s(\lambda\theta)\\ s(\psi)s(\lambda\theta)\\ c(\lambda\theta)\end{bmatrix}$$

$$\boldsymbol{dp}=\begin{bmatrix}\lambda_x\\ \lambda_y\\ \lambda_z\end{bmatrix}$$

$$\boldsymbol{dn}=\boldsymbol{do}\times\boldsymbol{da}$$

将逆变换方法用于式(4-3-7)，在式(4-3-7)两边右乘 $\boldsymbol{R}_o^{-1}(\lambda)\boldsymbol{R}_a^{-1}(\lambda)$，使式 $\boldsymbol{R}_o^{-1}(\lambda)\boldsymbol{R}_a^{-1}(\lambda)$ $\boldsymbol{D}(\lambda)=\boldsymbol{L}(\lambda)$ 中位置矢量的各元素分别相等，并令 λ=1，可得

$$\begin{aligned}x&=\boldsymbol{n}_i\cdot(\boldsymbol{p}_{i+1}-\boldsymbol{p}_i)\\ y&=\boldsymbol{o}_i\cdot(\boldsymbol{p}_{i+1}-\boldsymbol{p}_i)\\ z&=\boldsymbol{a}_i\cdot(\boldsymbol{p}_{i+1}-\boldsymbol{p}_i)\end{aligned} \tag{4-3-11}$$

式中，矢量 $\boldsymbol{n}_i$，$\boldsymbol{o}_i$，$\boldsymbol{a}_i$ 和 $\boldsymbol{p}_i$，$\boldsymbol{p}_{i+1}$ 都是相对于坐标系{B}表示的。将式(4-3-7)两边右乘 $\boldsymbol{R}_o^{-1}(\lambda)$，再左乘 $\boldsymbol{L}^{-1}(\lambda)$，并使得第三列元素分别相等，可解得 ψ 和 θ 。

$$\psi=\arctan\left[\frac{\boldsymbol{o}_i\cdot\boldsymbol{a}_{i+1}}{\boldsymbol{n}_i\cdot\boldsymbol{a}_{i+1}}\right]\quad -\pi\leqslant\psi\leqslant\pi \tag{4-3-12}$$

$$\theta=\arctan\frac{\left[\left(\boldsymbol{n}_i\cdot\boldsymbol{a}_{i+1}\right)^2+\left(\boldsymbol{o}_i\cdot\boldsymbol{a}_{i+1}\right)^2\right]^{1/2}}{\boldsymbol{a}_i\cdot\boldsymbol{a}_{i+1}}\quad -\pi\leqslant\theta\leqslant\pi \tag{4-3-13}$$

为了求出 ϕ，可将式(4-3-7)两边乘 $\boldsymbol{R}_a^{-1}(\lambda)\boldsymbol{L}^{-1}(\lambda)$，并使它们的对应元素分别相等，得

$$s(\phi)=-s(\psi)c(\psi)v(\theta)(\boldsymbol{n}_i\cdot\boldsymbol{n}_{i+1})+\left[c^2(\psi)v(\theta)+c(\theta)\right]\left(\boldsymbol{o}_i\cdot\boldsymbol{n}_{i+1}\right)-s(\psi)s(\theta)\left(\boldsymbol{a}_i\cdot\boldsymbol{n}_{i+1}\right)$$

$$c(\phi)=-s(\psi)c(\psi)v(\theta)\left(\boldsymbol{n}_i\cdot\boldsymbol{o}_{i+1}\right)+\left[c^2(\psi)v(\theta)+c(\theta)\right]\left(\boldsymbol{o}_i\cdot\boldsymbol{o}_{i+1}\right)-s(\psi)s(\theta)\left(\boldsymbol{a}_i\cdot\boldsymbol{o}_{i+1}\right)$$

$$\phi=\arctan\frac{s(\phi)}{c(\phi)}\quad -\pi\leqslant\phi\leqslant\pi \tag{4-3-14}$$

6. 路径段之间的过渡

在笛卡儿空间中，可以利用驱动变换 $\boldsymbol{D}(\lambda)$来控制一个移动和两个旋转生成两节点之间的“直线”运动轨迹 ${}^{0}\boldsymbol{T}_{6}(\lambda)={}^{0}\boldsymbol{T}_{B}\,{}^{B}\boldsymbol{P}_{i}\boldsymbol{D}(\lambda)\,{}^{6}\boldsymbol{T}_{E}^{-1}$ 。两段路径衔接时，为了避免两段路径衔接点处速度不连续，需要在路径段过渡区间进行加速或减速。

笛卡儿空间的规划方法不仅概念上直观，而且规划的路径准确。笛卡儿空间的直线运动仅仅是轨迹规划的一类，更加一般的轨迹规划应包含其他轨迹，如椭圆、抛物线、正弦曲线等。

由于缺乏适当的传感器测量夹手笛卡儿坐标，并进行位置和速度反馈，运动时需要将笛卡儿空间路径规划的结果实时变换为相应的关节坐标，因此笛卡儿空间规划存在由运动学反解带来的问题。运动学反解计算量很大，将导致控制间隔拖长。如果在规划时考虑机械臂的动力学特性，就需要以笛卡儿坐标给定路径约束，同时以关节坐标给定物理约束(如各电机的容许力和力矩、速度和加速度极限)，使得优化问题需考虑两个不同坐标系中的混合约束。

4.4 机器人示教及离线编程

目前的机器人还不能完全自主作业，应用时仍然需要在用户的操作指令下运行。即需要利用机器人和用户之间的接口实现对机器人的操作。与机床不同，机器人具有更多的“柔性”，即在自由度和完成的能力上具有更大灵活性。由于机器人功能丰富，故它对不同任务的调整更为方便。同时，机器人的这种特点也带来了编程和操作上的难度。

对于机器人的用户来说，机械臂末端的运动包括位置的移动和姿态的变化，需要关注的参数较多，对末端工具运动的描述很复杂。此外，机械臂末端的位姿、速度等与内部关节运动的关系更为复杂，并不像传统工具那样直观，给使用带来了困难。

1. 示教/再现

为了方便实现用户对机器人的操作，早期的机器人通过示教的方式进行编程，获得机器人的轨迹数据。示教过程如下：示教时，通过手动牵引或示教器来操作机器人，将机器人移动到一系列期望的目标点上，并将这些位置记录在存储器中。当机器人运动时，控制机器人再现这些示教过的位置，完成期望的运动，即通过“示教/再现”的方式实现对机器人的操作。在示教阶段，由于用户通过手动牵引或示教器操作机器人，因此需要进行近距离的人机交互操作。

很显然，机器人示教的精度与机器人自身的运动和控制精度密切相关，机器人本身精度较低时，不可能通过示教获得高精度的轨迹数据。

除示教的精度低之外，如果采用手动牵引示教方式，则对机器人的零力矩拖动控制能力提出较高的要求。这一点实际上是对机器人的力控制性能提出了要求。

2. 离线编程系统及编程语言

完成机器人作业的另一种方式是对机器人进行离线编程，即通过专门的编程语言对机器人进行编程。与数控机床的编程相似，离线编程时不需要运行机器人。数控机床的编程主要是针对刀具与工件的运动进行的，而机器人的编程则涉及动作级、任务级等多个层面的操作，功能更为丰富。相应地，离线编程语言也有很多。

由于机器人的运动既涉及位置也涉及姿态，同时在不同的作业任务中使用的工具也千差万别，因此，在机器人的编程系统中，不仅考虑了机器人自身的参数，而且考虑了作业工具的参数。此外，不同的作业任务也有其相应的作业工艺要求或性能要求，编程系统需针对不同类型的作业任务有相应处理的能力。

机器人编程系统和编程语言的应用提高了机器人应用系统的性能，方便了用户对机器人的使用和操作。

图 4.4.1 所示为机器人辅助机床上下料搬运过程。

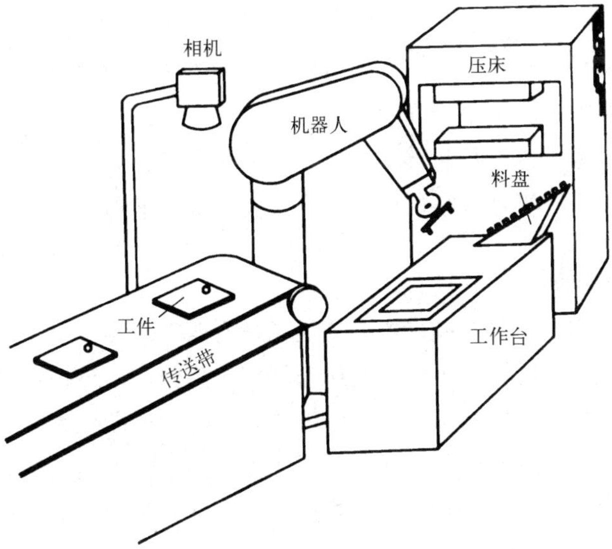

图 4.4.1　机器人辅助机床上下料搬运过程

系统中包含了压床、机器人、相机、传送带、料盘、工作台、工件等。机器人配合压床完成加工过程，可减轻人工上下料的劳动强度，提高加工过程中的自动化程度。

整个过程中，机床控制系统和机器人控制系统需要根据传感器信号对作业流程、动作顺序和运动节拍进行控制。

为了实现对机器人的编程作业，机器人的编程需满足以下要求：

⑴ 建立世界坐标系。

在进行机器人编程时，需要描述物体在三维空间内的运动和相对位姿关系，包括机床的工作台和刀具的位置，机器人自身及末端工具的位置，工件的位置，相机和图像的坐标，以及操作对象在相机中的位置等。需要通过建立世界坐标系将这些物体关联起来，并对它们相互之间的位姿关系进行描述。

⑵ 描述机器人的作业。

对机器人作业的描述和对环境的描述能力决定了编程的水平。这里通过机器人编程语言描述作业顺序及整个作业流程。

⑶ 描述机器人的运动。

对机器人运动的描述是机器人编程的基本功能之一，如移动至某位置、以直线方式移动至某位置、经过某点不停顿地移动至某位置等。

⑷ 允许用户规定执行流程。包括允许用户执行试验、跳转、循环、调用子程序及中断等。

⑸ 具有良好的编程环境。

⑹ 具有人机接口及传感器信号的接口。

根据应用需求的不同，机器人编程语言包括动作级编程语言、对象级编程语言、任务级编程语言等不同的类型。

机器人编程与机器人的应用直接相关，不同的场景和任务中存在不同的要求。随着机器人应用范围的拓展，与机器人编程相关的机器人应用技术仍处于发展、完善过程中。

3．基于视觉的运动

利用相机提供的视觉信息控制机器人的运动是机器人应用中常见的方式。这里对相机的使用分为两种情况，一种是将视觉系统作为外部传感器，通过视觉系统获得相关环境及位置数据，即由相机提供作业环境、对象及机器人自身的末端位姿信息，并基于视觉信息对机器人进行控制。另一种是将作业任务配置在视觉系统中，通过视觉系统的引导完成相关的作业过程，此时机器人在视觉系统中是作为执行装置来使用的，对机器人的控制具有视觉伺服的特征。

4．自动与自主运动

当机器人能够自动地通过传感器获得环境及自身的运动信息及相关状态，并具有一定的自主决策和控制能力时，机器人就可以自主地完成所需的运动和作业控制了。这一点与数控机床等传统的机械设备是存在本质不同的。传统的数控机床等机械设备只能完成事先设定好的任务和运动，很难随意改变。而当机器人完成与机床相同的工作任务时，机器人具有更高的灵活性，在完成复杂姿态的运动时具有优势，更适合在需要多轴联动的场合中应用。

通常将确定的环境或任务称为结构化的或者可编程的环境或任务，而把自然的环境和任务称为非结构化的环境或任务。显然，机器人在非结构化环境中开展自主作业任务，无论是从控制角度还是从传感器感知的角度来看都是十分困难的。机器人在自主化能力方面与人类相比还存在非常大的差距。

5．仿真

由于机器人的使用较为复杂，对多自由度位姿的运动控制也不够直观，因此不论是从使用角度还是从研究开发的角度来说，都对机器人的仿真提出了需求，促进了机器人仿真系统的开发。同时，仿真提高了机器人在复杂环境中运动的临场感和可视性，也为机器人的应用带来了方便。

4.5　数控机床轨迹插补控制

在工业机器人应用中，很多机器人用于完成或辅助完成原本由数控机床完成的任务。机器人所需完成的运动或动作与机床有很多相似之处。在运动控制层面，由于机器人具有更高的自由度及更强的姿态控制能力，因此机器人的运动控制与机床相比又存在明显的差异。总体上，在数控机床中广泛应用的插补技术是在运动学层面上进行的，利用该技术时，机床各联动运动轴之间以各自独立的方式进行伺服控制，各轴之间的动力学耦合作用以扰动抑制的形式在伺服系统中被消除，因此在插补控制中，并不涉及整体上的多轴联动动力学控制问题。

下面对广泛应用的数控机床插补技术加以简要介绍。

与机器人的运动控制任务不同，数控机床的插补控制是基于机床各轴的位置进行的。位置伺服控制由电机伺服系统完成。数控系统仅完成多轴插补所需的运算，不承担位置伺服控制任务。

在机床数控系统中完成刀具运动轨迹所需的插补运算，可得到各个运动轴的位置指令。早期的机床控制系统是以脉冲信号的形式将位置指令发送给电机伺服系统的。采用数字控制和计算机控制之后，数控系统发送给电机伺服系统的位置指令是数字形式的，通过数字接口传送。对于总线式的控制系统，则通过相应的总线数据帧进行发送。

对于机械制造中的零件加工，传统的车、铣、刨、磨等加工属于去除加工，是通过材料的去除得到所需的零件。3D 打印则属于增材加工，是通过材料的堆积得到所需的零件。机床的数控系统用于完成刀具与工件之间的相对运动控制，并完成零件的加工过程。

从运动控制的角度来看，传统数控机床的控制与并联机床及多自由度机械臂的运动控制有所不同。传统数控机床的运动主要是刀具与工件之间的相对运动，一般是通过插补控制来实现的。并联机床的运动控制涉及并联机构的运动学解算，其中逆运动学的解是唯一的，但正运动学存在多个解。而对机械臂的运动控制同样需要进行运动学解算。与并联机床不同的是，机械臂的正运动学的解是唯一的，但逆运动学存在多解问题。

插补是数控机床中广泛使用的刀具轨迹规划和控制技术，是在笛卡儿坐标系中进行的，通过插补可将输入至数控系统的G代码所对应的位置和速度数据转换成一系列细化的位置点。机床各轴的伺服系统根据插补细化后得到的位置点进一步完成伺服跟踪控制。利用插补和伺服控制可实现机床各轴的联动进给运动，在主轴刀具运动的配合下完成零件的加工过程。

一般情况下，一个零件的加工过程包含大量的直线或曲线刀具轨迹。刀具轨迹一般包含直线和曲线两种，直线轨迹采用直线插补，曲线轨迹采用圆弧插补。对于复杂的曲线，一般将其分解成若干直线或曲线进行近似，对应于直线插补和圆弧插补。而加工曲面时，一般将曲面离散成数目庞大的微小直线段进行近似。

对于数控加工过程，机床的运动轨迹是事先已知的，可以通过编程来规划和控制机床的运动，机器人在完成类似的作业任务时也是如此。如果机器人的运动是事先已知的或可编程的，则机器人的运动控制可以采取类似传统数控机床的控制方式，通过插补对机器人进行控制。不仅如此，插补时，实际上并没有考虑动力学的影响。尽管机床的插补运动包含着各轴之间的联动，但每个轴实际上都是基于位置伺服控制独立进行运动的。

需要指出的是，在进行上述插补运动时，机床的变形是在精度允许范围之内的。这是因为机床的刚性足够大，各轴的伺服系统足以抵抗加工中各种负载的影响，保证了机床在加工过程中不会产生过大的变形，因此在机床插补时仅考虑运动学因素的影响是合适的。而机械臂在进行类似作业时，情况则有所不同。机械臂的刚性一般远低于机床，在负载作用时会产生较大的变形。因此，对于机械臂来说，应该充分考虑低刚性带来的变形及其影响。正是基于这一原因，机械臂目前还难以完成零件的加工作业，除非加工过程中的负载较小(对精度的影响处于可接受的范围之内)。

插补控制其是广泛应用于数控机床等传统自动化设备的典型控制方法，早期的数控系统使用逻辑电路组成的硬件插补器，后来采用计算机软件程序实现插补功能。现代数控系统大多采用软件或者采用软硬件结合的方式来实现插补功能，由软件完成粗插补、硬件完成精插补。插补的具体方法有很多，总体上根据输出到伺服系统信号的不同，可将其归纳为基准脉冲插补和数据采样插补两大类。

基准脉冲插补的特点是输出到坐标轴的信号为基准脉冲序列，每个脉冲对应一个最小位移，脉冲的数量代表位移量，脉冲的频率代表运动速度。基准脉冲插补易于采用硬件电路实现。早期的数控机床一般是由步进电机驱动的，多采用这种插补方法。

数据采样插补的特点是输出到坐标轴的信号是表示坐标轴位移增量的二进制数。数据采样插补包括两个运算步骤，第一步将整段直线或曲线分解为微小直线段，称为粗插补。第二步在微小直线段内再细化插入若干点，进行“数据点密化”，称为精插补。粗插补用软件完成，精插补既可以用软件完成，也可以用硬件完成。在粗插补阶段，需要计算各坐标轴的位移增量 Δx 、 Δy 等，根据上一个插补周期的动点位置计算得到新的动点指令位置。在精插补阶段，需要根据指令位置和传感器反馈的实际位置计算出偏差，并对偏差进行控制。精插补阶段对偏差的控制有两种实现方式，一种是将指令脉冲与传感器的反馈脉冲进行脉冲混合处理，输出到电机的速度环中进行伺服控制。另一种是对指令信号和反馈信号进行计算，得到数字量的位置偏差，输出到电机的位置环中进行伺服控制。

由以上介绍可知，通过插补控制可实现曲线或曲面的高精度轨迹规划和控制，实现数控机床的高精度零件加工。

1. 直线插补原理

XY 平面的直线插补如图 4.5.1 所示。直线插补计算按下面的函数进行：

$$F_{ij} = X_{\mathrm{e}}Y_j - X_iY_{\mathrm{e}}$$

其中， X_{e} 、 Y_{e} 为直段终点坐标。 X_i 、 Y_i 为当前点的计算值。根据函数值 F_{ij} 的计算值和所在的象限进行判断并决定进给轴 X 和进给轴 Y 的进给值。

在第一象限沿正方向插补时，如果 $F_{ij} \geqslant 0$ ，则 X 轴沿正方向进给一步。如果 $F_{ij} < 0$ ，则沿 Y 轴正方向进给一步。从起点开始，按进给周期计算并送至伺服系统执行。

在 YZ 或 XZ 等其他平面进行相同的插补计算，可实现三维空间的插补运动。上述直线插补可基本满足普通三坐标的加工需求。但对于更复杂的五坐标加工，则需要实现针对空间直线段的插补功能。此外，对于五坐标加工，还需要考虑刀具的姿态控制问题，需要对插补计算方法进行更为复杂的补充。

2. 圆弧插补原理

如图 4.5.2 所示，圆弧插补的计算方法与直线插补类似，但比较函数变为对应的圆弧方程：

$$F_{ij} = (X_i^2 - X_0^2) + (Y_i^2 - Y_0^2)$$

式中， X_0 、 Y_0 为圆心坐标。 X_i 、 Y_i 及 F_{ij} 的含义与直线插补相同。

插补从起点开始，在第一象限进行逆时针插补时，如果 $F_{ij} \geqslant 0$ ，则沿 X 轴负方向进给一步。如果 $F < 0$ ，则沿 Y 轴正方向进给一步。

如图 4.5.2 所示，圆弧插补过程可分为逆时针插补和顺时针插补。

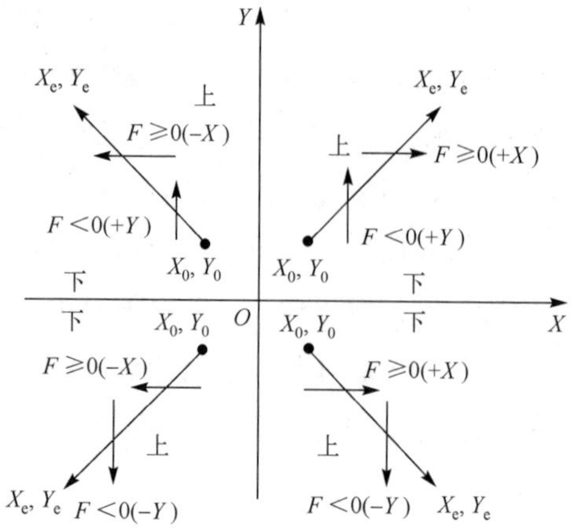

图 4.5.1　直线插补[1]

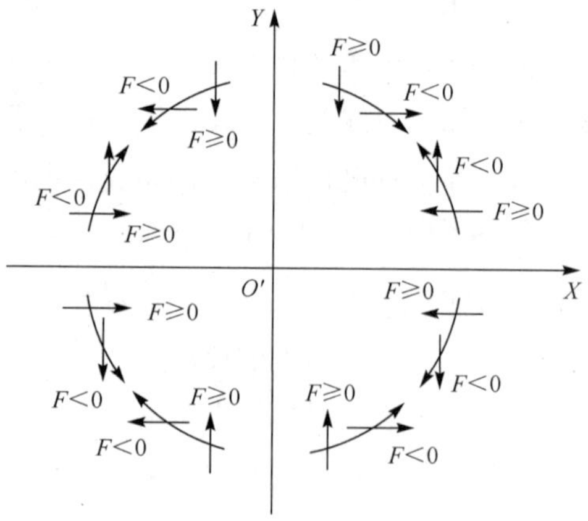

图 4.5.2　圆弧插补

如上所述，通过直线插补和圆弧插补，可实现刀具相对于工件的相对进给运动，直线插补和圆弧插补构成了数控机床的基本插补功能。通过插补计算可得到刀具的轨迹。在实际加工中，由于刀具具有一定的尺寸，使得切削后的形状与刀具中心轨迹不一致。图 4.5.3 给出了几种典型的可能发生过切、少切的情况，进行零件编程时需根据具体情况和工艺要求进行必要的处理，如通过过渡圆弧避免发生过切。

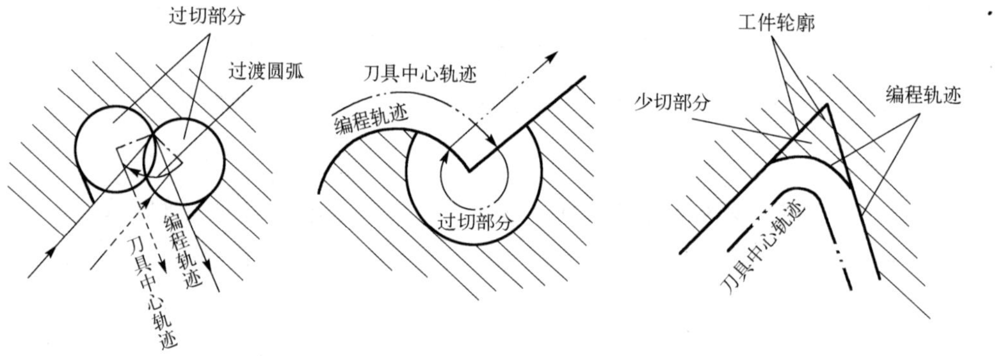

图 4.5.3　可能发生过切、少切的情况

4.6　机器人控制系统设计

从应用的角度看，机器人的控制包含两个层面的内容，一个是控制原理和控制算法层面，另一个是控制系统的设计实现层面。从实际应用来说，两个层面的工作都是十分必要

① 图 4.5.1 和图 4.5.2 中，用 F 表示 F_{ij}。

的。很多时候研究者对原理和算法给予了更多的关注，但对实现技术方面的关注相对欠缺，导致一些原理和算法难以在实际系统中得到有效应用。

机器人控制系统的设计首先是控制体系的设计，同时控制体系的设计又与原理算法的要求密切相关，控制系统的体系设计及软硬件配置应能够满足原理算法的要求。此外，控制体系的设计和软硬件系统的设计还需综合考虑技术的成熟度、经济性、难易程度及应用是否方便等多方面因素的影响。

1．功能和技术指标要求

对于具体的机器人控制系统设计来说，首先要明确机器人控制系统的功能和技术指标的具体要求。相关要求一般来自用户，或者由用户和设计者协商确定，是针对机器人的具体应用提出的。具体的功能和技术指标与机器人的应用环境、作业任务的需求及作业性能方面的要求等内容相关。

2．机器人控制系统体系架构设计

早期的机器人与数控机床等传统机械设备相似，由于受到实时性等指标的限制，控制系统的设计大多采用集中式的体系架构，控制系统的软硬件设计都是围绕中央处理器(CPU)进行的，设计完成后一般难以改动，在灵活性和扩展能力等方面存在不足。

随着串行总线通信技术的快速发展，基于串行总线的控制系统设计逐步得到应用。特别是通信的实时性得到了很大程度的提高，很多情况下都可以满足机器人系统实时性控制的要求，逐步成为现阶段的主流设计模式。

3．硬件系统选型设计

硬件系统的设计与相关计算机和电子技术的发展关联密切，硬件更新迭代速度较快，为机器人控制系统的硬件设计提供了选型上的有利条件。

对于工业机器人，常见的硬件设备包括机器人控制器、示教器、电机伺服装置、视觉和力觉传感器、作业工具系统、外部通信系统及供电系统等。通常情况下，机器人控制器、电机伺服装置、供电系统等被集中安装在控制柜中，示教器和机器人本体通过电缆与控制柜相连，由电缆提供供电及完成数据通信。

由于机器人的控制对象包括本体、电机、传感器、控制器、作业工具系统等，涉及的设备种类繁多，因此机器人控制系统是一种典型的集成化的控制系统；同时，由于机器人本身的运动关节较多，涉及很多的多坐标变换计算任务，因此机器人控制系统在多任务处理、实时性、模型计算等方面都与其他设备的要求存在显著不同，机器人要求具备接入多种不同类型传感器及其他多种外部设备的能力，系统的集成化程度高，因此与传统设备相比，机器人控制系统对其硬件配套选型提出了更高的要求。

早期集中式的控制系统硬件体系已经不能满足机器人的控制需求，基于串行总线控制架构的应用日益普遍，在机器人控制系统硬件设计中，具有该类通信接口的设备得到了更多的应用。目前，出现了很多具有不同特点的总线系统，为机器人硬件控制系统的选型搭建提供了丰富的选择条件。

4. 软件系统设计

机器人控制系统软件同样需要解决架构的设计问题。机器人的软件架构一般包含多个层面的功能模块。最底层的软件模块与机器人的伺服系统相关，底层模块通过通信模块连接至关节的伺服单元，实现机器人的运动学及动力学控制所需的各种运动控制功能，构成了机器人控制的核心部分。

除上述运动控制之外，在应用层面，机器人控制系统软件还包括针对不同应用需求而设计的多种形式的应用软件模块，如基于视觉及其他环境感知传感器的运动模块及与作业工艺和工具相关的作业模块等。

总体上，机器人控制系统的设计包含机器人软硬件方面内容，同时系统的设计与机器人的控制原理和控制方法相互关联，并随着相关技术的发展不断地迭代更新。

5. 实时性及实时多任务操作系统

实时性问题是机器人控制系统设计中无法回避的重要问题之一，影响机器人实时性的因素众多。机器人由多个关节组成，运动时需要同时管理和控制所有的关节伺服系统。此外，机器人在作业时还需要携带多种作业工具，也需要根据作业工艺和相关功能要求按节拍完成作业过程。不仅如此，除完成基本的机器人功能之外，还需考虑机器人对异常突发和随机事件的实时处理能力，这些因素都对机器人控制系统的实时性提出严格的要求。

早期机械设备的控制系统是由硬件电路搭建的，没有软件，就没有操作系统这一概念。随着计算机在机械设备控制系统中的应用，原来由硬件实现的逻辑和计算逐步由软件来实现。在软件发展的初期，由单片机汇编语言实现的控制系统一般是通过前后台的方式运行的，中断功能在这类软件中具有重要的作用，还没有发展到操作系统的层面。后续出现的 DOS 操作系统虽然进入操作系统阶段，但此类控制软件都是针对单任务设计的，对于多任务的执行存在困难。随着 Windows 的出现，针对多任务系统的软件逐步发展起来。但 Windows 系统一般是针对办公开发的，虽然具备多任务管理功能，但对实时性的要求并不迫切，因此这类多任务操作系统不属于实时多任务操作系统。当一个操作系统既具有多任务处理能力同时又有实时事件处理能力时，这类系统才属于实时多任务操作系统。显然，机器人控制系统与实时多任务操作系统是十分契合的。

早期的机器人控制系统的功能相对简单，但同样应满足实时性的需求。在图 4.6.1 所示的 PUMA560 机器人控制系统中，机器人关节的伺服控制周期为 0.875ms，机器人关节的插补周期 $T_{\mathrm{f}} = 28\mathrm{ms}$。

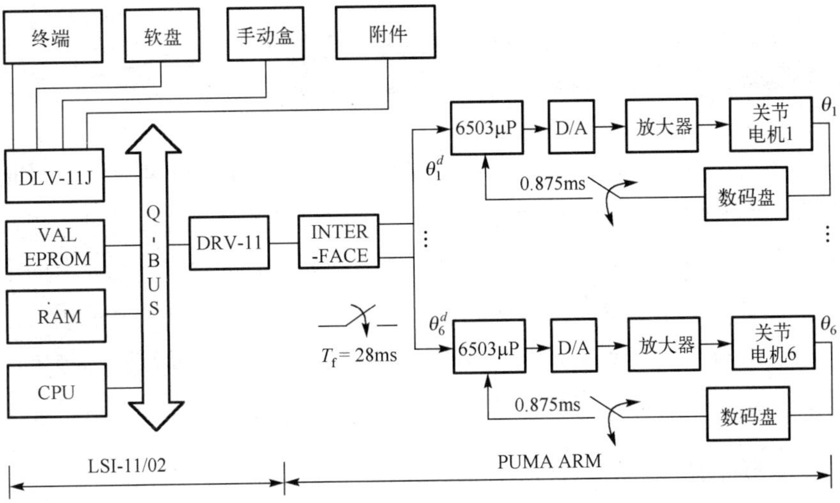

图 4.6.1　PUMA560 机器人控制系统中的伺服和控制更新周期

上面的两个时间周期与控制系统的实时性密切相关。影响机器人实时性的环节有两个：① 机器人关节伺服控制；② 机器人运动学、动力学控制。

在关节伺服系统中，最重要且最耗时的计算任务是 PID 等反馈控制律的相关闭环控制计算，闭环反馈控制的计算和更新需在指定的周期内完成。闭环控制算法在 CPU 中由程序计算完成，需要一定的计算时间。算法越复杂，所需的计算时间越长。CPU 的处理能力越强，完成算法计算所需的时间越短。在 PUMA560 系统中，伺服控制周期为 0.875ms，即上述的伺服控制计算完成的时间必然小于 0.875ms。但在关节伺服控制中，除闭环控制算法的计算和更新之外，还需要对传感器信号机异常情况进行必要的处理，数据的传输通信也需要一定的时间，系统的运行状态也需要监控。因此在总的 0.875ms 时间内，需要完成以上所有的处理工作，伺服控制算法的更新时间必须小于 0.875ms。不过，总体上说，关节伺服控制律的计算更新是最重要、最耗时的计算任务，其他任务处理所需的时间要少很多。

在 $T_f = 28$ms 的控制周期中，主要涉及机器人位姿轨迹控制，以及机器人力控制中所需的与运动学求解和动力学模型计算相关的耗时问题。

在机器人运动学控制层面，需要进行从关节空间到笛卡儿空间的矩阵变换，矩阵的计算一般耗时较长。不仅如此，在机器人动力学控制层面，需要在控制律中完成整个动力学方程的计算，这些计算相当复杂，耗时非常长，对实时控制的影响更为显著。其相比于关节的伺服更新，所需的计算时间也更长，因此，即使是像 PUMA560 中所示的简单的多轴插补计算，也需要远长于单关节伺服更新的周期。在机器人整机控制方面，模型的实时计算问题对机器人的控制性能带来了显著的影响。因此很多情况下，一些算法虽然在原理上具有可行性，但在实际应用中因实时计算要求难以满足而无法取得令人满意的效果。为了解决上述问题，在机器人控制算法设计中，从实时性角度出发对算法进行优化是十分必要的。

4.7 基于单关节伺服的机器人轨迹控制

机器人是一种多关节运动系统，关节之间既存在运动学耦合又存在动力学耦合。本节主要对基于单关节控制的机器人控制方法进行论述，以单关节控制为基础实现机器人的整机控制。以单关节控制为基础的机器人控制对关节之间耦合的处理存在一定的不足，后续在第 5 章中本书将从机器人整体系统的角度对机器人控制进行论述。从应用的角度看，两种控制方式各有其特点。基于单关节伺服的机器人控制更适用于轨迹跟踪控制，而基于机器人整机动力学系统的机器人控制则更有利于开展动力学补偿及力位柔顺控制。

1. 独立关节控制

独立关节控制很显然是一种基于单关节控制的机器人控制方案。在独立关节控制中，所有关节间的耦合都在关节内被看成扰动并被处理，所有的扰动都由关节伺服系统来抵消或抑制。早期的工业机器人及几乎所有的数控机床都工作于独立关节控制下。特别是数控机床，各轴之间的耦合不仅通过各轴的伺服控制来抑制，而且在机床系统的设计中也有所体现：机床各轴以直角坐标运动为主，正交的设计可使各轴之间的动力学耦合降至最低。另外，机床各轴的结构都被设计成刚性的，尽量使其变形最小并可以被忽略。机床的这种设计和控制都是服从于其功能的，这种形式的设计使得机床能够保证更高的绝对轨迹精度。当工业机器人以类似于机床的模式工作时，自然也可以使用与机床类似的控制方案。因此，对于焊接、搬运等机器人来说，采用独立关节控制的方案是合适的。控制系统的设计与实现都相对简单，具有较好的实用性。

但是，机器人不可能具有像机床那样的高刚性结构，由于机器人存在较大的受力变形的问题，从原理上不能获得像机床那样的高精度轨迹。因此，从绝对定位和轨迹的绝对精度来说，采用独立关节控制显然不是最合适的。

典型的单关节反馈伺服系统的控制结构如图 4.7.1 所示。

图中，$C_P(s)$、$C_V(s)$、$C_A(s)$ 分别为位置、速度、电流控制器，k_{TP}、k_{TV}、k_{TA} 分别为位置、速度和电流传感器系数，D 为干扰转矩，R_a 为电枢电阻，k_t 和 k_v 分别为电机的电磁转矩系数和反电动势系数，I_m 为电机轴上的等效转动惯量，θ_m 为电机转速，θ_r 为电机的给定转速。

单关节的位置反馈控制的闭环传递函数为

$$\frac{\theta_m(s)}{\theta_r(s)}=\frac{\dfrac{1}{k_{TP}}}{1+\dfrac{s^2(1+sT_m)}{k_m K_P k_{TP}(1+sT_P)}} \tag{4-7-1}$$

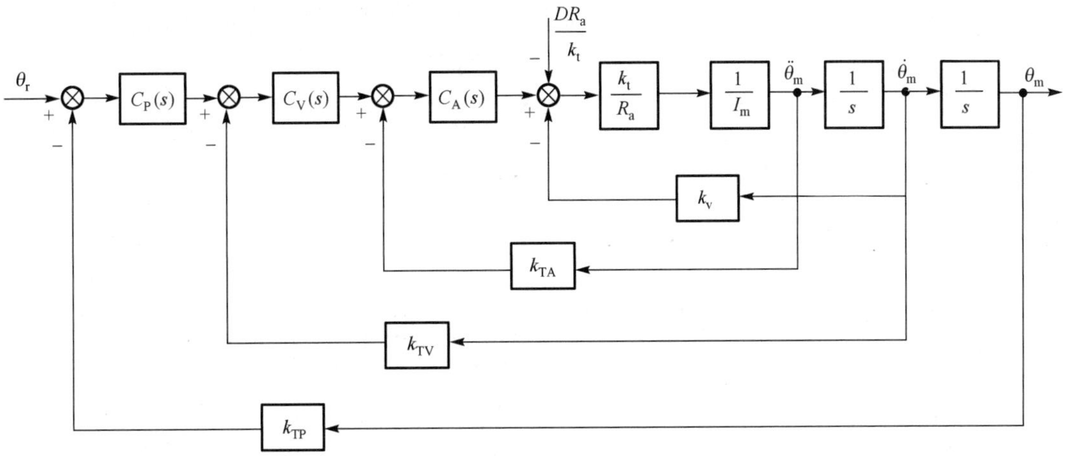

图 4.7.1　单关节反馈伺服系统的控制结构

式中，T_m 为机电时间常数，$T_m = \frac{R_a I_m}{k_v k_t}$，$k_m \frac{1}{k_v}$。

针对干扰力矩的传递函数为

$$\frac{\theta_m(s)}{D(s)} = \frac{\dfrac{sR_a}{k_t K_P k_{TP}(1+sT_P)}}{1+\dfrac{s^2(1+sT_m)}{k_m K_P k_{TP}(1+sT_P)}} \tag{4-7-2}$$

对于位置、速度、加速度反馈控制，控制器可以采用如下组合：$C_P(s)=K_P$、$C_V(s)=K_V$、$C_A(s)=K_A\frac{1+sT_A}{s}$。其中，$K_p$、$K_V$、$K_A$ 为各控制器的比例增益参数，T_A 为加速度 PI 控制器的时间常数。

对于位置、速度反馈控制，R_{TA}=0，控制器的选择为：$C_P(s)=K_P$、$C_V(s)=K_V\frac{1+sT_V}{s}$，$C_A(s)=1$。其中，$T_V$ 为速度 PI 控制器的时间常数。

对于位置反馈控制，K_{TV}=K_{TA}=0，控制器的选择为：$C_P(s)=K_P\frac{1+sT_P}{s}$、$C_V(s)=1$、$C_A(s)=1$。其中，$T_P$ 为位置 PI 控制器的时间常数。

2．前馈补偿

当关节伺服系统需要以高速或高加速度跟踪参考轨迹时，图 4.7.1 所示控制系统中存在的扰动将降低单关节的伺服性能。为了提高系统的动态跟踪能力，可采用前馈补偿的控制方法。如选用新的参考输入 $\theta_{md}(s)$：

$$\theta_{md}(s) = \left[k_{TP} + \frac{sk_{TV}}{K_P} + \frac{s^2(1+k_m K_A k_{TV})}{k_m K_P K_V K_A}\right]\theta_m(s) \tag{4-7-3}$$

经适当变换，可得到图 4.7.2 所示的前馈控制结构，图中 $M(s)$表示电机的传递函数，$M(s)=\dfrac{k_{\mathrm{m}}}{s(1+sT_{\mathrm{m}})}$。

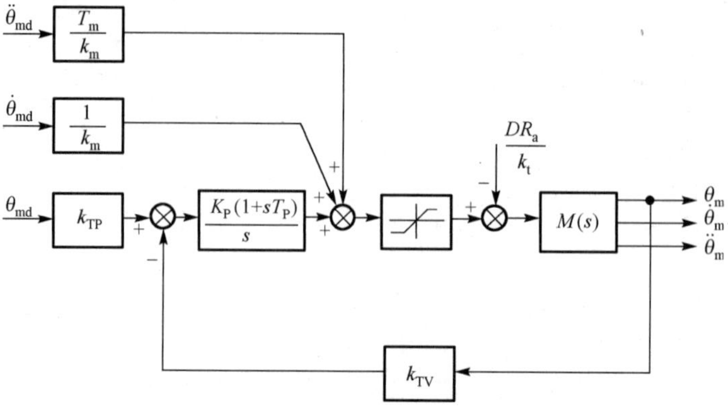

图 4.7.2　前馈控制

3．计算转矩前馈控制

对于机械臂系统

$$\boldsymbol{B}(\boldsymbol{q})\ddot{\boldsymbol{q}}+\boldsymbol{C}(\boldsymbol{q},\dot{\boldsymbol{q}})\dot{\boldsymbol{q}}+\boldsymbol{F}\dot{\boldsymbol{q}}+\boldsymbol{g}(\boldsymbol{q})=\boldsymbol{\tau} \tag{4-7-4}$$

考虑电机驱动系统，将关节变量变换到电机端，有

$$\boldsymbol{K}_{\mathrm{t}}\boldsymbol{q}=\boldsymbol{q}_{\mathrm{m}} \tag{4-7-5}$$

假设$\boldsymbol{q}_{\mathrm{d}}(t)$为期望的关节轨迹，$\boldsymbol{q}_{\mathrm{md}}(t)$为关节电机的轨迹，按式(4-7-6)计算前馈作用量$R_{\mathrm{a}}\boldsymbol{K}_{\mathrm{t}}^{-1}\boldsymbol{d}_{\mathrm{d}}$，$R_{\mathrm{a}}$和$\boldsymbol{K}_{\mathrm{t}}$为电枢电阻和转矩系数构成的对角矩阵。

$$\boldsymbol{d}_{\mathrm{d}}=\boldsymbol{K}_{\mathrm{t}}^{-1}\Delta\boldsymbol{B}(\boldsymbol{q}_{\mathrm{d}})\boldsymbol{K}_{\mathrm{t}}^{-1}\ddot{\boldsymbol{q}}_{\mathrm{md}}+\boldsymbol{K}_{\mathrm{t}}^{-1}\boldsymbol{C}(\boldsymbol{q}_{\mathrm{d}},\dot{\boldsymbol{q}}_{\mathrm{d}})\boldsymbol{K}_{\mathrm{t}}^{-1}\dot{\boldsymbol{q}}_{\mathrm{md}}+\boldsymbol{K}_{\mathrm{t}}^{-1}\boldsymbol{g}(\boldsymbol{q}_{\mathrm{d}}) \tag{4-7-6}$$

施加前馈补偿后的控制框图如图 4.7.3 所示。

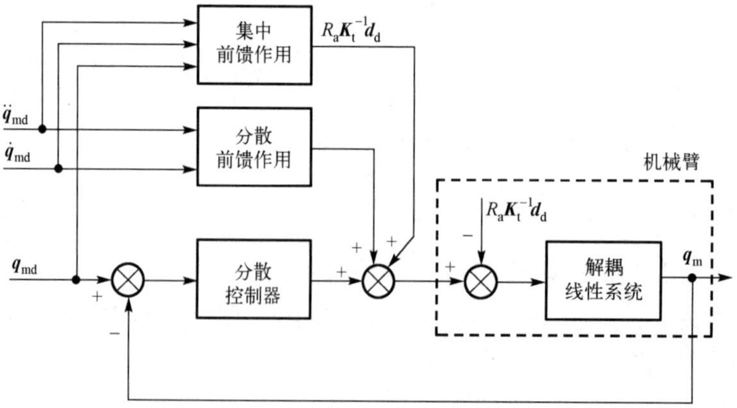

图 4.7.3　计算转矩前馈控制

系统中各关节独立控制，但在 $\boldsymbol{d}_{\mathrm{d}}$ 中表达了关节之间的相互作用。在这种前馈补偿中，前馈作用与关节变量及惯性、科氏力、离心力、摩擦力、重力等动力学耦合相关，这些量随机械臂的运动而变化。因此，计算转矩前馈反映了机械臂运动中动力学耦合的影响，并实现了相应的补偿。

式(4-7-6)的计算不是在关节伺服中完成的，而是在机械臂整机控制部分进行的，相关的控制指令是由机械臂整机层面的系统生成后发送给各个关节伺服系统的。因此，计算转矩前馈补偿需要机械臂控制器提供补偿计算所需的时间。在实际系统中，由于计算资源有限，可以采用部分补偿的方法，如仅对惯性力及重力部分进行补偿计算，以降低对系统计算时间的需求。

4.8　多电机共轴驱动系统的控制

多电机共轴驱动是指由多台电机共同驱动同一个机器人关节。目前，常见的机器人几乎都是单电机驱动的，每个关节上安装一台电机，电机通过减速器连接至连杆，电机转动时带动连杆运动。

1. 多电机同步驱动

一种最简单的多电机同步驱动工作模式是共轴驱动的所有电机同步运动，所有电机转角和转速相同，输出的力矩也基本一致。显然，在同步驱动模式下，使用多台电机后提高了驱动系统的总体力矩输出能力，有利于驱动更大的负载。通常情况下，采用多电机共轴同步驱动的原因与单台电机的功率有关，由于受到发热等参数及制造成本等方面的影响，市场上销售的电机的功率覆盖范围有限，在机器人系统需要提供更大的驱动能力时，可以采用多台电机共轴驱动的方案。国际上一些机器人公司已在其机器人产品中应用了多电机共轴驱动模式，目前的多电机共轴驱动主要应用于重载类型的工业机器人中。除机器人之外，在大型天线、机床回转工作台、盾构机刀盘等系统中也经常采用多电机共轴驱动的模式提高系统的负载能力。除工业设备之外，在一些电动汽车中也采用了多电机共轴的驱动模式。

2. 双电机消隙驱动

除上述多电机同步驱动模式之外，多电机驱动还可以实现消除机械传动间隙的主动消隙控制功能。从消隙控制的角度看，双电机共轴驱动是典型的配置模式。

以齿轮传动为例，双电机消隙的基本原理如图 4.8.1 所示。图中 T_{m1} 和 T_{m2} 为共轴驱动的两台电机的输出扭矩，$\dot{\theta}_l$ 为输出齿轮的转速。

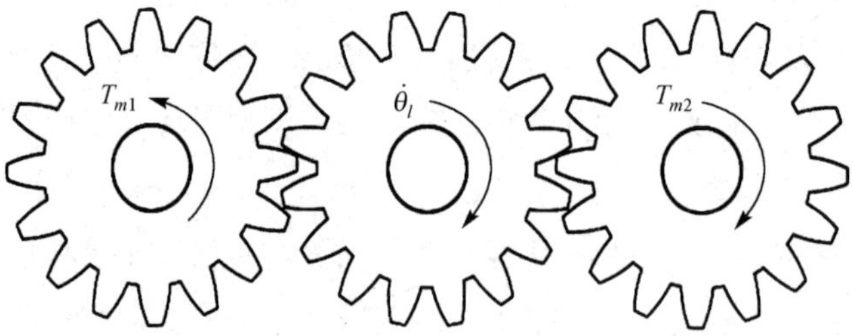

图 4.8.1　双电机消隙的基本原理

图 4.8.2 和图 4.8.3 表示双电机消隙过程中两种主要的齿轮啮合状态，一种是异侧齿面啮合，另一种是同侧齿面啮合。

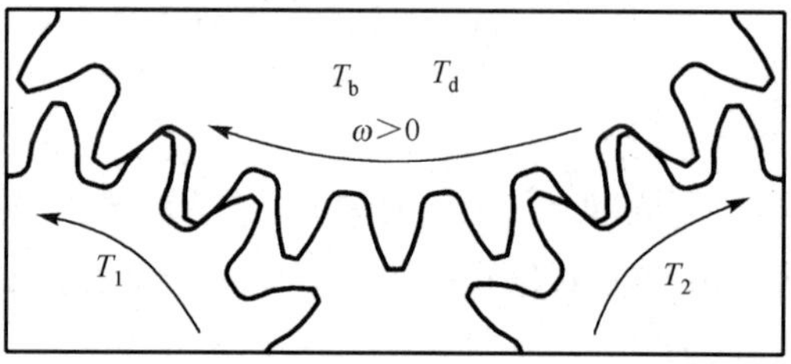

图 4.8.2　异侧齿面啮合

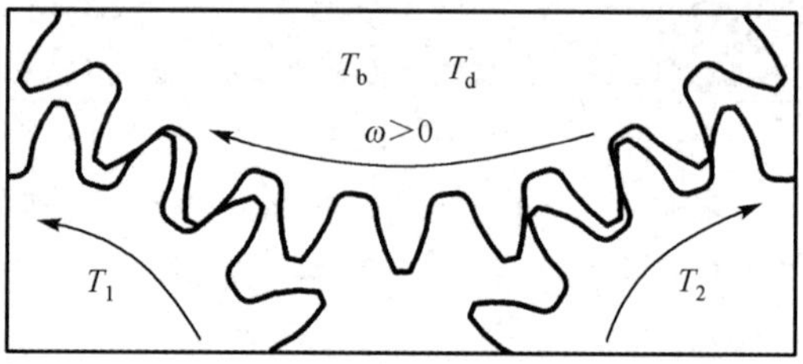

图 4.8.3　同侧齿面啮合

图中，T_b 为负载力矩，T_d 为扰动力矩，T_1 和 T_2 为电机 1 和电机 2 的输出力矩。ω 为输出齿轮的转速。T_b、T_d 的方向有多种情况。工作过程中两台电机根据负载的方向在两种状态之间切换，并组合出多种控制模式。图 4.8.4 给出了消隙过程中的典型状态。

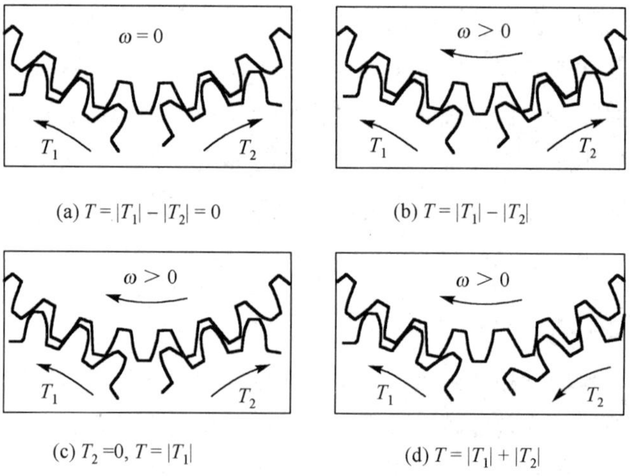

图 4.8.4　消隙过程中的典型状态

(1) 图 4.8.4 (a) 中，电机 1 的输出力矩 T_1 与电机 2 的输出力矩 T_2 方向相反，大小均等于张力扭矩 T_0，即 $|T_1|=|T_2|=|T_0|$，使得电机端的两个小齿轮分别与大齿轮的异侧齿面啮合，产生的张紧力矩使大齿轮处于静止状态而且不会在齿隙间往复摆动。

(2) 图 4.8.4 (b) 中，电机 1 作为主电机，输出的力矩 T_1 增大；电机 2 作为从电机，输出的力矩 T_2 减小。当 $|T_1|>|T_2|$ 时，大齿轮在驱动力矩 $T=|T_1|-|T_2|$ 的作用下开始转动。

(3) 图 4.8.4 (c) 中，从电机的力矩 T_2 继续减小至零，此时 $T=|T_1|$，从电机端的小齿轮开始和大齿轮脱离接触，此时大齿轮只在主电机的力矩作用下转动。

(4) 图 4.8.4 (d) 中，电机 2 的力矩方向变成与电机 1 同向，并逐渐增大，两个小齿轮与大齿轮同侧齿面啮合，大齿轮在驱动力矩 $T=|T_1|+|T_2|$ 的作用下转动。

大齿轮换向时电机的主从作用互换，工作过程与上述情况类似。通过设定两个齿轮之间的力矩差值，保证两个小齿轮中至少有一个与大齿轮的齿面啮合来消除传动间隙。

通过以上对消隙过程的分析，可以按照典型啮合情况提取异侧齿面啮合状态（图 4.8.2，状态 A）及同侧齿面啮合状态（图 4.8.3，状态 B）。同侧齿面啮合包含正向齿面啮合和反向齿面啮合两种情况。将正向同侧齿面啮合的状态称为正向状态 B，将反向同侧齿面啮合的状态称为反向状态 B。因此，可以将消隙过程用“状态 A”“正向状态 B”“反向状态 B”来描述。整个消隙过程由维持状态的过程及状态之间切换过渡的若干过程组成。

结合图 4.8.4 所示的典型状态，综合分析系统从静止、正向加速、匀速运动、减速、反向加速、匀速运动、减速再到静止的整个作用过程，可以按照以下顺序对其进行描述：

(1) 自由静止状态：未对系统施加任何作用的自然状态，系统静止。

(2) 状态 A：主从电机输出大小相等、方向相反的偏置力矩消除间隙，系统静止。

(3) 状态 A：主电机输出正向驱动力，从电机输出反向对抗补偿力矩，系统加速。

(4) 正向状态 B：主从电机共同输出正向驱动力矩，系统加速。

(5) 状态 A：主从电机力矩达到平衡状态，系统匀速运动。

(6) 状态 A：从电机输出反向制动力矩，主电机输出正向对抗补偿力矩，系统减速及反向加速。

(7) 反向状态 B：主从电机共同输出反向力矩，系统反向加速。

(8) 状态 A：主从电机力矩再次达到平衡状态，系统反向匀速运动。

(9) 状态 A：主电机输出正向制动力矩，从电机输出反向对抗补偿力矩，系统减速。

(10) 正向状态 B：主从电机共同输出减速制动力矩，系统减速。

(11) 状态 A：从电机输出制动力矩，主电机输出对抗力矩，两者处于力矩平衡状态，系统静止。

上述双电机消隙过程是动态的，需要实时动态地调整两台电机的输出力矩，系统需要经历状态 A 和状态 B 之间的多次切换过渡。

上述状态之间的切换需要根据位置控制目标、负载状态及电机当前状态等综合情况来进行，控制过程比较复杂，采取简单的控制手段难以完成两台电机输出力矩的协调控制。

双电机驱动消隙方法具有以下优点：

(1) 能够有效消除由传动间隙导致的定位精度误差，即使系统经过长期磨损，齿轮间隙变大也不会影响定位精度。

(2) 采用普通精度的减速齿轮箱代替具有机械消隙功能的高精度减速机构，减小了驱动系统的成本，不需要定期调整机械消隙机构，维护成本降低。

(3) 采用两套伺服驱动系统共同承担系统负载，每个伺服电机仅负担最大功率的 1/2，可以选择较小的伺服驱动器和伺服电机。

(4) 可以有效解决伺服电机驱动负载频繁换向，难以克服由间隙造成的瞬态误差的问题。

3. 双电机偏置电压及偏置力矩的计算

对实时检测的负载电流取绝对值后，选择较大的电流值作为转换函数的输入值，输入电流为

$$i_{\text{abs}} = \max(|i_1|,|i_2|) \tag{4-8-1}$$

其中，i_1，i_2 分别为电机 1 和电机 2 的负载电流。

为了能够实现消隙控制与同步控制的切换，在控制器中引入一个转换函数 w：

$$w=\begin{cases}1, & i_{\text{abs}} \leqslant i_{\text{set1}} \\ \dfrac{i_{\text{abs}}-i_{\text{set2}}}{i_{\text{set1}}-i_{\text{set2}}}, & i_{\text{set1}} < i_{\text{abs}} < i_{\text{set2}} \\ 0, & i_{\text{abs}} \geqslant i_{\text{set2}}\end{cases} \tag{4-8-2}$$

其中，i_{set1}、i_{set2} 分别为转换函数中电流设定值。

U_{const} 为设定的补偿电压，U_{const} 与 w 相乘后形成动态偏置电压 U_{bias}，$U_{\text{bias}} \in [0,U_{\text{const}}]$，偏置电压值叠加作用在速度环给定处，在电机的输出端形成偏置力矩 $U_{\text{bias}} \in [0,T_0]$，$T_0$ 为补偿电压 U_{const} 对应的偏置力矩值。根据偏置电压的计算方法，可以计算出偏置力矩控制下，双电机驱动系统正向运动时电机输出力矩的大小。

$$T_1=\begin{cases}T_{\text{c}}+\dfrac{T_0}{2}, & i_{\text{abs}} \leqslant i_{\text{set1}} \\ T_{\text{c}}+\dfrac{i_{\text{abs}}-i_{\text{set2}}}{i_{\text{set1}}-i_{\text{set2}}}(T_0/2), & i_{\text{set1}} < i_{\text{abs}} < i_{\text{set2}} \\ T_{\text{c}}, & i_{\text{set2}} \leqslant i_{\text{abs}}\end{cases} \tag{4-8-3}$$

$$T_2=\begin{cases}T_c+\dfrac{T_0}{2}, & i_{abs}\leqslant i_{set1}\\ T_c+\dfrac{i_{abs}-i_{set2}}{i_{set1}-i_{set2}}(T_0/2), & i_{set1}<i_{abs}<i_{set2}\\ T_c, & i_{set2}\leqslant i_{abs}\end{cases}\tag{4-8-4}$$

电机 1 和电机 2 的输出力矩分别为 T_1 和 T_2，T_c 为力矩同步控制的转矩控制量。电机反向驱动时，电机的力矩与正向驱动同理。由以上分析得知，系统运动过程中，两电机在任意时刻输出的力矩均满足响应的力矩分配关系，且满足消隙控制阶段、消隙控制与共同驱动相互转换的过渡阶段和共同驱动控制的力矩输出要求。

4．电流设定值选取

双电机系统中电机之间形成的偏置力矩是消除传动间隙的关键，不同工作状态下的消隙作用与偏置力矩的关系较为复杂，为了应用方便并保证消隙效果，工程中常选择较大的偏置力矩值，通常选择电机额定扭矩的 10%～30%作为消隙补偿力矩。

本书采用的同步控制方法可以使系统输出较大的偏置力矩用于消隙，同时降低静态偏置力矩减小能耗，并在无间隙表现时具备大力矩输出能力，通过设置合理的电流设定值，即可得到相应的转换函数。

4.9 视觉伺服

视觉是机器人的重要感知系统，由于视觉感知对机器人的运动(特别是自主运动)控制具有重要作用，长期以来针对视觉系统的研究一直处于非常活跃的状态。

在视觉系统的使用中，相机的安装位置有多种，可以安装在环境中的固定位置，也可以安装在机械臂的末端随机械臂一起运动。

以图 4.9.1 所示的“眼在手”相机安装方式为例，坐标系 $O_cX_cY_cZ_c$ 固连于相机上，坐标系 $O_oX_oY_oZ_o$ 固连于目标上。目标相对于相机的齐次变换矩阵为

$$\boldsymbol{T}_o^c=\begin{bmatrix}\boldsymbol{R}_o^c & \boldsymbol{o}_{c,o}^c\\ \boldsymbol{0}^{\mathrm{T}} & 1\end{bmatrix}\tag{4-9-1}$$

其中，$\boldsymbol{o}_{c,o}^c=\boldsymbol{o}_o-\boldsymbol{o}_c$ 为目标坐标系原点相对于相机坐标系原点的位置向量，$\boldsymbol{o}_c$ 为相机坐标系原点相对于基坐标系的位置向量，$\boldsymbol{o}_o$ 为目标坐标系原点相对于基坐标系的位置向量，上述向量均在相机坐标系中表示。$\boldsymbol{R}_o^c$ 为目标坐标系相对于相机坐标系的旋转变换矩阵。

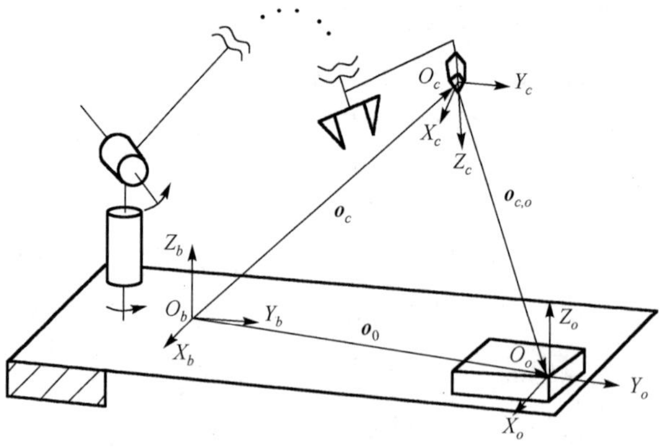

图 4.9.1 “眼在手”相机安装方式

1. 相机标定

相机将目标物体投影到像平面上，并通过像素获得相关测量信息。投影得到的图像是二维的，图像中与像素关联的位置数据需要转化到现实世界坐标系中，因此需要进行必要的换算，包括米制单位换算因子α_x和α_y，像素坐标系原点相对于光轴的位置X_0、Y_0及焦距f。这些参数组成了相机的内参数，即($\alpha_x,\alpha_y,X_0,Y_0,f$)。

内参数矩阵$\boldsymbol{\Omega}$为

$$\boldsymbol{\Omega}=\begin{bmatrix} f\alpha_x & 0 & X_0 \\ 0 & f\alpha_y & Y_0 \\ 0 & 0 & 1 \end{bmatrix}$$

除内参数之外，与相机应用相关的还有外参数。外参数决定了相机坐标系相对于基坐标系或末端执行器坐标系的位姿。相机参数是视觉测量的基础，标定结果也将对视觉测量结果产生较大影响。由于受到镜头畸变、测量噪声等的影响，获得高精度的标定在实际中往往存在较大的难度。

2. 基于位置的视觉伺服

通过视觉测量可计算机械臂末端相对于相机所观测目标的位姿。视觉与机器人控制的结合是多方面的，视觉伺服是其中的典型形式之一。基于视觉伺服的控制方案可分为两类：一类是基于位置的视觉伺服，另一类是基于图像的视觉伺服。基于位置的视觉伺服采用视觉测量重构了目标相对于机械臂的相对位姿。而第二类方案则基于当前图像将目标位姿与图像参数进行比较。

图 4.9.2 所示为基于位置的视觉伺服框图。在基于位置的视觉伺服方案中，视觉测量系统用于实时估计式(4-9-1)中的齐次变换矩阵$\boldsymbol{T}_o^c$，该矩阵表明目标坐标系相对于相机坐标系

的位姿。从 $\boldsymbol{T}_o^c$ 中可提取出独立坐标 $\boldsymbol{x}_{c,o}$，$\boldsymbol{x}_{c,o}$ 为 $m\times 1$ 维向量。

$$\boldsymbol{x}_{c,o}=\begin{bmatrix}\boldsymbol{o}_{c,o}^c\\ \boldsymbol{\varphi}_{c,o}\end{bmatrix}$$

式中，$\boldsymbol{o}_{c,o}^c$ 表示目标坐标系原点相对于相机坐标系的位置，$\boldsymbol{\varphi}_{c,o}$ 表示目标坐标系相对于相机坐标系的方向。

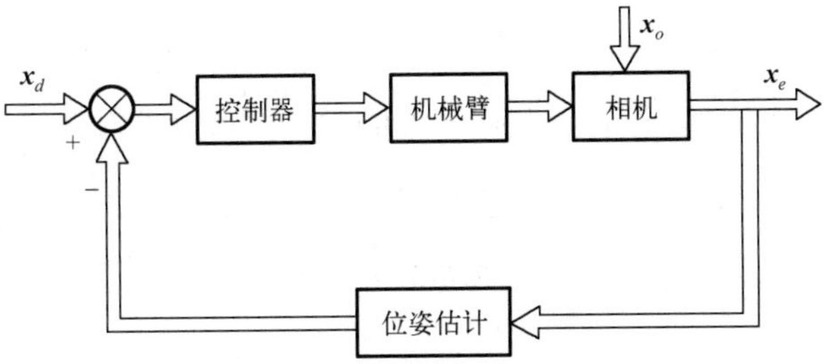

图 4.9.2　基于位置的视觉伺服框图

假设目标相对于基坐标系固定，基于位置的视觉伺服问题可以通过对目标坐标系相对于相机坐标系的相对位姿施加期望值来表达。该值可用齐次变换矩阵 $\boldsymbol{T}_o^d$ 来给定，其中上标 d 是指相机坐标系的期望位姿。从 $\boldsymbol{T}_o^d$ 中可提取出独立坐标 $\boldsymbol{x}_{d,o}$， $\boldsymbol{x}_{d,o}$ 为 $m\times 1$ 维向量。

$$\boldsymbol{x}_{d,o}=\begin{bmatrix}\boldsymbol{o}_{d,o}^d\\ \boldsymbol{\varphi}_{d,o}\end{bmatrix}$$

$\boldsymbol{o}_{d,o}^d$ 表示目标坐标系原点相对于相机坐标系的位置，$\boldsymbol{\varphi}_{d,o}$ 表示目标坐标系相对于相机坐标系的方向。矩阵 $\boldsymbol{T}_o^c$ 和 $\boldsymbol{T}_o^d$ 可用于获取齐次变换矩阵：

$$\boldsymbol{T}_o^d=\boldsymbol{T}_o^d(\boldsymbol{T}_o^c)^{-1}=\begin{bmatrix}\boldsymbol{R}_c^d & \boldsymbol{d}_{d,c}^d\\ \boldsymbol{0}^{\mathrm{T}} & 1\end{bmatrix} \tag{4-9-2}$$

该矩阵给出了相机坐标系在当前位姿下相对于期望坐标系在位置和方向上的偏移量。根据该矩阵，可计算操作空间的误差向量，定义为

$$\tilde{\boldsymbol{x}}=-\begin{bmatrix}\boldsymbol{o}_{d,c}^d\\ \boldsymbol{\varphi}_{d,c}\end{bmatrix} \tag{4-9-3}$$

其中，$\boldsymbol{\varphi}_{d,c}$ 是从旋转矩阵 $\boldsymbol{R}_c^d$ 中提取的欧拉角向量。向量 $\tilde{\boldsymbol{x}}$ 和目标位置无关，表示的是相机坐标系的期望位姿与当前位姿之间的偏差。必须注意，该向量与 $\boldsymbol{x}_{d,o}$ 和 $\boldsymbol{x}_{c,o}$ 之间的偏差并不相同，是应用式(4-9-2)和式(4-9-3)由相应的齐次变换矩阵计算得到的。因此，必须设计控制量，使操作空间误差 $\tilde{\boldsymbol{x}}$ 趋向于零。

注意选择点集 $\boldsymbol{x}_{d,o}$ 时并不需要知道目标位姿的有关信息。只要相机坐标系相对于基坐标系的相应于齐次变换矩阵的期望位姿落在机械臂的灵活操作空间内，就能满足控制目标。齐次变换矩阵形式如下：

$$\boldsymbol{T}_d = \boldsymbol{T}_c(\boldsymbol{T}_c^d)^{-1} = \begin{bmatrix} \boldsymbol{R}_d & \boldsymbol{o}_d \\ \boldsymbol{0}^{\mathrm{T}} & 1 \end{bmatrix} \tag{4-9-4}$$

如果目标相对于基坐标系固定，则该矩阵为常数。

3．重力补偿 PD 控制

与通常的运动控制相比，进行视觉伺服控制时，需要对控制算法做适当修改。

计算式(4-9-3)的时间导数，对于位置部分，有

$$\dot{\boldsymbol{o}}_{d,c}^d = \dot{\boldsymbol{o}}_c^d k_c - \dot{\boldsymbol{o}}_d^d = \boldsymbol{R}_d^{\mathrm{T}}\dot{\boldsymbol{o}}_c$$

对于姿态部分，有

$$\dot{\boldsymbol{\varphi}}_{d,c} = \boldsymbol{T}^{-1}(\boldsymbol{\varphi}_{d,c})\boldsymbol{\omega}_{d,c}^d = \boldsymbol{T}^{-1}(\boldsymbol{\varphi}_{d,c})\boldsymbol{R}_d^{\mathrm{T}}\boldsymbol{\omega}_c$$

考虑等式 $\dot{o}_d^d = 0$ 和 $\omega_{d,c}^d = 0$ 成立，o_d 和 R_d 是常数。因此，$\dot{\tilde{\boldsymbol{x}}}$ 的表达式为

$$\dot{\tilde{\boldsymbol{x}}} = -\boldsymbol{T}_A^{-1}(\boldsymbol{\varphi}_{d,c})\begin{bmatrix} \boldsymbol{R}_d^{\mathrm{T}} & 0 \\ 0 & \boldsymbol{R}_d^{\mathrm{T}} \end{bmatrix}\boldsymbol{v}_c \tag{4-9-5}$$

因为末端坐标系与相机坐标系重合，有以下等式成立：

$$\dot{\tilde{\boldsymbol{x}}} = -\boldsymbol{J}_{A_d}(\boldsymbol{q},\tilde{\boldsymbol{x}})\dot{\boldsymbol{q}} \tag{4-9-6}$$

其中

$$\boldsymbol{J}_{A_d}(\boldsymbol{q},\tilde{\boldsymbol{x}}) = \boldsymbol{T}_A^{-1}(\boldsymbol{\varphi}_{d,c})\begin{bmatrix} \boldsymbol{R}_d^{\mathrm{T}} & 0 \\ 0 & \boldsymbol{R}_d^{\mathrm{T}} \end{bmatrix}\boldsymbol{J}(\boldsymbol{q}) \tag{4-9-7}$$

该矩阵为操作空间机械臂解析雅可比矩阵。

基于位置的视觉伺服的 PD 控制律为

$$\boldsymbol{u} = \boldsymbol{g}(\boldsymbol{q}) + \boldsymbol{J}_{A_d}^{\mathrm{T}}(\boldsymbol{q},\tilde{\boldsymbol{x}})(K_{\mathrm{P}}\tilde{\boldsymbol{x}} - K_{\mathrm{D}}\boldsymbol{J}_{A_d}(\boldsymbol{q},\tilde{\boldsymbol{x}})\boldsymbol{q}) \tag{4-9-8}$$

与常规的位置控制不同，在式(4-9-8)中使用了一种不同的操作空间误差定义。在控制律计算中要用到 $\boldsymbol{x}_{c,o}$ 的估计值与 $\boldsymbol{q}$ 和 $\dot{\boldsymbol{q}}$ 的测量值。

带有重力补偿的位置视觉伺服 PD 控制框图如图 4.9.3 所示。

4．基于图像的视觉伺服

图 4.9.4 所示为基于图像的视觉伺服框图。如果目标相对于基坐标系固定，基于图像的视觉伺服要求目标特征参数向量具有与相机期望位姿相应的常数值 s_d 。这样就隐含地假定存在期望位姿 $\boldsymbol{x}_{d,o}$，使得相机位姿在机械臂的灵活工作空间中。

$$s_d = s(\boldsymbol{x}_{d,o}) \tag{4-9-9}$$

式中，假定 $\boldsymbol{x}_{d,o}$ 是唯一的。

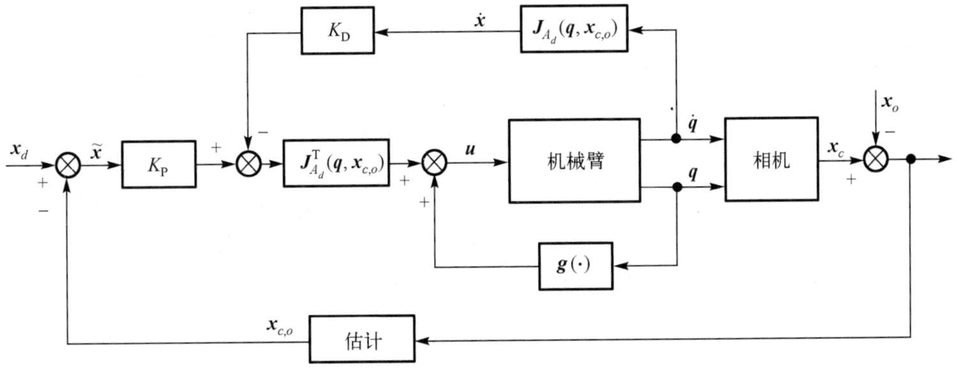

图 4.9.3　带有重力补偿的位置视觉伺服 PD 控制框图

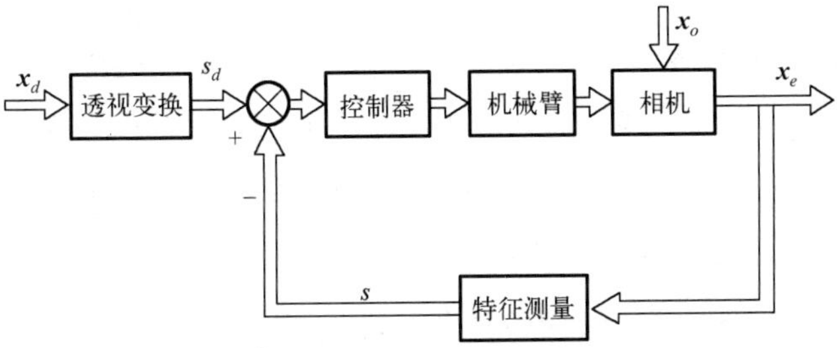

图 4.9.4　基于图像的视觉伺服框图

为此，特征参数可以选为目标上 n 个点的坐标，对共面点(不含三点共线)，有 $n \geq 4$，在非共面点情况下，有 $n \geq 6$,。在此需设计控制律，以保证如下的图像空间误差趋向于零。

$$e_s = s_d - s \tag{4-9-10}$$

由于 $\dot{s}_d = 0$，且目标相对于基坐标系固定，有

$$\dot{e}_s = -\dot{s} = -\boldsymbol{J}_L(s, z_c, \boldsymbol{q})\dot{\boldsymbol{q}} \tag{4-9-11}$$

其中

$$\boldsymbol{J}_L(s, z_c, \boldsymbol{q}) = \boldsymbol{L}_s(s, z_c)\begin{bmatrix} \boldsymbol{R}_c^{\mathrm{T}} & 0 \\ 0 & \boldsymbol{R}_c^{\mathrm{T}} \end{bmatrix}\boldsymbol{J}(\boldsymbol{q}) \tag{4-9-12}$$

由于相机坐标系和末端坐标系重合，因此选择

$$\boldsymbol{u} = \boldsymbol{g}(\boldsymbol{q}) + \boldsymbol{J}_L^{\mathrm{T}}(s, z_c, \boldsymbol{q})[K_{\mathrm{P}s}e_s - K_{\mathrm{D}s}\boldsymbol{J}_L(s, z_c, \boldsymbol{q})\dot{\boldsymbol{q}}] \tag{4-9-13}$$

基于图像的视觉伺服 PD 控制框图如图 4.9.5 所示。

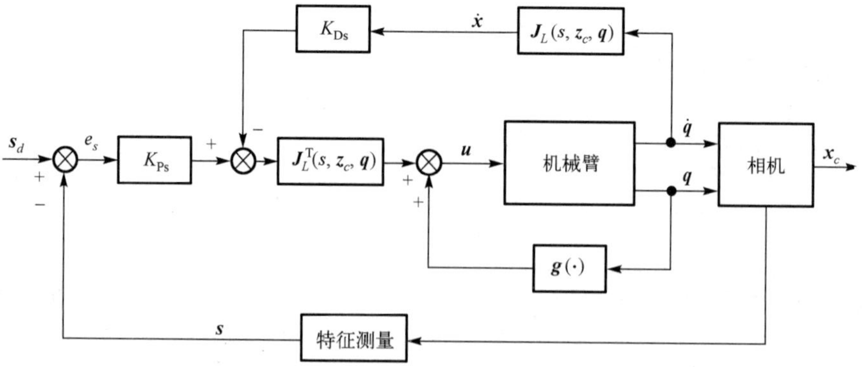

图 4.9.5　基于图像的视觉伺服 PD 控制框图

思考题与习题

4-1 规划一个六自由度机械臂，利用三次曲线拟合其通过两个中间点后停止在目标点的轨迹，该过程需要用几个不同的三次曲线？描述这些曲线需要哪些系数？

4-2 电机静止在转角 $\theta = -5^\circ$ 位置，要求其在 4s 内平滑地转动到 $\theta = 80^\circ$ 处停止，求带抛物线过渡的直线插值规划的参数，采用三阶多项式插值，给出插值函数。

4-3 从 t=0 到 t=1 时间内，单段三阶样条曲线为 $\theta = 10 + 90t^2 - 60t^3$，试确定起点和终点的位置及机械臂在这两处的速度和加速度。

4-4 试分析在单关节独立的伺服控制中，如何处理来自其他关节的影响。

4-5 试分析数控机床是如何保证其高精度轨迹运动的。

4-6 如图 1 所示，假设六轴机器人的关节 1 以速度 10°/s 在 5s 内从静止状态由初始角度 $\theta_i = 30^\circ$ 运动到目的角度 $\theta_f = 70^\circ$ 后停止，使用带抛物线过渡的轨迹规划，求所需的过渡时间 t_b 及关节位置、速度和加速度曲线的表达式。

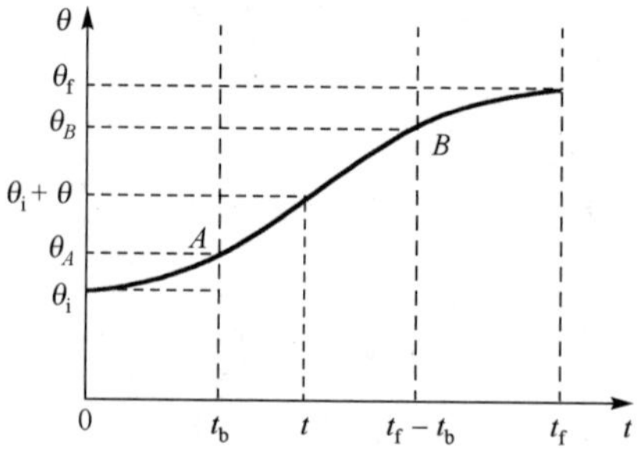

图 1　4-6 题图

第 5 章 机器人非线性动力学控制

在多自由度机械臂控制中，在不考虑关节间动力学耦合的条件下，采用基于单关节的控制方案实现对机械臂整机的控制在具体实现时具有一定优势。但由于机械臂关节间的耦合是客观存在的，在一些工况条件下的表现也较为明显，因此基于单关节控制的方案在原理上存在一定的局限性。

本章从系统动力学模型出发，开展机器人非线性动力学建模及控制方法研究。首先开展动力学相关建模方法研究，在完成对控制对象的建模后，基于所建立的模型对控制系统进行设计。在控制系统设计中，介绍了一种基于控制律分解的 PD 控制方法。该方法将控制作用分解为模型补偿和 PD 控制两部分，控制作用的机制较为直观清晰，便于在位置控制系统和力控制系统设计时使用，该方法对模型的作用和补偿处理思路较为清晰。本章也对基于模型的反馈线性化及自适应控制方法进行了介绍，这些方法从线性化的角度出发，与基于模型的控制律分解方法在思路上是相似的。此外，本章还对鲁棒控制方法进行了简要介绍。

通过本章可以得出，动力学模型在机器人控制中的作用是十分显著的。此外，本章在关注动力学模型的同时，重点介绍了直接对控制律进行设计的方法，这些方法更有利于对控制作用的动力学的细节进行设计，既可用于位置控制，也可用于力控制。

5.1 质量-弹簧-阻尼系统的模型

质量-弹簧-阻尼系统是非常具有代表性的动力学系统，在很多复杂机械系统的分析中都可以看到采用质量-弹簧-阻尼模型对系统进行描述的案例。对于机器人来说，小到驱动电机，大到关节，甚至多自由度机械臂整机，都可以用质量-弹簧-阻尼模型进行描述和分析。此外，在机械臂与环境接触时，对环境的建模也可以采用质量-弹簧-阻尼系统来描述。质量-弹簧-阻尼系统对考虑柔性影响时的刚体动力学系统的研究具有重要意义。

这里以图 5.1.1 所示的质量-弹簧-阻尼系统为例。图中，质量块的质量为 m、位移为 x，f 为对质量块施加的外力，k 为弹簧的弹性系数。滑动摩擦力可以看成恒定值，包含在外力 f 中，图中的摩擦力与速度有关，是黏滞摩擦力，b 为黏滞摩擦系数。

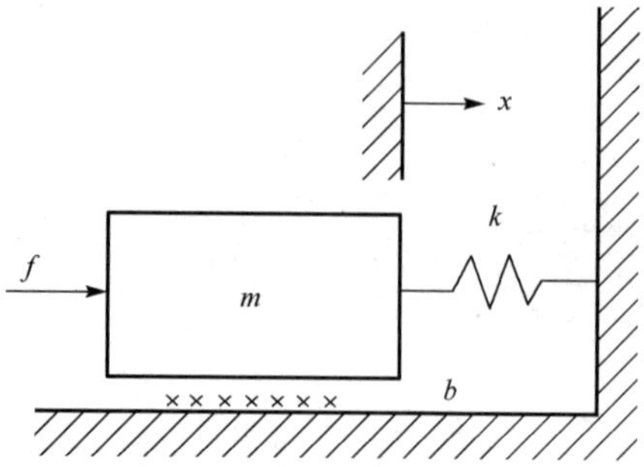

图 5.1.1　质量-弹簧-阻尼系统

对系统建立力平衡方程，可得

$$m\ddot{x}+b\dot{x}+kx=f \tag{5-1-1}$$

式中，第一项为惯性力，第二项为黏滞摩擦力，第三项为弹性力，等号右边的项是质量-弹簧-阻尼系统的外力。

显然，当外力消失后，即 f 等于零时，有

$$m\ddot{x}+b\dot{x}+kx=0 \tag{5-1-2}$$

当外力为输入，位移为输出时，系统的传递函数为

$$G(s)=\frac{x(s)}{f(s)}=\frac{1}{ms^2+bs+k}=\frac{1}{k}\cdot\frac{1}{T^2s^2+2\xi Ts+1}=\frac{1}{k}\cdot\frac{\omega_{\rm n}^2}{s^2+2\xi\omega_{\rm n}s+\omega_{\rm n}^2}$$

可得系统为二阶系统。式中，$T=\sqrt{\dfrac{m}{k}}$，$\xi=\dfrac{b}{2\sqrt{mk}}$，$\omega_{\rm n}=\sqrt{\dfrac{k}{m}}$。

质量-弹簧-阻尼系统是一种典型的二阶系统，具有一定的普适性和代表性。很多情况下，在对实际问题进行分析处理时，是将复杂高阶系统近似等效为二阶系统进行处理的。

5.2　电机系统的动力学模型

机器人关节驱动电机电路部分的模型(电机电枢回路模型)和机械部分的模型(电机传动机构模型)如图 5.2.1 和图 5.2.2 所示。

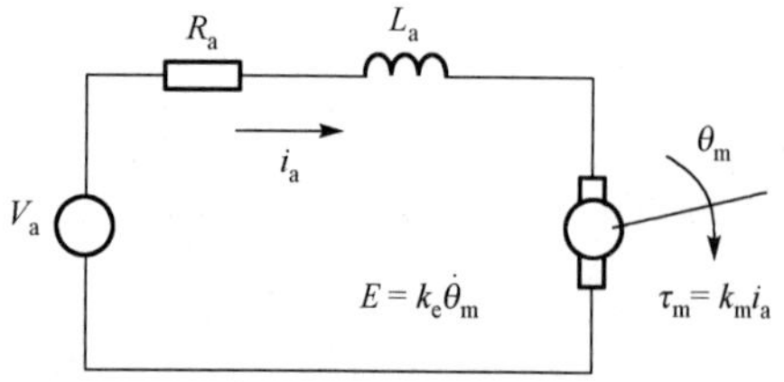

图 5.2.1　电机电枢回路模型

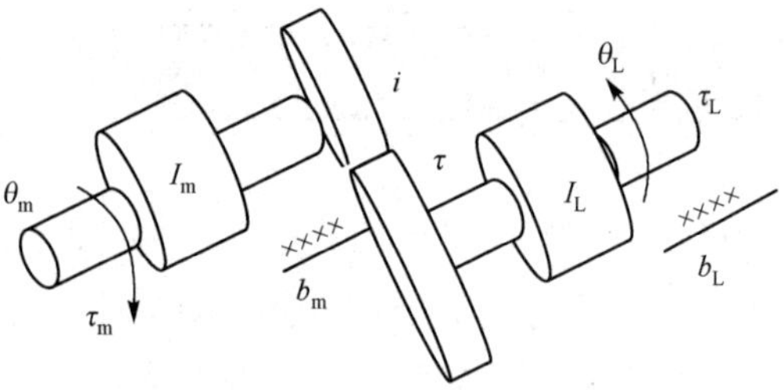

图 5.2.2　电机传动机构模型

对于电机电路部分，可以按回路电压建立方程，并得到如下关系：

$$L_a\dot{i}_a + R_a i_a = V_a - k_e\dot{\theta}_m \tag{5-2-1}$$

对于机械部分，可以针对电机轴和负载轴列力矩平衡方程：

$$\tau_m - \frac{\tau}{i} = I_m\ddot{\theta}_m + b_m\dot{\theta}_m$$

$$\tau - \tau_L = I_L\ddot{\theta}_L + b_L\dot{\theta}_L$$

由上面两式可得

$$\left(I_m + \frac{1}{i^2}I_L\right)\ddot{\theta}_m + \left(b_m + \frac{1}{i^2}b_L\right)\dot{\theta}_m = \tau_m - \frac{\tau_L}{i} \tag{5-2-2}$$

对比式(5-2-2)和式(5-1-1)，可以看出，电机系统和质量-弹簧-阻尼系统有相似之处。实际上，对比机器人动力学方程后也可以看出，它们都具有一般动力学方程的基本形式。质量-弹簧-阻尼系统的外部作用是外力 f，对于电机电路部分，其外部作用是电枢电压，对于机械部分来说，其外部作用是电磁转矩 τ_m。外力 f 和转矩 τ_m 是可控的外部作用，可以用于施加控制作用。而 $E = k_e\dot{\theta}_m$ 和 τ_L 是外部的扰动作用，是不可控的。

5.3 刚度模型

除弹簧之外，实际应用中的很多系统都不是绝对刚性的，或多或少都具有一定的柔性特征。系统在受到外力作用后都会产生一定程度的变形。在弹性限度内，弱刚性的系统将会产生更显著的变形。同时，系统的弹性不一定都表现为弹簧变形，而可能以物体弹性变形的方式表现出来。

1. 弹性模量

弹性模量是描述材料弹性的重要参数。一般情况下，对弹性体施加一个外部作用力时，弹性体会发生变形。材料在变形阶段，其应力和应变成正比，其比例系数称为弹性模量。弹性模量是描述物体弹性的统称，物体具体受力状态不同，其发生变形的具体形式也不同，如拉伸、剪切、整体受压等对应着线应变、剪切应变、体积应变等形式。

不同的受力和应变情况对应不同的弹性模量。

对一根细杆施加拉力 F，拉力除以杆的截面积 S，称为线应力，杆的伸长量 $\mathrm{d}L$ 除以原长 L，称为线应变。线应力除以线应变就等于其弹性模量，这种弹性模量又称为杨氏模量，即 $E = (F/S)/(\mathrm{d}L/L)$。

对一块弹性体施加侧向力 f'（如摩擦力），弹性体由方形变为倾斜的形状，形变的角度 α 称为剪切应变，相应的力 f' 除以受力面积 S 称为剪切应力。剪切应力除以剪切应变则为剪切模量，即 $G=(f'/S)/\alpha$。

对弹性体施加整体压强 p，其压强即为体积应力，弹性体的体积减小量 $(-\mathrm{d}V)$ 除以原体积 V 称为体积应变，体积应力除以体积应变就等于体积模量，即 $K=p/(-\mathrm{d}V/V)$。

弹性模量表征了材料本身的刚性，弹性模量越大，越不容易发生变形。

2. 悬臂梁

机器人连杆大多采用中空圆管结构，在进行受力和变形分析时，可以将其看成悬臂梁进行处理。

图 5.3.1 为一种简单的悬臂梁示意图。在悬臂梁的一端施加负载后，将产生变形。悬臂梁的截面形式不同，所产生的变形也不同。一般情况下，常见的截面有方形、方孔形及圆筒形等几种典型形式。

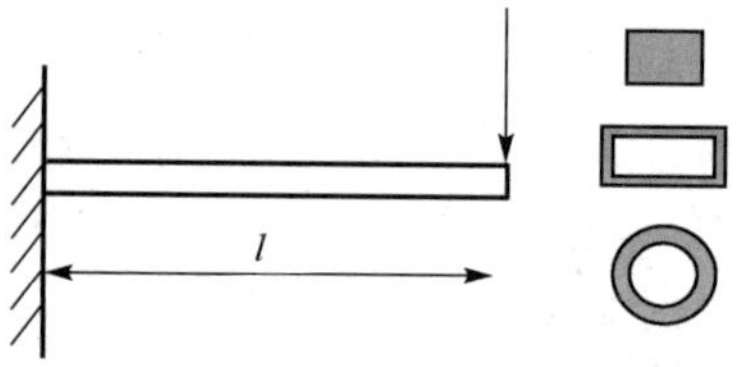

图 5.3.1　在一端施加负载的简单悬臂梁

对于中空的圆截面梁，其刚度为

$$k=\frac{3\pi E(d_\mathrm{o}^4-d_\mathrm{i}^4)}{64l^3}$$

其中，E 为弹性模量（钢约为 $2\times10^{11}\mathrm{N/m^2}$，铝约为钢的 1/3），$d_\mathrm{i}$、$d_\mathrm{o}$ 分别为管状梁的内圈和外圈直径，l 为杆长。

3. 齿轮

尽管齿轮的刚性较大，但在减速器中，由于齿轮的数量较多，传动链较长，因此还会表现出较为明显的弱刚性，对机器人关节的传动性能产生影响。

输入端固定时，输出齿轮的刚度可表示为

$$k=C_\mathrm{g}br^2$$

其中，$C_\mathrm{g}=1.34\times10^{10}\mathrm{N/m^2}$（钢），$b$ 为齿宽，r 为输出齿轮的半径。

减速器的减速比 j 会对其输出端的刚度产生影响。如输出端和输入端的刚度分别为 k_o 和 k_i，变形分别为 $\delta\theta_\mathrm{o}$ 和 $\delta\theta_\mathrm{i}$，则有

$$\tau_\mathrm{i}=k_\mathrm{i}\delta\theta_\mathrm{i} \tag{5-3-1}$$

$$\tau_\mathrm{o}=k_\mathrm{o}\delta\theta_\mathrm{o} \tag{5-3-2}$$

由于输出转矩与减速比之间具有如下关系：$\tau_\mathrm{o}=j\tau_\mathrm{i}$，因此由式(5-3-1)和式(5-3-2)可得

$$k_\mathrm{o}=j^2k_\mathrm{i}$$

经减速器变速后，输出刚度增加为输入刚度的 j^2 倍。

5.4 双质量模型

考虑减速器弹性时，机器人关节传动系统可以用双质量模型进行描述。图 5.4.1 所示的单质量模型与图 5.4.2 所示的双质量模型存在许多不同之处。

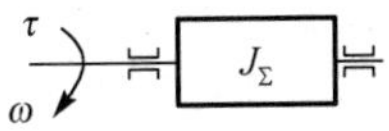

图 5.4.1　单质量模型

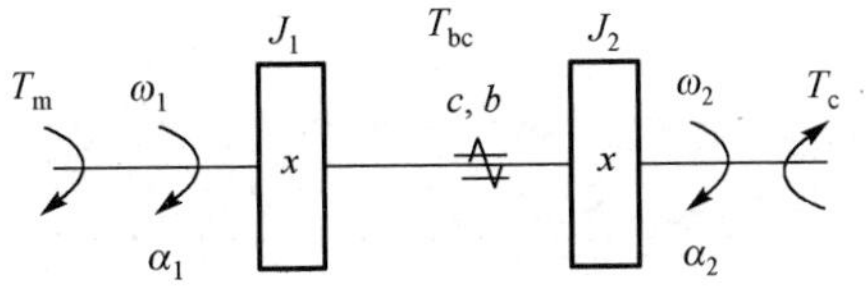

图 5.4.2　双质量模型

图中，c 为弹性系数，b 为黏滞摩擦系数，T_m、T_{bc} 和 T_c 分别为系统的输入扭矩、弹性扭矩和负载扭矩，ω_1 和 ω_2 为输入转速和输出转速，α_1 和 α_2 为输入转角和输出转角，J_1 和 J_2 为对应的质量(惯量)。上述双质量模型可用以下方程来进一步具体描述。

$$T_m - T_{bc} = J_1 \frac{d\omega_1}{dt} \tag{5-4-1}$$

$$T_{bc} - T_c = J_2 \frac{d\omega_2}{dt} \tag{5-4-2}$$

其中，$T_{bc} = c(\alpha_1 - \alpha_2) + b(\omega_1 - \omega_2)$，$\omega_1 = \frac{d\alpha_1}{dt}$，$\omega_2 = \frac{d\alpha_2}{dt}$。

对式(5-4-1)和式(5-4-2)及相关的关系式做拉氏变换，可得

$$T_m - T_{bc} = J_1 s\omega_1$$

$$T_{bc} - T_c = J_2 s\omega_2$$

$$T_{bc} = \frac{c}{s}(\omega_1 - \omega_2) + b(\omega_1 - \omega_2)$$

$$\omega_1 = s\alpha_1，\quad \omega_2 = s\alpha_2$$

与上述方程对应的框图见图 5.4.3。

很多情况下，当对系统的动态过程和精细程度要求不高时，可以忽略传动系统的弹性影响，将系统简化为单质量模型(单惯量)，如图 5.4.1 中的惯量 J_Σ 所示。显然，由于没有考虑变形的影响，对简化后的系统的动态性能分析将会存在一定的偏差。

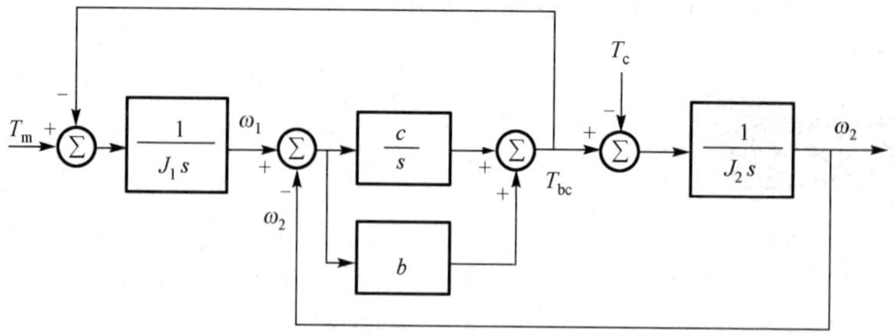

图 5.4.3 双质量模型框图

5.5 基于状态空间的控制模型

状态空间的表示方法清晰直观，在多变量系统的描述方面具有很多优势，在机器人控制中也得到了广泛的应用。建立状态方程时，系统的状态变量可以根据控制的需要或分析的需要来选定。对于电机拖动控制系统来说，通常选择输出量 y 及其导数作为状态变量。这样选择一方面在数学上处理较为方便，另一方面这些状态变量也可以与系统的物理变量联系起来。例如，当 y 为位移时，状态变量则为位移、速度和加速度等，具有明显的物理含义。

1．线性系统的状态空间表示

对于连续时间线性系统，有

$$\begin{cases} \dot{\boldsymbol{x}}(t) = \boldsymbol{A}\boldsymbol{x}(t) + \boldsymbol{B}\boldsymbol{u}(t) \\ \boldsymbol{y}(\boldsymbol{t}) = \boldsymbol{C}\boldsymbol{x}(t) + \boldsymbol{D}\boldsymbol{u}(t) \end{cases} \tag{5-5-1}$$

对于离散时间系统，有

$$\begin{cases} \boldsymbol{x}(k+1) = \boldsymbol{A}\boldsymbol{x}(k) + \boldsymbol{B}\boldsymbol{u}(k) \\ \boldsymbol{y}(k) = \boldsymbol{C}\boldsymbol{x}(k) + \boldsymbol{D}\boldsymbol{u}(k) \end{cases} \tag{5-5-2}$$

对式(5-5-1)进行拉氏变换，可得系统的传递函数矩阵为

$$\boldsymbol{G}(s) = \frac{\boldsymbol{Y}(s)}{\boldsymbol{U}(s)} = \boldsymbol{B}(s\boldsymbol{I} - \boldsymbol{A})^{-1}\boldsymbol{C} + \boldsymbol{D} \tag{5-5-3}$$

系统的特征多项式为

$$P(s) = \det(s\boldsymbol{I}_n - \boldsymbol{A}) \tag{5-5-4}$$

$\det(s\boldsymbol{I}_n - \boldsymbol{A}) = 0$ 为系统的特征方程，特征方程的根 $s_1, s_2, \cdots, s_n$ 为系统的特征值。这些特征值也是系统的极点。在自动控制中，将式(5-5-1)所表示的系统作为控制对象进行控制时，该系统便对应于开环系统，因此矩阵 $\boldsymbol{A}$ 的特征值同时也是系统的开环极点。

特征多项式仅与矩阵 $\boldsymbol{A}$ 有关，特征多项式的根反映了系统的稳定性。连续时间系统稳定的充分必要条件是：矩阵 $\boldsymbol{A}$ 的特征值都有严格的负实部。对于离散时间系统，系统稳定

的充分必要条件是：系统特征多项式的所有根位于单位圆内。

由于矩阵 $\boldsymbol{D}$ 描述的是输入与输出变量的直接传递关系，是开环的，因此大多数情况下为了简化处理过程，常常假定 $\boldsymbol{D}=\mathbf{0}$。

2. 单输入单输出系统的状态空间表示

对于式(5-5-5)所示的单输入单输出线性控制系统，有

$$a_n\frac{\mathrm{d}^n y}{\mathrm{d}t^n}+a_{n-1}\frac{\mathrm{d}^{n-1}y}{\mathrm{d}t^{n-1}}+\dots+a_1\frac{\mathrm{d}y}{\mathrm{d}t}+a_1=u \tag{5-5-5}$$

可以采用状态空间的表示方法，引入状态变量，并将其描述为

$$\begin{gathered}\dot{\boldsymbol{x}}=\boldsymbol{A}\boldsymbol{x}+\boldsymbol{B}u\\ y=\boldsymbol{C}\boldsymbol{x}\end{gathered} \tag{5-5-6}$$

其中

$$\boldsymbol{x}=\begin{bmatrix}x_1\\x_2\\\vdots\\x_n\end{bmatrix}$$

$$x_1=y$$

$$x_2=\frac{\mathrm{d}y}{\mathrm{d}t}=\dot{x}_1$$

$$\cdots$$

$$x_n=\frac{\mathrm{d}^{n-1}y}{\mathrm{d}t^{n-1}}=\dot{x}_{n-1}$$

$$\begin{aligned}\dot{x}_n=\frac{\mathrm{d}^n y}{\mathrm{d}t^n}&=-a_0y-a_1\frac{\mathrm{d}y}{\mathrm{d}t}-\cdots-a_{n-1}\frac{\mathrm{d}^{n-1}y}{\mathrm{d}t^{n-1}}+u\\&=-a_0x_1-a_1x_2-\cdots-a_{n-1}x_n+u\end{aligned}$$

式(5-5-6)可写为

$$\begin{bmatrix}\dot{x}_1\\\dot{x}_2\\\vdots\\\dot{x}_n\end{bmatrix}=\begin{bmatrix}0&1&0&\cdots&0\\0&0&1&\cdots&0\\\vdots&\vdots&\vdots&&\vdots\\0&0&0&\cdots&1\\-a_0&-a_1&-a_2&\cdots&-a_{n-1}\end{bmatrix}\begin{bmatrix}x_1\\x_2\\\vdots\\x_n\end{bmatrix}+\begin{bmatrix}0\\0\\0\\0\\1\end{bmatrix}u$$

$$y=\begin{bmatrix}1&0&0&0\end{bmatrix}\begin{bmatrix}x_1\\x_1\\\vdots\\x_n\end{bmatrix}$$

容易证明

$$P(s)=\det(s\boldsymbol{I}_n-\boldsymbol{A})=s^n+a_{n-1}s^{n-1}+\cdots+a_1s+a_0 \tag{5-5-7}$$

式(5-5-7)即系统的特征方程。

3. 输入函数中含有导数时的状态空间表示

式(5-5-8)为更一般的微分方程形式，方程的输入函数中包含导数项。

$$a_n\frac{\mathrm{d}^n y}{\mathrm{d}t^n}+a_{n-1}\frac{\mathrm{d}^{n-1}y}{\mathrm{d}t^{n-1}}+\cdots+a_1\frac{\mathrm{d}y}{\mathrm{d}t}+a_0=b_n\frac{\mathrm{d}^n y}{\mathrm{d}t^n}+b_{n-1}\frac{\mathrm{d}^{n-1}y}{\mathrm{d}t^{n-1}}+\cdots+b_1\frac{\mathrm{d}y}{\mathrm{d}t}+b_0u \tag{5-5-8}$$

在输入信号不含导数项时，如式(5-5-6)所示，仅在状态变量x_n中包含了输入信号，其他状态变量与输入信号没有直接的关联关系。当输入信号中包含导数时，需要补充建立状态变量和输入信号及输出信号之间的联系。状态变量的选取可以采用如下方式：

$$x_1=y-c_0u$$

$$x_2=\dot{x}_1-c_1u=\dot{y}-c_0\dot{u}-c_1u$$

$$x_3=\dot{x}_2-c_2u=\ddot{y}-c_0\ddot{u}-c_1\dot{u}-c_2u$$

…

$$x_{n-1}=\dot{x}_{n-2}-c_{n-2}u=y^{(n-2)}-c_0u^{(n-2)}-c_1u^{(n-3)}-\cdots-c_{n-3}\dot{u}-c_{n-2}u$$

$$x_n=\dot{x}_{n-1}-c_{n-1}u=y^{(n-1)}-c_0u^{(n-1)}-c_1u^{(n-2)}-\cdots-c_{n-2}\dot{u}-c_{n-1}u$$

采用待定系数法，可以找到系数$c_0,c_1,\cdots,c_{n-1}$与已知参数$b_0,b_1,\cdots,b_n$及$a_0,a_1,\cdots,a_{n-1}$之间的关系：

$$\begin{cases}c_0=b_n\\c_1=b_{n-1}-a_{n-1}c_0\\c_2=b_{n-2}-a_{n-2}c_0-a_{n-1}c_1\\\cdots\\c_{n-1}=b_1-a_1c_0-\cdots-a_{n-1}c_{n-2}\\c_n=b_0-a_0c_0-\cdots-a_{n-2}c_{n-2}-a_{n-1}c_{n-1}\end{cases} \tag{5-5-9}$$

从而得到对应的状态空间表达式如下：

$$\begin{bmatrix}\dot{x}_1\\\dot{x}_2\\\vdots\\\dot{x}_n\end{bmatrix}=\begin{bmatrix}0&1&0&\cdots&0\\0&0&1&\cdots&0\\\vdots&\vdots&\vdots&&\vdots\\0&0&0&\cdots&1\\-a_0&-a_1&-a_2&\cdots&-a_{n-1}\end{bmatrix}\begin{bmatrix}x_1\\x_2\\\vdots\\x_n\end{bmatrix}+\begin{bmatrix}c_1\\c_2\\\vdots\\c_{n-1}\\c_n\end{bmatrix}u \tag{5-5-10}$$

$$y = x_1 + c_0 u = \begin{bmatrix} 1 & 0 & \cdots & 0 \end{bmatrix} \begin{bmatrix} x_1 \\ x_2 \\ \vdots \\ x_n \end{bmatrix} + c_0 u$$

4. 电机拖动系统的状态空间控制

对于直流电机，电机端电压u、电流i、电阻R、电感L、反电动势系数k_e、电机转速ω、电磁转矩系数k_m、负载转矩T_L之间具有如下关系：

$$u = Ri + L\frac{di}{dt} + k_e\omega \tag{5-5-11}$$

$$k_m i = J\frac{d\omega}{dt} + b\omega + T_L \tag{5-5-12}$$

如果选取i和ω为状态变量，u和T_L为输入，则直流电机系统的状态方程可写为

$$\begin{cases} \dfrac{di}{dt} = -\dfrac{R}{L}i - \dfrac{k_e}{L}\omega + \dfrac{1}{L}u \\ \dfrac{d\omega}{dt} = \dfrac{k_m}{J}i - \dfrac{b}{J}\omega - \dfrac{1}{J}T_L \end{cases} \tag{5-5-13}$$

当电机拖动的负载为某一重物时，在匀速拖动情况下，负载力矩可表示为$T_L = \alpha\omega$，α为常数。与提升重物的负载力矩相比，黏滞摩擦力矩的影响可以忽略不计。此时，系统的输入变为 1 个，即电机的电压u。

如果选取$y = \omega$作为输出，可推导出系统的微分方程为

$$\ddot{y} = -\frac{\alpha L + JR}{JL}\dot{y} - \frac{\alpha R + k_m k_e}{JL}y + \frac{k_m}{JL}u \tag{5-5-14}$$

选取$\boldsymbol{x} = (y, \dot{y})^T$作为状态变量，则对应的状态方程变为

$$\begin{cases} \dot{\boldsymbol{x}} = \begin{bmatrix} 0 & 1 \\ -\dfrac{R\alpha + k_e k_m}{JL} & -\dfrac{L\alpha + JR}{JL} \end{bmatrix}\boldsymbol{x} + \begin{bmatrix} 0 \\ \dfrac{k_e k_m}{JL} \end{bmatrix}u \\ y = \begin{bmatrix} 1 & 0 \end{bmatrix}\boldsymbol{x} \end{cases} \tag{5-5-15}$$

可以采用如下的状态反馈控制器，实现针对电机角速度和角加速度的反馈控制：

$$u = hw - k_1 y - k_2 \dot{y} \tag{5-5-16}$$

式中，w为新的输入，h为前馈作用，k_1和k_2为状态反馈作用，分别对应于电机的角速度反馈和角加速度反馈。

上述状态反馈同时也是电机角速度的比例反馈和微分反馈。当角加速度不能测量时，可以采用状态观测器进行间接观测，以满足针对角加速度的状态反馈控制的需求。

5．考虑关节系统柔性时的状态空间控制

当需要考虑关节的系统柔性时，对系统的描述和控制都将变得更为复杂。

图 5.5.1 所示系统的运动方程可表示为

$$J_{\mathrm{m}}\ddot{\theta}_{\mathrm{m}}+B_{\mathrm{m}}\dot{\theta}_{\mathrm{m}}-k(\theta_{\mathrm{L}}-\theta_{\mathrm{m}})=u \tag{5-5-17}$$

$$J_{\mathrm{L}}\ddot{\theta}_{\mathrm{L}}+B_{\mathrm{L}}\dot{\theta}_{\mathrm{L}}+k(\theta_{\mathrm{L}}-\theta_{\mathrm{m}})=0 \tag{5-5-18}$$

式中，u，J_{m}、J_{L}，θ_{m}、θ_{L}，B_{m}、B_{L}，k 分别表示输入、惯量、电机与连杆的转角、黏滞摩擦以及弹性系数。

对上面的式子做拉氏变换，可得到柔性关节的另外一种表示方式：

$$p_{\mathrm{m}}(s)=J_{\mathrm{m}}s^2+B_{\mathrm{m}}s+k$$

$$p_{\mathrm{L}}(s)=J_{\mathrm{L}}s^2+B_{\mathrm{L}}s+k$$

图 5.5.2 较为明显地表示出了关节柔性对系统传递函数的影响。

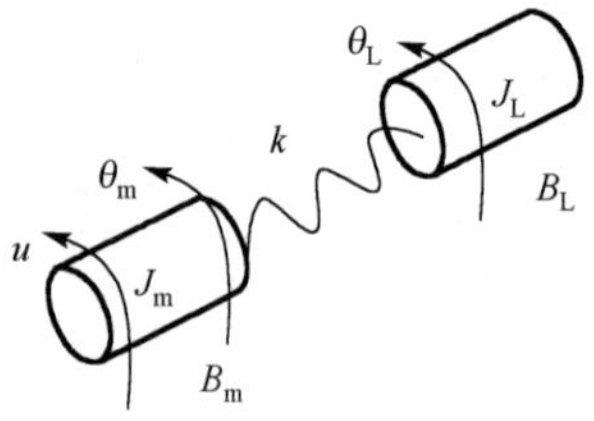

图 5.5.1　考虑关节的柔性

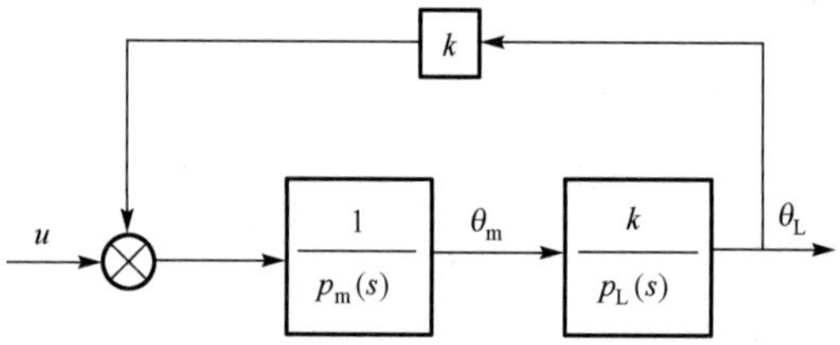

图 5.5.2　考虑关节柔性的框图

采用状态空间描述时，可选择如下状态变量

$$x_1=\theta_{\mathrm{L}}\text{，}\quad x_2=\dot{\theta}_{\mathrm{L}}\text{，}\quad x_3=\theta_{\mathrm{m}}\text{，}\quad x_4=\dot{\theta}_{\mathrm{m}}$$

式(5-5-17)和式(5-5-18)可用状态变量描述为

$$\dot{x}_1=x_2$$

$$\dot{x}_2=-\frac{k}{J_{\mathrm{L}}}x_1-\frac{B_{\mathrm{L}}}{J_{\mathrm{L}}}x_2+\frac{k}{J_{\mathrm{L}}}x_3$$

$$\dot{x}_3=x_4$$

$$\dot{x}_4=\frac{k}{J_{\mathrm{m}}}x_1-\frac{B_{\mathrm{m}}}{J_{\mathrm{m}}}x_2-\frac{k}{J_{\mathrm{m}}}x_3+\frac{1}{J_{\mathrm{m}}}u$$

写成矩阵形式为

$$\dot{\boldsymbol{x}}=\boldsymbol{A}\boldsymbol{x}+\boldsymbol{b}u \tag{5-5-19}$$

其中

$$
\boldsymbol{A}=\begin{bmatrix} 0 & 1 & 0 & 0 \\ -\dfrac{k}{J_{\mathrm{L}}} & -\dfrac{B_{\mathrm{L}}}{J_{\mathrm{L}}} & \dfrac{k}{J_{\mathrm{L}}} & 0 \\ 0 & 0 & 0 & 1 \\ \dfrac{k}{J_{\mathrm{m}}} & 0 & -\dfrac{k}{J_{\mathrm{m}}} & \dfrac{B_{\mathrm{m}}}{J_{\mathrm{m}}} \end{bmatrix},\quad \boldsymbol{b}=\begin{bmatrix} 0 \\ 0 \\ 0 \\ \dfrac{1}{J_{\mathrm{m}}} \end{bmatrix}
$$

如果选择负载角度作为输出，则输出方程为

$$
y = x_1 = \boldsymbol{c}^{\mathrm{T}}\boldsymbol{x} \tag{5-5-20}
$$

其中

$$
\boldsymbol{c}^{\mathrm{T}} = [1 \quad 0 \quad 0 \quad 0]
$$

式(5-5-19)和式(5-5-20)构成了系统的状态空间描述。经过拉氏变换后，可得系统的传递函数如下：

$$
G(s)=\frac{\theta_L(s)}{U(s)}=\frac{Y(s)}{U(s)}=\boldsymbol{c}^{\mathrm{T}}(s\boldsymbol{I}-\boldsymbol{A})^{-1}\boldsymbol{b}
$$

$G(s)$的极点是 $\boldsymbol{A}$ 的特征值。

完成系统的状态空间描述之后，可以采用如下的线性状态反馈控制律进行控制：

$$
u=-\boldsymbol{k}^{\mathrm{T}}\boldsymbol{x}+r=-\sum_{i=1}^{4}k_i x_i + r \tag{5-5-21}
$$

其中，k_i 是待定的恒值增益，r 是参考输入信号。

引入式(5-5-21)所示的控制律后，系统(5-5-19)变为

$$
\dot{\boldsymbol{x}}=(\boldsymbol{A}-\boldsymbol{b}\boldsymbol{k}^{\mathrm{T}})\boldsymbol{x}+\boldsymbol{b}r \tag{5-5-22}
$$

原系统的极点由 $\boldsymbol{A}$ 确定。控制后，新系统的极点变为由矩阵 $\boldsymbol{A}-\boldsymbol{b}\boldsymbol{k}^{\mathrm{T}}$ 决定，提高了极点的配置能力。不仅如此，与常规的 PD 控制相比，采用状态空间控制，可增加系统可控参数的数量，以及更加丰富的参数选择，因此更有利于提高系统的控制性能。

这里需要指出，对系统进行状态空间控制时，系统应在能控性和能观性方面满足相应的要求条件。

6. 基于状态空间的控制

基于状态空间可以对系统内部的状态进行描述，进而可以对系统进行控制，通过极点配置改变系统的极点分布，使系统满足所要求的性能。

如果系统状态信号可以直接测量，则可以对状态信号进行反馈控制。如采用如下的控制律

$$u = w - \boldsymbol{K}\boldsymbol{x}$$

式中，w 为新的输入，$\boldsymbol{K}$ 为反馈系数矩阵。

引入上述负反馈控制之后，式(5-5-6)所示的系统变为

$$\dot{\boldsymbol{x}} = (\boldsymbol{A} - \boldsymbol{B}\boldsymbol{K})\boldsymbol{x} + \boldsymbol{B}w \tag{5-5-23}$$

可见，引入反馈控制后，可以通过改变系数矩阵 $\boldsymbol{K}$ 的值来改变系统的开环极点，从而改变系统的特性，实现期望的控制目标。

但是，通常情况下系统的内部状态是无法直接测量的。为了解决这一问题，通常采用状态观测器的方法，将所建立的状态空间模型作为物理系统所对应的副本(状态观测器)，将输入信号 $\boldsymbol{u}$ 同步施加到观测器上，得到所需的状态信号，实现对系统内部信号的观测。进一步地，以状态观测为基础实现针对系统内部状态的反馈控制。

在实际应用中，由于状态空间模型与物理系统难以严格一致，采用观测器得到的状态变量与其实际值存在一定的误差。模型的精度越高，误差越小。为了减小状态观测值与实际值之间的误差，除提高模型的精度之外，还可以采用输出反馈的方法，将观测器输出信号与系统实际输出信号之间的偏差引入观测器中，通过误差的负反馈作用提高状态观测的精度。

5.6 李雅普诺夫稳定性

稳定性是反馈闭环控制系统中最重要的指标，对机器人的所有控制都是以系统满足稳定性条件为基础的。在单关节的控制中，主要针对单个电机驱动系统进行控制，控制系统大多属于单输入单输出控制系统，系统的稳定性分析可以通过经典的控制理论和方法进行。但是，对于显著非线性的系统以及多自由度机器人系统来说，单纯依赖传统的单输入单输出控制系统存在很大的局限性。在该类系统的稳定性分析和控制器设计中，李雅普诺夫稳定性分析方法是常见的重要方法。李雅普诺夫稳定性分析方法的特点是不需要求解系统的微分方程即可判断系统的稳定性。但该方法也存在局限性，它通常无法提供有关瞬时响应的信息，不能判定系统是处于过阻尼还是欠阻尼的情况，也不能给出抑制干扰的时间信息。因此，该系统可能是稳定的，但其动态性能并不令人满意。

以质量-弹簧-阻尼系统为例，考虑黏滞摩擦时，系统的微分方程为

$$m\ddot{x} + b\dot{x} + kx = 0 \tag{5-6-1}$$

系统的能量为

$$v = \frac{1}{2}m\dot{x}^2 + \frac{1}{2}kx^2 \tag{5-6-2}$$

对式(5-6-2)所示的能量函数求导，得到能量随时间的变化率：

$$\dot{v} = m\dot{x}\ddot{x} + kx\dot{x} = (m\ddot{x} + kx)\dot{x} \tag{5-6-3}$$

将式(5-6-1)代入，可得

$$\dot{v} = -b\dot{x}^2 \tag{5-6-4}$$

由于系统能量的变化率 $\dot{v} < 0$，因此能量是耗散的。由此可以得出结论：当系统受到干扰离开原始位置时，在干扰消除后，系统将不断丧失能量直至到达稳定状态，因此系统是稳定的。这就是李雅普诺夫稳定性分析的基本思想。可以看出，李雅普诺夫稳定性是从系统能量分析的角度来实现的，具有其独特优势。

更一般的系统的微分方程为

$$\dot{\boldsymbol{X}} = f(\boldsymbol{X}) \tag{5-6-5}$$

式中，$\boldsymbol{X}$ 为 $m\times 1$ 的矢量，$f(\cdot)$ 为非线性函数。

为了应用李雅普诺夫方法判断该系统的稳定性，需要构造一个广义能量函数 $v(\boldsymbol{X})$，这个广义能量函数应具有如下性质：

(1) $v(\boldsymbol{X})$ 具有连续的一阶偏导数，除了 $v(0)=0$，对于任意的 $\boldsymbol{X}$，有 $v(\boldsymbol{X})>0$

(2) $\dot{v}(\boldsymbol{X}) \leqslant 0$，$\dot{v}(\boldsymbol{X})$ 为系统能量在所有轨迹上的变化率。

若上述性质在特定区域内成立，则系统为弱稳定性的。若上述性质在全局范围内都成立，则系统为强稳定性的。

对于具体应用而言，能量函数可以解释为一种正定的“能量形式”的状态函数。对于如下形式的线性系统：

$$\dot{\boldsymbol{X}} = -\boldsymbol{A}\boldsymbol{X} \tag{5-6-6}$$

式中，$\boldsymbol{A}$ 为 $m\times m$ 的正定矩阵，上面的“能量形式”李雅普诺夫函数可选为

$$v(\boldsymbol{X}) = \frac{1}{2}\boldsymbol{X}^{\mathrm{T}}\boldsymbol{X} \tag{5-6-7}$$

对该能量函数求导，可得

$$\dot{v}(\boldsymbol{X}) = \frac{\partial v(\boldsymbol{X})}{\partial \boldsymbol{X}}\dot{\boldsymbol{X}} = \boldsymbol{X}^{\mathrm{T}}\dot{\boldsymbol{X}} = -\boldsymbol{X}^{\mathrm{T}}\boldsymbol{A}\boldsymbol{X} \tag{5-6-8}$$

因为 $\boldsymbol{A}$ 为正定矩阵，所以所选的函数是非正的，因此可判定系统是稳定的。

若 $\dot{v}(\boldsymbol{X})$ 严格小于零，则系统的状态是渐近收敛于零矢量的。对于 $\dot{v}(\boldsymbol{X}) \leqslant 0$，在 $\dot{v}(\boldsymbol{X}) = 0$ 时还存在一种系统“粘”在某个 $v(\boldsymbol{X}) = 0$ 以外的情况，对于这种可能的情况，需要加以排除。

如果式(5-6-1)所示系统中的弹簧是非线性的，系统方程如下所示：

$$\ddot{x}+b(\dot{x})+k(x)=0 \tag{5-6-9}$$

其中，$b(\cdot)$ 和 $k(\cdot)$ 为一、三象限的连续函数，且

$$\dot{x}b(\dot{x})>0,\quad x\neq 0 \tag{5-6-10}$$

$$xk(x)>0,\quad x\neq 0 \tag{5-6-11}$$

则选取如下李雅普诺夫函数：

$$v(x,\dot{x})=\frac{1}{2}\dot{x}^2+\int_0^x k(\lambda)\mathrm{d}\lambda \tag{5-6-12}$$

对函数求导，可得

$$\dot{v}(x,\dot{x})=\dot{x}\ddot{x}+k(x)\dot{x}=-\dot{x}b(\dot{x})-\dot{x}k(x)+k(x)\dot{x}=-\dot{x}b(\dot{x}) \tag{5-6-13}$$

因此李雅普诺夫函数是半负定的。对于所有 $\dot{x}=0$ 的轨迹，由式(5-6-9)有

$$\ddot{x}=-k(x) \tag{5-6-14}$$

由于 $x=0$ 是上式的唯一解，因此仅当 $x=\dot{x}=\ddot{x}=0$ 时系统才是渐近稳定的。

对于机器人系统，如机器人的动力学方程为

$$\boldsymbol{\tau}=\boldsymbol{M}(\boldsymbol{\theta})\ddot{\boldsymbol{\theta}}+\boldsymbol{C}(\boldsymbol{\theta},\dot{\boldsymbol{\theta}})+\boldsymbol{G}(\boldsymbol{\theta}) \tag{5-6-15}$$

采用如下控制律：

$$\boldsymbol{\tau}=\boldsymbol{K}_{\mathrm{p}}\boldsymbol{E}-\boldsymbol{K}_{\mathrm{d}}\dot{\boldsymbol{\theta}}+\boldsymbol{G}(\boldsymbol{\theta}) \tag{5-6-16}$$

则闭环系统为

$$\boldsymbol{M}(\boldsymbol{\theta})\ddot{\boldsymbol{\theta}}+\boldsymbol{C}(\boldsymbol{\theta},\dot{\boldsymbol{\theta}})+\boldsymbol{K}_{\mathrm{d}}\dot{\boldsymbol{\theta}}+\boldsymbol{K}_{\mathrm{p}}\boldsymbol{\theta}=\boldsymbol{K}_{\mathrm{p}}\boldsymbol{\theta}_{\mathrm{d}} \tag{5-6-17}$$

选择如下李雅普诺夫函数：

$$V=\frac{1}{2}\dot{\boldsymbol{\theta}}^{\mathrm{T}}\boldsymbol{M}(\boldsymbol{\theta})\dot{\boldsymbol{\theta}}+\frac{1}{2}\boldsymbol{E}^{\mathrm{T}}\boldsymbol{K}_{\mathrm{p}}\boldsymbol{E} \tag{5-6-18}$$

由于 $\boldsymbol{M}(\boldsymbol{\theta})$ 和 $\boldsymbol{K}_{\mathrm{p}}$ 为正定矩阵，利用下面的关系式：

$$\frac{1}{2}\dot{\boldsymbol{\theta}}^{\mathrm{T}}\dot{\boldsymbol{M}}(\boldsymbol{\theta})\dot{\boldsymbol{\theta}}=\dot{\boldsymbol{\theta}}^{\mathrm{T}}\boldsymbol{C}(\boldsymbol{\theta}) \tag{5-6-19}$$

可得

$$\begin{aligned}\dot{V}&=\frac{1}{2}\dot{\boldsymbol{\theta}}^{\mathrm{T}}\dot{\boldsymbol{M}}(\boldsymbol{\theta})\dot{\boldsymbol{\theta}}+\dot{\boldsymbol{\theta}}^{\mathrm{T}}\boldsymbol{M}(\boldsymbol{\theta})\ddot{\boldsymbol{\theta}}-\boldsymbol{E}^{\mathrm{T}}\boldsymbol{K}_{\mathrm{p}}\dot{\boldsymbol{\theta}}\\&=\frac{1}{2}\dot{\boldsymbol{\theta}}^{\mathrm{T}}\dot{\boldsymbol{M}}(\boldsymbol{\theta})\dot{\boldsymbol{\theta}}-\dot{\boldsymbol{\theta}}^{\mathrm{T}}\boldsymbol{K}_{\mathrm{d}}\dot{\boldsymbol{\theta}}-\dot{\boldsymbol{\theta}}^{\mathrm{T}}\boldsymbol{C}(\boldsymbol{\theta},\dot{\boldsymbol{\theta}})\\&=-\dot{\boldsymbol{\theta}}^{\mathrm{T}}\boldsymbol{K}_{\mathrm{d}}\dot{\boldsymbol{\theta}}\end{aligned} \tag{5-6-20}$$

只要 $\boldsymbol{K}_{\mathrm{d}}$ 正定，李雅普诺夫函数就非负。因此 $\dot{V}=0$ 的必要条件是 $\dot{\boldsymbol{\theta}}=\mathbf{0}$ 及 $\ddot{\boldsymbol{\theta}}=\mathbf{0}$，由此可得 $\boldsymbol{K}_{\mathrm{p}}\boldsymbol{E}=\mathbf{0}$。由于 $\boldsymbol{K}_{\mathrm{p}}$ 非奇异，因此有 $\boldsymbol{E}=\mathbf{0}$。于是采用式(5-6-16)所示的控制律时可以使系统达到全局渐近稳定。

上述针对机器人的稳定性结论可以解释工业机器人在采用简单的误差伺服控制时，或带有重力模型补偿控制时，系统是满足稳定性条件的。

5.7 质量-弹簧-阻尼系统的 PD 控制

从常规 PID 控制方法可以看出，通常情况下 PID 控制器的输入信号都是偏差信号 $e(t)$，因此可以从偏差信号的比例、微分和积分三方面对系统施加控制。这种控制方法对于流程工业中压力、流量、温度等的控制是比较适合的。但是，对于机器人来说，控制对象一般都是伺服电机。伺服电机具有电流、速度、位置三个相互关联的被控量，不仅需要控制位置，还需要控制速度和电流，具有一定的特殊性。伺服电机的电流与电磁力矩成正比，控制电机电流就可以间接地控制电机的速度和位置。而常规 PID 方法没有直接对电流进行处理。因此在机器人控制中所采用的方法与常见的 PID 控制方法略有不同，一般会综合考虑电机位置、速度及电流的控制作用。这里以质量-弹簧-阻尼系统为例，对机器人系统中常用的 PD 控制方法进行介绍。

质量-弹簧-阻尼系统的动力学方程如下：

$$m\ddot{x}+b\dot{x}+kx=f$$

对质量-弹簧-阻尼系统进行控制时，所施加的控制作用是外力 f，即可通过改变外力 f 实现对系统的控制。如果能够通过某种方式对 f 进行设计，则可获得所要求的控制目标和控制效果。例如，当选取如下的控制作用，直接利用位置和速度的反馈信号对力 f 进行控制时，有

$$f=-k_{\mathrm{p}}x-k_{\mathrm{v}}\dot{x} \tag{5-7-1}$$

对系统施加上述控制作用之后，系统将变为

$$m\ddot{x}+b\dot{x}+kx=-k_{\mathrm{p}}x-k_{\mathrm{v}}\dot{x}$$

将上式整理后，可得

$$m\ddot{x}+(b+k_{\mathrm{v}})\dot{x}+(k+k_{\mathrm{p}})x=0$$

$$m\ddot{x}+b'\dot{x}+k'x=0 \tag{5-7-2}$$

式(5-7-2)即施加了控制作用以后得到的新系统，其中$b'=b+k_{\mathrm{v}}$，$k'=k+k_{\mathrm{p}}$。施加控制作用后，系统的参数发生了改变：新系统的无阻尼固有振荡频率为$\omega_{\mathrm{n}}'=\sqrt{\dfrac{k'}{m}}$，时间常数为$T'=\sqrt{\dfrac{m}{k'}}$，阻尼比$\xi'=\dfrac{b'}{2\sqrt{mk'}}$。

与原有系统相对比，容易看出，施加的控制作用改变了二阶系统的参数，从而改变了系统的性能，实现了有效控制。式(5-7-1)表示的就是一种 PD 控制，k_{p}为比例控制系数，k_{v}为微分控制系数。k_{v}改变了系统的阻尼比，k_{p}改变了系统的固有振荡频率。控制系统的框图如图 5.7.1 所示，图中用虚线区分了原有系统及人为施加的控制作用两部分。k_{v}是对速度$\dot{x}$的反馈控制，k_{p}是对位置x的反馈控制。

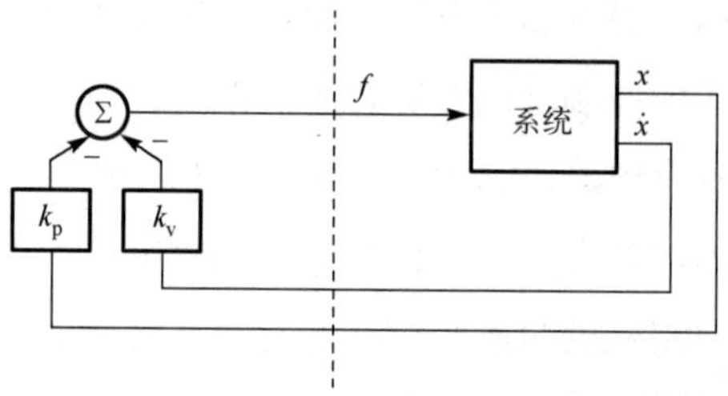

图 5.7.1　PD 反馈控制系统框图

从图 5.7.1 可以看出，反馈信号为系统的位置和速度，通过反馈控制可使质量块的位置x保持恒定，反馈作用使系统具备了一定的抗干扰能力。即在某种扰动影响下，质量块偏离原来的位置后，控制系统可使质量块回复到原来的位置并稳定下来。改变控制参数k_{p}和k_{v}可对系统的动态过程进行优化，例如，阻尼比等于 0.707 时，系统被优化为二阶最佳系统或临界阻尼系统，临界阻尼系统的动态过程将没有振荡和超调。当然，如果不采用上述 PD 控制，如仅采用比例系数k_{p}进行控制，系统的性能也将有所不同。

式(5-7-1)所示的控制律实际上是对给定位置的一种反馈控制，对该式做变形处理，可得

$$f=k_{\mathrm{p}}(0-x)+k_{\mathrm{v}}(0-\dot{x})=k_{\mathrm{p}}e+k_{\mathrm{v}}\dot{e} \tag{5-7-3}$$

从式(5-7-3)可以看出，这一控制律实际上等效于针对给定位置的定位控制，由于给定位置和给定速度均为 0，所以控制律表现为式(5-7-1)所示的简化形式。系统内在的反馈调节机制可描述如下：偏差为$e=0-x$，当偏差增大时(意味着x变小)，力f增加，控制作用增强。力f的增加使得位置x增大，进而使偏差减小，从而实现定位控制的目的。

总体而言，对系统施加控制作用的目的就是优化系统。控制作用是人为添加的，不是系统固有的。添加了某种控制作用之后，系统的性能就发生了相应的改变，并且可通过选取合适的控制参数，使系统到达某种所需的状态，以满足相应的性能要求。

5.8　基于控制律分解的控制方法

本节对上面的 PD 控制方法进行一些变形处理，即对控制律进行分解。为质量-弹簧-阻尼系统引入α和β，并做如下变换：

$$m\ddot{x} + b\dot{x} + kx = \alpha f' + \beta$$

令$\alpha = m$，$\beta = b\dot{x} + kx$，可得

$$f' = \ddot{x} \tag{5-8-1}$$

式(5-8-1)表示的是一个单位质量动力学系统。α是系统的建模质量，β是系统的阻尼及弹性模型。经上述变换后，可以看出，系统被划分为两部分：一部分是模型补偿部分，包括质量、阻尼系数和弹性系数，另一部分为单位质量系统。

对于式(5-8-1)表示的单位质量系统，仍然可以采用 PD 控制方法，即令

$$f' = -k_{\mathrm{p}}x - k_{\mathrm{v}}\dot{x} \tag{5-8-2}$$

结合式(5-8-1)可得

$$\ddot{x} = -k_{\mathrm{p}}x - k_{\mathrm{v}}\dot{x}$$

即采用 PD 控制后的单位质量系统变为如下的形式：

$$\ddot{x} + k_{\mathrm{v}}\dot{x} + k_{\mathrm{p}}x = 0 \tag{5-8-3}$$

此时，系统的时间常数$T = \sqrt{\dfrac{1}{k_{\mathrm{p}}}}$，$\xi = \dfrac{k_{\mathrm{v}}}{2\sqrt{k_{\mathrm{p}}}}$，$\omega_{\mathrm{n}} = \sqrt{k_{\mathrm{p}}}$。同样地，改变控制参数$k_{\mathrm{p}}$和$k_{\mathrm{v}}$即可对系统的动态过程进行优化，如控制阻尼比等于 0.707 时，系统被优化为二阶最佳系统或临界阻尼系统等。

可以看出，式(5-8-3)所示的单位质量 PD 控制系统具有最为简单的表达形式，是最简单的二阶动力学系统。上面的控制律分解实际上是将系统分解为模型部分和单位质量部分，而对于单位质量部分，就可以应用式(5-8-3)得到我们所需要的各种系统参数。

如果能够将上述思路进行推广，将一般的动力学系统分解为模型补偿部分和单位质量系统部分，就可以尽情地对单位质量系统施加 PD 控制，不受系统模型的影响，因此 PD 控制参数的调整和优化将变得十分容易。

进行控制律分解变换后，系统的控制框图如图 5.8.1 所示。

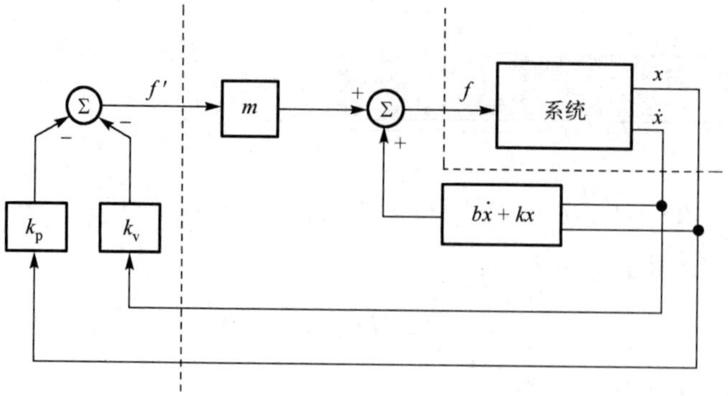

图 5.8.1　将系统分解为模型补偿和单位质量两部分

需要指出的是，上述控制律分解的前提是能够获得系统的动力学模型，对于质量–弹簧–阻尼系统来说，就是需要已知系统的质量、阻尼系数和弹性系数。否则，控制律分解将无法进行。

对于实际的机器人系统来说，动力学模型永远是无法完全已知的。所以，基于控制律分解的 PD 控制方法在实际应用中一定会存在某种程度的误差。这在工程上一般是允许的，即实际工程系统始终无法做到百分之百准确，控制系统设计的重点任务是使控制系统的误差被限制在一定的容许范围之内。

5.9　跟踪系统的 PD 控制方法

为了实现跟踪控制，控制律不应仅仅针对位置和速度均为零的固定状态，而应针对需要跟踪的位置变量和速度变量。为此，引入位置偏差信号 $e = x_d - x$，x_d 为指令目标位置。对单位质量系统 $\ddot{x} = f'$，采用如下的控制律：

$$f' = \ddot{x}_d + k_v\dot{e} + k_p e \tag{5-9-1}$$

系统的方程变为

$$\ddot{x} = \ddot{x}_d + k_v\dot{e} + k_p e \tag{5-9-2}$$

即

$$\ddot{e} + k_v\dot{e} + k_p e = 0 \tag{5-9-3}$$

式(5-9-2)就是采用了跟踪控制律之后所得到的系统。显然，通过调整优化控制参数 k_p 和 k_v，即可得到所需的跟踪控制结果。

对于一般的物理系统，如质量-弹簧-阻尼系统，可以应用控制律分解的方法，通过模型补偿得到单位质量系统，即对于系统

$$m\ddot{x}+b\dot{x}+kx=f$$

令

$$f=\alpha f'+\beta$$

并令 $\alpha=m$， $\beta=b\dot{x}+kx$，即得到单位质量系统为

$$\ddot{x}=f'$$

式(5-9-1)所示控制律中的第一项 $\ddot{x}_{\mathrm{d}}$ 实际上是对惯性力的前馈补偿作用，所对应的质量为单位质量，PD 控制所对应的补偿控制对象为单位质量系统，即 $1\cdot\ddot{x}=f'$。

控制律分解后的 PD 跟踪控制系统框图如图 5.9.1 所示。

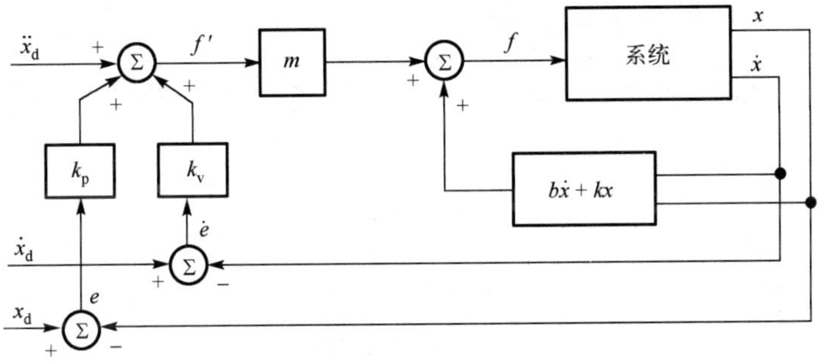

图 5.9.1　控制律分解后的 PD 跟踪控制系统框图

5.10　干扰的抑制作用

下面讨论控制系统对干扰的抑制作用。如图 5.10.1 所示，系统存在干扰力 f_{dist} 时，系统的方程变为

$$m\ddot{x}+b\dot{x}+kx=f+f_{\mathrm{dist}}$$

参照上面控制律分解的方法，令 $m\ddot{x}+b\dot{x}+kx=\alpha f'+\beta$，并且令 $\alpha=m$， $\beta=b\dot{x}+kx+f_{\mathrm{dist}}$，得到分解后的单位质量控制系统为 $\ddot{x}=f'$，针对单位质量系统进行 PD 控制。由于上面的控制律包含了外部干扰作用的补偿项 f_{dist}，干扰作用是不可预知的，因此这种试图在控制律中对干扰作用进行补偿的处理方法实际上是不可行的。故系统的控制律应该是

$$f=\alpha f'+\beta$$

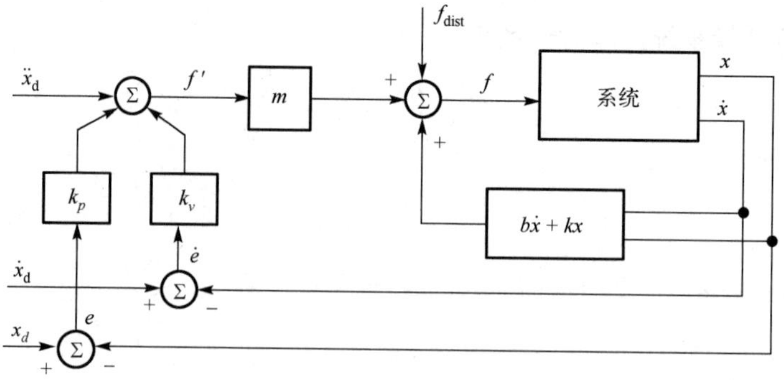

图 5.10.1　控制系统对干扰的抑制作用

其中，$f' = \ddot{x}_{\mathrm{d}} + k_{\mathrm{v}}\dot{e} + k_{\mathrm{p}}e$，$\alpha = m$，$\beta = b\dot{x} + kx$。

补偿控制后的系统为

$$m\ddot{x} + b\dot{x} + kx = f_{\mathrm{dist}} + \alpha f' + \beta = f_{\mathrm{dist}} + \alpha(\ddot{x}_d + k_{\mathrm{v}}\dot{e} + k_{\mathrm{p}}e) + \beta$$

整理后，由于扰动信号的符号是不确定的，因此可将 f_{dist} 移到等号的另一边，补偿控制后的系统可写成为如下形式：

$$\ddot{e} + k_{\mathrm{v}}\dot{e} + k_{\mathrm{p}}e = f_{\mathrm{dist}} \tag{5-10-1}$$

如果 f_{dist} 是有界的，即存在常数 α，使得

$$\max_t f_{\mathrm{dist}}(t) < \alpha$$

则式(5-10-1)的微分方程的解也是有界的，系统将是稳定的。

1．稳态误差

当 f_{dist} 为常数时，干扰作用为恒定信号。在这种情况下，式(5-10-1)中的误差导数项变为零，得到系统的稳态方程为

$$k_{\mathrm{p}}e = f_{\mathrm{dist}}$$

或者

$$e = f_{\mathrm{dist}} / k_{\mathrm{p}} \tag{5-10-2}$$

由式(5-10-2)可知，系统的控制增益 k_{p} 越大，系统的稳态误差越小。

2．附加积分项

如果在控制律中附加一个积分项，则控制律变为 PID 控制律：

$$f' = \ddot{x}_{\mathrm{d}} + k_{\mathrm{v}}\dot{e} + k_{\mathrm{p}}e + k_{\mathrm{i}}\int e\mathrm{d}t$$

系统的方程变为

$$\ddot{e}+k_{\mathrm{v}}\dot{e}+k_{\mathrm{p}}e+k_{\mathrm{i}}\int e\mathrm{d}t=f_{\mathrm{dist}} \tag{5-10-3}$$

如果 $t<0$ 时 $e(t)=0$，则上式可写为

$$\dddot{e}+k_{\mathrm{v}}\ddot{e}+k_{\mathrm{p}}\dot{e}+k_{\mathrm{i}}e=f'_{\mathrm{dist}}$$

此时，对于恒定的干扰作用，系统的稳态误差将变为零，即

$$f'_{\mathrm{dist}}=0\text{，}\quad e=0$$

由于增加了积分作用的 PID 控制，系统成了三阶系统。通常情况下，系统的积分作用比较小，即增益 k_{i} 非常小，这使得三阶系统近似于没有积分作用，在分析系统时，可将系统近似看成一个二阶系统，对系统的主导极点进行分析，获得系统的主要性能。

5.11　非线性系统的 PD 控制方法

上述基于控制律分解的控制方法可以推广应用于非线性系统。图 5.11.1 所示为非线性弹簧的控制曲线。该弹簧具有非线性特性：

$$m\ddot{x}+b\dot{x}+qx^3=f$$

采用基于控制律分解的 PD 控制方法，选取如下控制律：

$$f=\alpha f'+\beta$$

$$f'=\ddot{x}_{\mathrm{d}}+k_{\mathrm{v}}\dot{e}+k_{\mathrm{p}}e$$

其中，$\alpha=m$，$\beta=b\dot{x}+qx^3$

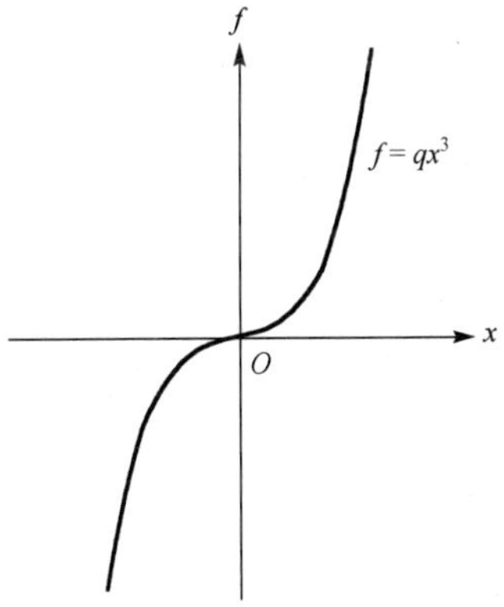

图 5.11.1　非线性弹簧的控制曲线

非线性弹簧系统的 PD 控制框图如图 5.11.2 所示。

采用上述控制律分解的控制方法后，系统中的非线性影响被控制律中的非线性补偿项“抵消”了，补偿后的系统为线性系统，实现了系统的线性化。在控制律分解的方法中，PD 伺服控制律始终保持不变，而基于模型的部分将包含非线性模型的补偿作用，即该方法在模型补偿部分进行了线性化处理。

非线性是广泛存在于实际工程系统中的一种物理特性。基于控制律分解的方法不仅可以用于上述非线性弹簧系统，还可以用于其他类型的非线性系统。图 5.11.3 所示为非线性库伦摩擦与 $\dot{x}$ 的关系，摩擦与运动的方向有关。图 5.11.4 所示为单摆或单连杆机械臂，在其关节上存在库伦摩擦和黏滞摩擦。并且关节旋转至不同位置时，质量块重力对关节的影响也是变化的，具有非线性特性。

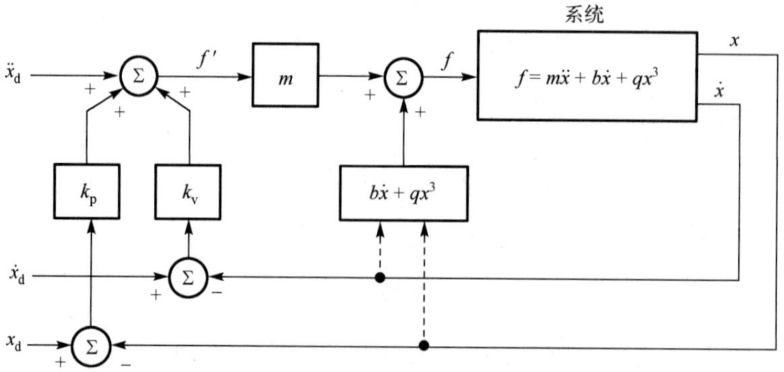

图 5.11.2　非线性弹簧系统的 PD 控制框图

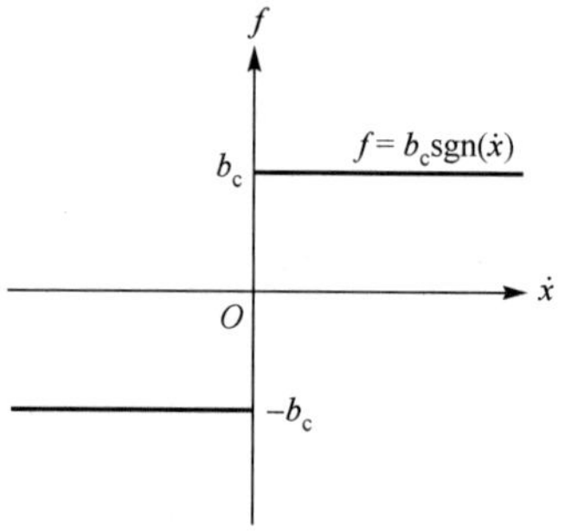

图 5.11.3　非线性库伦摩擦与 $\dot{x}$ 的关系

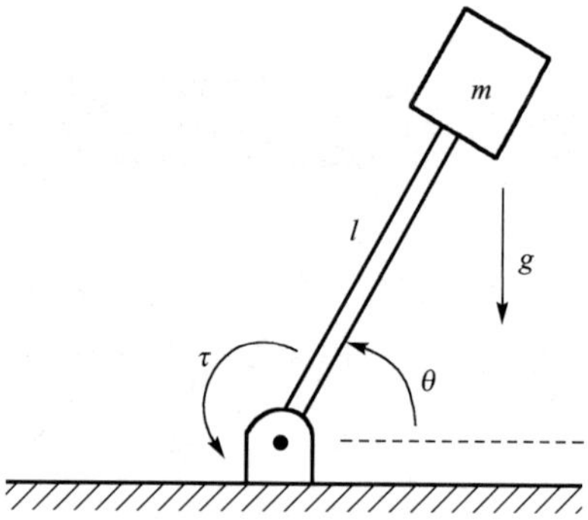

图 5.11.4　单摆或单连杆机械臂

图 5.11.4 所示系统的动力学模型为

$$\tau = ml^2\ddot{\theta} + v\dot{\theta} + c\,\mathrm{sgn}(\dot{\theta}) + mlg\cos\theta$$

在基于模型的补偿控制律 $f = \alpha f' + \beta$ 中，可选取

$$\alpha = ml^2$$

$$\beta = v\dot{\theta} + c\,\mathrm{sgn}(\dot{\theta}) + mlg\cos\theta$$

综上所述，针对非线性系统的控制问题，基于控制律分解的控制方法包含以下两个主要部分：

(1)基于非线性模型，在控制律中添加逆动力学补偿作用，以补偿系统的非线性，将补偿后的系统变为单位质量线性系统，实现系统线性化；

(2)针对线性化处理后的单位质量线性系统实施 PD 控制。

显然，为了抵消系统的非线性作用，必须知道系统的结构和参数，即需要已知系统的动力学模型。但在实际系统中，系统的动力学模型并不容易获得。当参数不能准确已知时，实际参数与模型补偿的参数不一致，将引起误差。特殊情况下，若模型与实际系统的误差过大，则会导致系统不稳定。因此，这种方法在实际应用中仍然具有较大的难度，特别是对于复杂的非线性系统，其难度将会更大。

5.12　基于控制律分解的机器人 PD 控制

进一步地，可以将上述基于控制律分解的控制方法推广至更复杂的机器人系统中。机器人控制系统属于多输入多输出系统，需要用矢量表示系统的位置、速度、加速度等，控制律和模型中的参数和变量也都以矩阵的形式表达。

机械臂系统的动力学方程如下：

$$\boldsymbol{\tau} = \boldsymbol{M}(\boldsymbol{\theta})\ddot{\boldsymbol{\theta}} + \boldsymbol{V}(\boldsymbol{\theta},\dot{\boldsymbol{\theta}}) + \boldsymbol{G}(\boldsymbol{\theta}) + \boldsymbol{F}(\boldsymbol{\theta},\dot{\boldsymbol{\theta}})$$

采用如下控制律：

$$\boldsymbol{\tau} = \boldsymbol{\alpha}\boldsymbol{\tau}' + \boldsymbol{\beta}$$

其中

$$\boldsymbol{\alpha} = \boldsymbol{M}(\boldsymbol{\theta})$$

$$\boldsymbol{\beta} = \boldsymbol{V}(\boldsymbol{\theta},\dot{\boldsymbol{\theta}}) + \boldsymbol{G}(\boldsymbol{\theta}) + \boldsymbol{F}(\boldsymbol{\theta},\dot{\boldsymbol{\theta}})$$

$$\boldsymbol{\tau}' = \ddot{\boldsymbol{\theta}}_{\mathrm{d}} + \boldsymbol{K}_{\mathrm{v}}\dot{\boldsymbol{E}} + \boldsymbol{K}_{\mathrm{p}}\boldsymbol{E}$$

$$\ddot{\boldsymbol{E}} + \boldsymbol{K}_{\mathrm{v}}\dot{\boldsymbol{E}} + \boldsymbol{K}_{\mathrm{p}}\boldsymbol{E} = 0$$

对于独立关节 i，补偿控制后的系统为

$$\ddot{e} + k_{\mathrm{v}i}\dot{e} + k_{\mathrm{p}i}e = 0$$

机器人跟踪控制系统框图如图 5.12.1 所示。

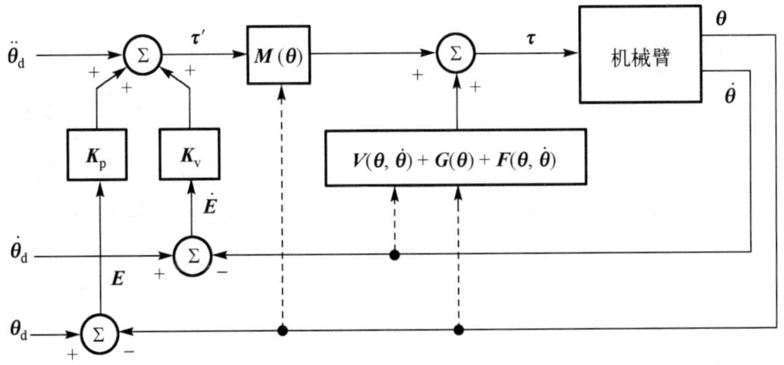

图 5.12.1　机器人跟踪控制系统框图

在图 5.12.1 所示的机器人控制系统中，需要以伺服更新的节奏来实时计算系统的补偿模型。由于模型十分复杂，模型的计算需要耗费大量时间，因此该系统往往难以满足模型计算更新的速度要求。为了解决这一问题，一些学者给出了下面几种处理方法。

1. 前馈控制

图 5.12.1 中，模型的计算是处于伺服闭环之内的，因此需要以伺服更新相同的速率完成模型的计算更新。而在图 5.12.2 中，采用的是另一种处理方法，系统中模型的计算部分被移到了伺服闭环之外。这样，伺服闭环的计算速度不再受模型计算的影响，更容易保证伺服更新的速度，从而获得快速的内伺服环。而基于模型的计算则可以以较低的速率在伺服闭环的外面进行。

在上述前馈控制方法中，模型的计算是基于期望的轨迹（$\ddot{\boldsymbol{\theta}}_{\rm d}$、$\dot{\boldsymbol{\theta}}_{\rm d}$ 和 $\boldsymbol{\theta}_{\rm d}$）进行的，即没有考虑实际轨迹（$\ddot{\boldsymbol{\theta}}$、$\dot{\boldsymbol{\theta}}$ 和 $\boldsymbol{\theta}$）的影响，因此会造成一定的误差。由于模型的计算只与给定值有关，因此计算完全可以通过离线的方式来进行，即事先将模型计算好并存储起来，使用时只需从存储器中调出相应的模型补偿值即可。这种前馈控制方法的实时计算量很小，可以获得很高的伺服更新速率。

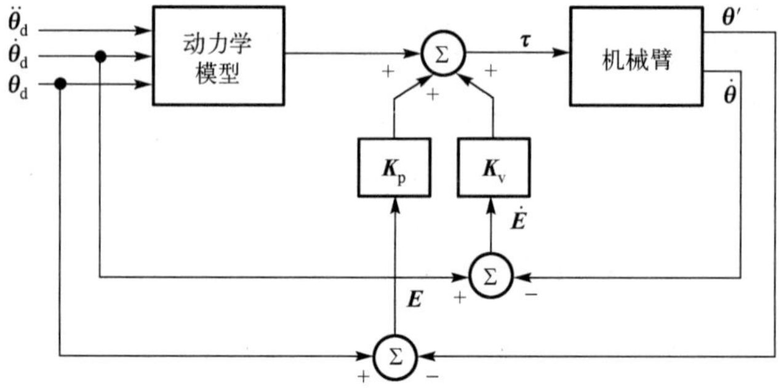

图 5.12.2　将模型的计算部分移到位于伺服闭环之外的控制方法

2. 双速率控制

另一种减小模型计算影响的方法如图 5.12.3 所示。图中，模型计算只考虑了关节变量 $\boldsymbol{\theta}$ 的影响，即机械臂的动力学模型只与其构型有关。系统的动力学模型方程变为机械臂位置的函数，这些函数的计算可以放在后台进行，由后台计算机来计算；或者将相关的计算结果事先做好并存储在表格中，运行时调用相关的表格来实现模型的补偿。显然，这种控制结构使系统以两种速率被控制，模型的计算由较低的速率来完成，保证了较高的伺服更新速率。比如，令闭环伺服频率为 250Hz，后台的模型补偿频率为 60Hz。

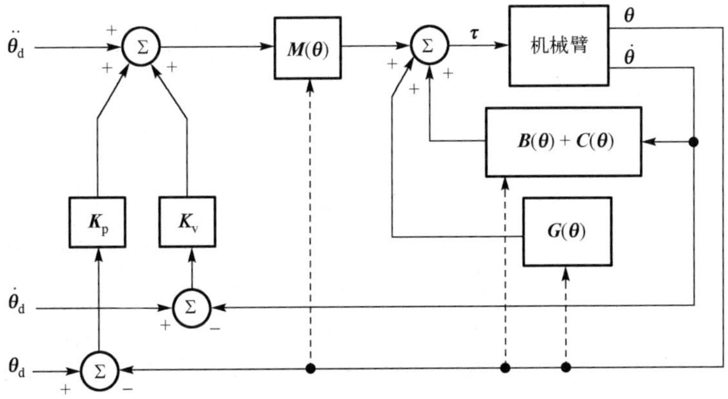

图 5.12.3　双速率控制方法

3. 笛卡儿空间的控制

如果希望在笛卡儿空间进行控制，所需考虑的计算工作将会更多，实时计算的问题也更加突出。如图 5.12.4 所示，除上面的模型补偿计算之外，笛卡儿空间的控制还应包括运动学解算部分，即运动学的解算也被包含在反馈闭环的内部。因此，对于笛卡儿空间的控制来说，模型计算的问题更为复杂。此外，对于机械臂来说，相关的逆运动学计算存在多解问题。

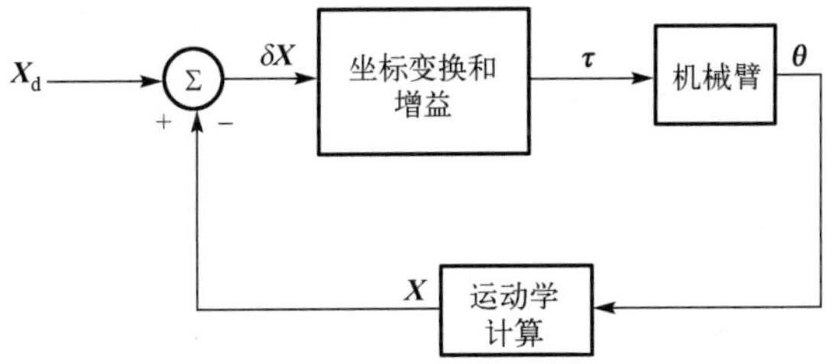

图 5.12.4　笛卡儿空间的控制问题

在进行笛卡儿空间的控制时，图 5.12.5 和图 5.12.6 给出了两种实施方法。在图 5.12.5 中，利用逆雅可比矩阵将笛卡儿空间的位置偏差转换为关节空间的位置偏差。当位置偏差很小时，这种转换是可行的，但逆雅可比矩阵的计算一般较为困难。图 5.12.6 中的控制方法使用了转置雅可比矩阵，回避掉了逆雅可比矩阵的计算问题。

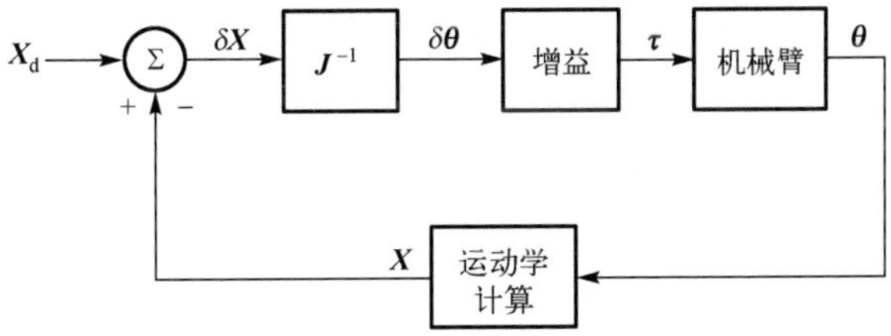

图 5.12.5　使用逆雅可比矩阵的笛卡儿空间控制方法

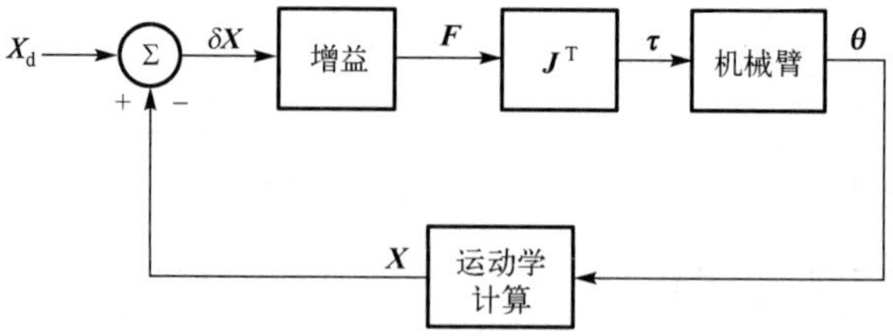

图 5.12.6　使用转置雅可比矩阵的笛卡儿空间控制方法

对于笛卡儿空间的控制来说，上面介绍的前馈方法、双速率方法等都是可参考的。这里仅介绍了控制系统设计的一些基本思路和框架，在实际应用中所面临的理论和技术问题仍然比较多，还需要加以深入研究。

5.13　反馈线性化及逆动力学控制

上面介绍了一种基于控制律分解的轨迹跟踪控制方法，该方法不仅可以用于单自由度机器人关节，还可以用于多自由度机械臂，实现非线性的补偿控制。下面简要介绍反馈线性化及逆动力学方法，这些方法的具体名称不同，处理问题的思路和角度存在一些区别，但都针对非线性动力学问题进行补偿控制。

1．反馈线性化

考虑如下的简单非线性系统：

$$\dot{x}_1 = a\sin(x_2) \tag{5-13-1}$$

$$\dot{x}_2 = -x_1^2 + u \tag{5-13-2}$$

在上述系统中，不能简单地通过选择 u 来消除非线性项 $a\sin(x_2)$。但是，可通过如下操作对变量进行调整，设定

$$y_1 = x_1$$

$$y_2 = a\sin(x_2) = \dot{x}_1$$

得

$$\dot{y}_1 = \dot{x}_1 = y_2 \tag{5-13-3}$$

$$\dot{y}_2 = a\cos(x_2)\dot{x}_2 = a\cos(x_2)(-x_1^2 + u) \tag{5-13-4}$$

这时，可以通过在式(5-13-4)中选择

$$v = a\cos(x_2)(-x_1^2 + u) \tag{5-13-5}$$

使系统变为

$$\dot{y}_1 = y_2 \tag{5-13-6}$$

$$\dot{y}_2 = v \tag{5-13-7}$$

可将式(5-13-5)改写成下面的形式：

$$u = \frac{1}{a\cos(x_2)}v + x_1^2 \tag{5-13-8}$$

上式表明，当对输入量进行相应的变换后，变换后的系统成为式(5-13-6)、式(5-13-7)所对应的线性系统，实现了系统的线性化。变量 y_1、y_2 为系统状态的测量值。如果变量 y_1、y_2 不能从系统直接测量，则可通过式(5-13-3)和式(5-13-4)计算得到。这种线性化是通过反馈实现的，因此称为反馈线性化，如图 5.13.1 所示。

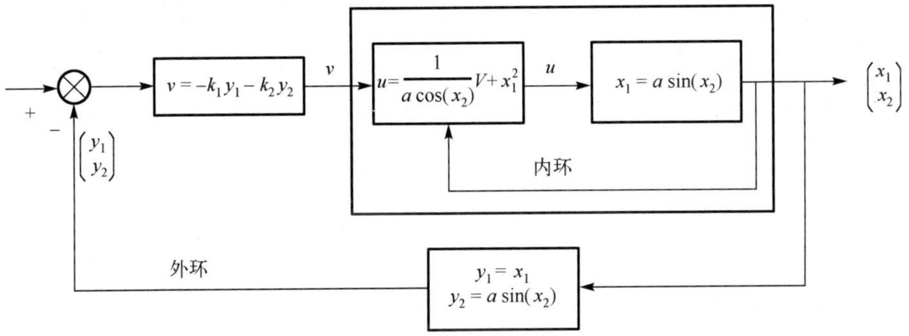

图 5.13.1　反馈线性化

2．逆动力学

逆动力学方法是反馈线性化方法的一个特例。

逆动力学方法的思路是：对于关节空间的 n 连杆多刚体机器人动力学模型

$$M(q)\ddot{q} + C(q,\dot{q})\dot{q} + g(q) = u \tag{5-13-9}$$

寻找一个如下所示的非线性反馈控制律：

$$u = f(q,\dot{q},t) \tag{5-13-10}$$

将该控制律代入系统后，得到一个线性闭环系统。

显然，对于一般的非线性系统，找到这种控制律可能非常困难。但对于式(5-13-9)这类机器人系统，实际上会相对容易一些。

如果按下式选择控制律 u：

$$u = M(q)a_q + C(q,\dot{q})\dot{q} + g(q) \tag{5-13-11}$$

则代入控制律后，可得到简单系统

$$\ddot{q} = a_{\mathrm{q}} \tag{5-13-12}$$

进一步地，对 a_{q} 进行设计，选择带有加速度前馈的 PD 控制，将其设计成二阶系统，即令

$$a_{\mathrm{q}} = \ddot{q}_{\mathrm{d}} + k_{\mathrm{p}}e + k_{\mathrm{i}}\dot{e} \tag{5-13-13}$$

其中，$e = q_{\mathrm{d}} - q$。

式(5-13-12)所示的系统也称为双积分系统，a_{q} 表示一种加速度，并采用式(5-13-13)所示的控制律对加速度的作用进行设计。式(5-13-11)实际上表示的是系统的逆动力学控制作用。

在实际系统中，对加速度的控制是不易观察的。上面的逆动力学方法与基于控制律分解的模型补偿控制方法是一致的。在基于控制律分解的模型补偿控制方法中，通过动力学模型的补偿，得到了单位质量系统，而对单位质量系统施加控制作用时，很容易从惯性力的角度来理解，控制思路直观易懂。因此，基于控制律分解的模型补偿方法实际上也是一种逆动力学方法。

5.14 自适应控制

反馈线性化方法、逆动力学方法或基于控制律分解的控制方法都是基于动力学模型进行的，要求获得精确的机器人动力学模型。而实际上精确机器人动力学模型的获得是十分困难的。鲁棒和自适应的控制方法为解决模型不确定或参数变化的问题提供了一种处理手段。

鲁棒控制器与自适应控制器的设计思路不同。鲁棒控制器是一种固定的控制器，但控制器具有鲁棒性，在面对大范围不确定性时仍然可以保持所需的扰动抑制和相关控制作用，满足控制性能要求。自适应控制器则采用了某种形式的参数估计及调节方法，使控制器随着控制对象或参数的信息进行更新，并使控制误差随时间逐渐减小。

图 5.14.1 所示的自适应控制方法为提高系统的控制性能提供了有益的思路和实施途径。由于机械臂的参数不能精确获得，因此基于模型的补偿计算必然存在一定的误差，采用自适应控制的思想是：当已知系统的状态和误差时，控制系统自动调整模型中的相关参数或结构，直至误差消失。

如机械臂的动力学方程为

$$\boldsymbol{T} = \boldsymbol{M}(\boldsymbol{\theta})\ddot{\boldsymbol{\theta}} + \boldsymbol{Q}(\boldsymbol{\theta}, \dot{\boldsymbol{\theta}}) \tag{5-14-1}$$

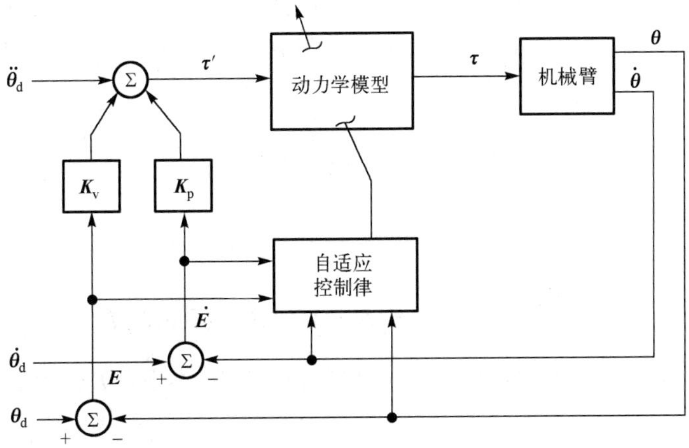

图 5.14.1　机械臂的自适应控制

上面的方程中，对于第 j 个关节，其动力学方程可以写为

$$\tau_j = \sum_{i=1}^{a_i} m_{ji} f_{ji}(\theta,\ddot{\theta}) + \sum_{i=1}^{b_i} q_{ji} g_{ji}(\theta,\dot{\theta}) \tag{5-14-2}$$

式中，m_{ji} 和 q_{ji} 是对应于机械臂第 j 个关节的参数，这些参数与连杆的质量和惯性张量、连杆的长度、摩擦系数、重力加速度等物理量有关。$f_{ji}(\theta,\ddot{\theta})$ 和 $g_{ji}(\theta,\dot{\theta})$ 是函数，该函数与机械臂的姿态有关，随关节变量的不同而变化。

假定上面大部分参数及其公式的结构都是已知的，仅有少量参数未知，并且未知参数的边界是已知的。

选取如下的跟踪控制律：

$$\boldsymbol{T} = \hat{\boldsymbol{M}}(\boldsymbol{\theta})\ddot{\boldsymbol{\theta}}^* + \hat{\boldsymbol{Q}}(\boldsymbol{\theta},\dot{\boldsymbol{\theta}}) \tag{5-14-3}$$

$$\ddot{\boldsymbol{\theta}}^* = \ddot{\boldsymbol{\theta}}_d + \boldsymbol{K}_v\dot{\boldsymbol{E}} + \boldsymbol{K}_p\boldsymbol{E} \tag{5-14-4}$$

其中，$\hat{\boldsymbol{M}}(\boldsymbol{\theta})$ 和 $\hat{\boldsymbol{Q}}(\boldsymbol{\theta})$ 是模型的估值。

式 (5-14-3) 中的第 j 个元素可写为

$$\tau_j = \sum_{i=1}^{a_i} \hat{m}_{ji} f_{ji}(\theta,\ddot{\theta}^*) + \sum_{i=1}^{b_i} \hat{q}_{ji} g_{ji}(\theta,\dot{\theta})$$

其中，$\hat{m}_{ji}$ 和 $\hat{q}_{ji}$ 是 m_{ji} 和 q_{ji} 的估计值。

令 $\tilde{\boldsymbol{M}}(\boldsymbol{\theta}) = \boldsymbol{M}(\boldsymbol{\theta}) - \hat{\boldsymbol{M}}(\boldsymbol{\theta})$，$\tilde{\boldsymbol{Q}}(\boldsymbol{\theta}) = \boldsymbol{Q}(\boldsymbol{\theta}) - \hat{\boldsymbol{Q}}(\boldsymbol{\theta})$ 代表模型的误差，由式 (5-14-1) 和式 (5-14-3) 相等，可得

$$\ddot{\boldsymbol{E}} + \boldsymbol{K}_v\dot{\boldsymbol{E}} + \boldsymbol{K}_p\boldsymbol{E} = \tilde{\boldsymbol{M}}^{-1}(\boldsymbol{\theta})[\tilde{\boldsymbol{M}}(\boldsymbol{\theta})\ddot{\boldsymbol{\theta}} + \tilde{\boldsymbol{Q}}(\boldsymbol{\theta},\dot{\boldsymbol{\theta}})] \tag{5-14-5}$$

式 (5-14-5) 中，将模型参数估计误差与伺服误差关联起来，表达了模型误差对伺服误差的影响。在具体的系统中，可能一部分参数的误差是已知的，其他参数的误差是未知的。

对于已知误差的参数，可以在模型补偿的计算中予以考虑，因此，自适应控制主要处理未知误差的参数。假设未知误差的参数有 r 个，用 $\boldsymbol{P}=\begin{bmatrix}p_1 & p_2 & \cdots & p_r\end{bmatrix}^{\mathrm{T}}$ 表示，其估计值为 $\hat{\boldsymbol{P}}=\begin{bmatrix}\hat{p}_1 & \hat{p}_2 & \cdots & \hat{p}_r\end{bmatrix}^{\mathrm{T}}$，而

$$\boldsymbol{\Phi}=\boldsymbol{P}-\hat{\boldsymbol{P}} \tag{5-14-6}$$

为未知参数所对应的 $r\times 1$ 的误差矢量。

将式(5-14-5)改写为

$$\ddot{\boldsymbol{E}}+\boldsymbol{K}_{\mathrm{v}}\dot{\boldsymbol{E}}+\boldsymbol{K}_{\mathrm{p}}\boldsymbol{E}=\tilde{\boldsymbol{M}}^{-1}(\boldsymbol{\theta})\boldsymbol{W}(\boldsymbol{\theta},\dot{\boldsymbol{\theta}},\ddot{\boldsymbol{\theta}})\boldsymbol{\Phi} \tag{5-14-7}$$

其中，$\boldsymbol{W}(\boldsymbol{\theta},\dot{\boldsymbol{\theta}},\ddot{\boldsymbol{\theta}})$ 为 $n\times r$ 的矩阵函数，该函数与机械臂的轨迹有关。为了统一，选取的 $\boldsymbol{W}$ 可使 $\boldsymbol{P}$ 中的每个元素为正。

对于第 j 个元素，上面的误差方程可写为

$$\ddot{e}_j+k_{\mathrm{v}j}\dot{e}_j+k_{\mathrm{p}j}e_j=(\hat{\boldsymbol{M}}^{-1}\boldsymbol{W}\boldsymbol{\Phi})_j \tag{5-14-8}$$

其中，$(\hat{\boldsymbol{M}}^{-1}\boldsymbol{W}\boldsymbol{\Phi})_j$ 为第 j 个元素，对应于系统中所有参数在该关节上引起的误差。通过自适应规则，利用伺服误差对参数误差进行估计。建立误差状态空间方程进行估计，选取状态变量为 $\boldsymbol{x}_j=[e_j \quad \dot{e}_j]^{\mathrm{T}}$，误差状态空间方程为

$$\begin{aligned}\dot{\boldsymbol{x}}_j&=\boldsymbol{A}_j\boldsymbol{x}_j+\boldsymbol{B}_j[\hat{\boldsymbol{M}}^{-1}\boldsymbol{W}\boldsymbol{\Phi}]_j\\ e_{1j}&=\boldsymbol{C}_j\boldsymbol{x}_j\end{aligned} \tag{5-14-9}$$

其中，$\boldsymbol{A}_j$、$\boldsymbol{B}_j$ 和 $\boldsymbol{C}_j$ 是第 j 个关节的滤波误差方程的最小状态空间实现矩阵，e_{1j} 为估计的滤波伺服误差。如果关节位置和速度可以由传感器测量，则伺服误差 e_{1j} 可以通过传感器数据计算得到，而不需要用滤波器进行估计。

对于整个机械臂系统，状态空间形式的滤波误差方程可写为

$$\begin{aligned}\dot{\boldsymbol{X}}&=\boldsymbol{A}\boldsymbol{X}+\boldsymbol{B}(\hat{\boldsymbol{M}}^{-1}\boldsymbol{W}\boldsymbol{\Phi})\\ \boldsymbol{E}_1&=\boldsymbol{C}\boldsymbol{X}\end{aligned} \tag{5-14-10}$$

其中，$\boldsymbol{A}$，$\boldsymbol{B}$，$\boldsymbol{C}$ 都是分块对角矩阵，对角线上的矩阵分别为 $\boldsymbol{A}_j$、$\boldsymbol{B}_j$、$\boldsymbol{C}_j$，$\boldsymbol{X}=[x_1 \quad x_2 \quad \cdots \quad x_n]^{\mathrm{T}}$。

若选取李雅普诺夫函数为

$$V(\boldsymbol{X},\boldsymbol{\Phi})=\boldsymbol{X}^{\mathrm{T}}\boldsymbol{P}\boldsymbol{X}+\boldsymbol{\Phi}^{\mathrm{T}}\boldsymbol{\Gamma}^{-1}\boldsymbol{\Phi} \tag{5-14-11}$$

其中，$\boldsymbol{P}=\mathrm{diag}\begin{pmatrix}p_1 & p_2 & \cdots & p_n\end{pmatrix}$，$\boldsymbol{\Gamma}=\mathrm{diag}\begin{pmatrix}\gamma_1 & \gamma_2 & \cdots & \gamma_r\end{pmatrix}$，且 $\gamma_i>0$，则

$$\dot{V}(\boldsymbol{X},\boldsymbol{\Phi})=-\boldsymbol{X}^{\mathrm{T}}\boldsymbol{Q}\boldsymbol{X}+2\boldsymbol{\Phi}^{\mathrm{T}}(\boldsymbol{W}^{\mathrm{T}}\hat{\boldsymbol{M}}^{-1}\boldsymbol{E}_1+\boldsymbol{\Gamma}^{-1}\dot{\boldsymbol{\Phi}}) \tag{5-14-12}$$

选取

$$\dot{\boldsymbol{\Phi}}=-\boldsymbol{\Gamma}\boldsymbol{W}^{\mathrm{T}}\hat{\boldsymbol{M}}^{-1}\boldsymbol{E}_1 \tag{5-14-13}$$

有

$$\dot{V}(X,\Phi)=-X^{\mathrm{T}}QX \tag{5-14-14}$$

其中，$A^{\mathrm{T}}P+PA=-Q$，且 Q 是正定的。

由于 $\Phi=P-\hat{P}$，因此有 $\dot{\Phi}=-\dot{\hat{P}}$，式(5-14-11)所示的控制律变为

$$\dot{\hat{P}}=\Gamma W^{\mathrm{T}}\hat{M}^{-1}E_1 \tag{5-14-15}$$

对于式(5-14-10)所示的整个机械臂系统，结合式(5-14-13)，可写为

$$\begin{bmatrix}\dot{X}\\ \dot{\Phi}\end{bmatrix}=\begin{bmatrix}A & BU^{\mathrm{T}}\\ -\Gamma UC & 0\end{bmatrix}\begin{bmatrix}X\\ \Phi\end{bmatrix} \tag{5-14-16}$$

其中，$U=(\hat{M}^{-1}W)^{\mathrm{T}}$。经过自适应控制过程，伺服误差和参数误差收敛至零，使期望的轨迹得到满足。

以具体的机械臂为例，研究表明，动力学参数与广义力之间具有线性特征，动力学模型可写为如下形式：

$$B(q)\ddot{q}+C(q,\dot{q})\dot{q}+F\dot{q}+g(q)=Y(q,\dot{q},\ddot{q})\pi=u \tag{5-14-17}$$

其中，π 为 $p\times 1$ 的参数向量，Y 为关于关节位置、速度和加速度的 $n\times p$ 的矩阵。

选取控制律

$$u=\hat{B}(q)\ddot{q}_{\mathrm{r}}+\hat{C}(q,\dot{q})\dot{q}_{\mathrm{r}}+\hat{F}\dot{q}_{\mathrm{r}}+\hat{g}(q)+K_{\mathrm{D}}\sigma=Y(q,\dot{q},\dot{q}_{\mathrm{r}},\ddot{q}_{\mathrm{r}})\hat{\pi}+K_{\mathrm{D}}\sigma \tag{5-14-18}$$

其中，$\hat{\pi}$ 为动力学模型中的被估计项，相应地用 $\hat{B}$，$\hat{C}$，$\hat{F}$，$\hat{g}$ 分别表示。代入式(5-14-17)可得

$$\begin{aligned}B(q)\dot{\sigma}+C(q,\dot{q})\sigma+F\sigma+K_{\mathrm{D}}\sigma&=-\tilde{B}(q)\ddot{q}_{\mathrm{r}}-\tilde{C}(q,\dot{q})\dot{q}_{\mathrm{r}}-\tilde{F}\dot{q}_{\mathrm{r}}-\tilde{g}(q)\\&=-Y(q,\dot{q},\dot{q}_{\mathrm{r}},\ddot{q}_{\mathrm{r}})\tilde{\pi}\end{aligned} \tag{5-14-19}$$

其中，$\tilde{\pi}=\hat{\pi}-\pi$，$\tilde{B}=\hat{B}-B$，$\tilde{C}=\hat{C}-C$，$\tilde{F}=\hat{F}-F$，$\tilde{g}=\hat{g}-g$，$K_{\mathrm{D}}$ 为正定矩阵，σ 选择为

$$\sigma=\dot{q}_{\mathrm{r}}-\dot{q}=(\dot{q}_{\mathrm{d}}+\Lambda\tilde{q})-\dot{q}=\dot{\tilde{q}}+\Lambda\tilde{q} \tag{5-14-20}$$

其中，$\dot{q}_{\mathrm{r}}=\dot{q}_{\mathrm{d}}+\Lambda\tilde{q}$，$\tilde{q}=q_{\mathrm{d}}-q$；$\Lambda$ 为正定(通常为对角)矩阵。

选取如下的李雅普诺夫函数：

$$V(\sigma,\tilde{q},\tilde{\pi})=\frac{1}{2}\sigma^{\mathrm{T}}B(q)\sigma+\tilde{q}^{\mathrm{T}}\Lambda K_{\mathrm{D}}\tilde{q}+\frac{1}{2}\tilde{\pi}^{\mathrm{T}}K_{\pi}\tilde{\pi}\qquad\forall\sigma,\tilde{q},\tilde{\pi}\neq 0 \tag{5-14-21}$$

式中，K_{π} 为对称正定矩阵，有

$$\dot{V}=-\sigma^{\mathrm{T}}F\sigma-\dot{\tilde{q}}^{\mathrm{T}}K_{\mathrm{D}}\dot{\tilde{q}}-\tilde{q}^{\mathrm{T}}\Lambda K_{\mathrm{D}}\tilde{q}+\tilde{\pi}^{\mathrm{T}}[K_{\pi}\dot{\tilde{\pi}}-Y^{\mathrm{T}}(q,\dot{q},\dot{q}_{\mathrm{r}},\ddot{q}_{\mathrm{r}})\sigma] \tag{5-14-22}$$

若根据如下的自适应规则对参数向量进行估计更新

$$\dot{\hat{\pi}}=K_{\pi}^{-1}Y^{\mathrm{T}}(q,\dot{q},\dot{q}_{\mathrm{r}},\ddot{q}_{\mathrm{r}})\sigma \tag{5-14-23}$$

则由于 $\dot{\hat{q}}=\dot{\tilde{q}}-\pi$ 为常数，式(5-14-22)变为

$$\dot{V} = -\boldsymbol{\sigma}^{\mathrm{T}} \boldsymbol{F} \boldsymbol{\sigma} - \dot{\boldsymbol{q}}^{\mathrm{T}} \boldsymbol{K}_{\mathrm{D}} \dot{\tilde{\boldsymbol{q}}} - \tilde{\boldsymbol{q}}^{\mathrm{T}} \boldsymbol{\Lambda} \boldsymbol{K}_{\mathrm{D}} \boldsymbol{\Lambda} \tilde{\boldsymbol{q}} \tag{5-14-24}$$

因此参数自适应律为

$$\dot{\hat{\boldsymbol{\pi}}} = \boldsymbol{K}_{\pi}^{-1} \boldsymbol{Y}^{\mathrm{T}} (\boldsymbol{q}, \dot{\boldsymbol{q}}, \dot{\boldsymbol{q}}_{\mathrm{r}}, \ddot{\boldsymbol{q}}_{\mathrm{r}})(\dot{\tilde{\boldsymbol{q}}} + \boldsymbol{\Lambda} \tilde{\boldsymbol{q}}) \tag{5-14-25}$$

从而可实现参数的自适应更新。将参数代入伺服控制律中，可得系统的控制律为

$$\boldsymbol{u} = \boldsymbol{Y}^{\mathrm{T}} (\boldsymbol{q}, \dot{\boldsymbol{q}}, \dot{\boldsymbol{q}}_{\mathrm{r}}, \ddot{\boldsymbol{q}}_{\mathrm{r}}) \hat{\boldsymbol{\pi}} + \boldsymbol{K}_{\mathrm{D}} (\dot{\tilde{\boldsymbol{q}}} + \boldsymbol{\Lambda} \tilde{\boldsymbol{q}}) \tag{5-14-26}$$

通过参数自适应更新和伺服自适应两种控制作用，可实现对偏差及参数的控制。

5.15 鲁棒控制

在实际的控制律中，模型不能实现完全补偿，控制模型与实际模型之间存在偏差。对于如下动力学系统：

$$\boldsymbol{B}(\boldsymbol{q}) \ddot{\boldsymbol{q}} + \boldsymbol{n}(\boldsymbol{q}, \dot{\boldsymbol{q}}) = \boldsymbol{u} \tag{5-15-1}$$

其中

$$\boldsymbol{n}(\boldsymbol{q}, \dot{\boldsymbol{q}}) = \boldsymbol{C}(\boldsymbol{q}, \dot{\boldsymbol{q}}) + \boldsymbol{F} \dot{\boldsymbol{q}} + \boldsymbol{g}(\boldsymbol{q}) \tag{5-15-2}$$

$\boldsymbol{C}(\boldsymbol{q}, \dot{\boldsymbol{q}})$ 为科氏力和离心力，$\boldsymbol{F}\dot{\boldsymbol{q}}$ 为黏滞摩擦力，$\boldsymbol{g}(\boldsymbol{q})$ 为重力。

假定控制向量为

$$\boldsymbol{u} = \hat{\boldsymbol{B}}(\boldsymbol{q}) \boldsymbol{y} + \hat{\boldsymbol{n}}(\boldsymbol{q}, \dot{\boldsymbol{q}}) \tag{5-15-3}$$

其中，$\hat{\boldsymbol{B}}$ 和 $\hat{\boldsymbol{n}}$ 表示控制中采用的计算模型。计算模型与实际模型的偏差用下式表示：

$$\tilde{\boldsymbol{B}} = \hat{\boldsymbol{B}} - \boldsymbol{B}, \quad \tilde{\boldsymbol{n}} = \hat{\boldsymbol{n}} - \boldsymbol{n} \tag{5-15-4}$$

采用式(5-15-3)的控制律后，得到的控制系统为

$$\boldsymbol{B} \ddot{\boldsymbol{q}} + \boldsymbol{n} = \hat{\boldsymbol{B}} \boldsymbol{y} + \hat{\boldsymbol{n}} \tag{5-15-5}$$

由上式可得

$$\ddot{\boldsymbol{q}} = \boldsymbol{y} + (\boldsymbol{B}^{-1} \hat{\boldsymbol{B}} - \boldsymbol{I}) \boldsymbol{y} + \boldsymbol{B}^{-1} \tilde{\boldsymbol{n}} = \boldsymbol{y} - \boldsymbol{\eta} \tag{5-15-6}$$

其中

$$\boldsymbol{\eta} = (\boldsymbol{I} - \boldsymbol{B}^{-1} \hat{\boldsymbol{B}}) \boldsymbol{y} - \boldsymbol{B}^{-1} \tilde{\boldsymbol{n}} \tag{5-15-7}$$

采用如下的 PD 控制：

$$\boldsymbol{y} = \ddot{\boldsymbol{q}}_{\mathrm{d}} + \boldsymbol{K}_{\mathrm{D}} (\dot{\boldsymbol{q}}_{\mathrm{d}} - \dot{\boldsymbol{q}}) + \boldsymbol{K}_{\mathrm{P}} (\boldsymbol{q}_{\mathrm{d}} - \boldsymbol{q})$$

可得 PD 控制后的系统为

$$\ddot{\boldsymbol{e}} + \boldsymbol{K}_{\mathrm{D}} \dot{\boldsymbol{e}} + \boldsymbol{K}_{\mathrm{P}} = \boldsymbol{\eta} \tag{5-15-8}$$

由式(5-15-8)及式(5-15-7)可以看出控制后的系统仍然为非线性耦合系统。控制后的系统偏差无法收敛到零。因此，需要重新设计控制律 $\boldsymbol{y}$。

如选取系统的状态为

$$\boldsymbol{\xi}=\begin{bmatrix}\boldsymbol{e}\\ \dot{\boldsymbol{e}}\end{bmatrix} \tag{5-15-9}$$

式中，$\dot{\boldsymbol{e}}=\dot{\boldsymbol{q}}_{\mathrm{d}}-\dot{\boldsymbol{q}}$，而 $\ddot{\boldsymbol{e}}$ 可由式(5-15-10)表示为

$$\ddot{\boldsymbol{e}}=\ddot{\boldsymbol{q}}_{\mathrm{d}}-\boldsymbol{y}+\boldsymbol{\eta} \tag{5-15-10}$$

可得如下一阶微分方程

$$\dot{\boldsymbol{\xi}}=\boldsymbol{H}\boldsymbol{\xi}+\boldsymbol{D}(\ddot{\boldsymbol{q}}_{\mathrm{d}}-\boldsymbol{y}+\boldsymbol{\eta}) \tag{5-15-11}$$

其中

$$\boldsymbol{H}=\begin{bmatrix}\boldsymbol{0} & \boldsymbol{I}\\ \boldsymbol{0} & \boldsymbol{0}\end{bmatrix},\quad \boldsymbol{D}=\begin{bmatrix}\boldsymbol{0}\\ \boldsymbol{I}\end{bmatrix} \tag{5-15-12}$$

于是，可将跟踪指定轨迹的问题转化为寻找使系统［式(5-15-11)］稳定的控制律 $\boldsymbol{y}$ 的问题。鲁棒控制的思想是，假定不确定量 $\boldsymbol{\eta}$ 是有界的，控制律 $\boldsymbol{y}$ 能够对在界限内变化的任意 $\boldsymbol{\eta}$ 都具有渐近稳定性(假定不确定量的界限 ρ 可以根据偏差进行估计)。

选择

$$\boldsymbol{y}=\ddot{\boldsymbol{q}}_{\mathrm{d}}+\boldsymbol{K}_{\mathrm{D}}\dot{\boldsymbol{e}}+\boldsymbol{K}_{\mathrm{P}}\boldsymbol{e}+\boldsymbol{w} \tag{5-15-13}$$

令 $\boldsymbol{K}=\begin{bmatrix}\boldsymbol{K}_{\mathrm{P}} & \boldsymbol{K}_{\mathrm{D}}\end{bmatrix}$，则有

$$\dot{\boldsymbol{\xi}}=\tilde{\boldsymbol{H}}\boldsymbol{\xi}+\boldsymbol{D}(\boldsymbol{\eta}-\boldsymbol{w}) \tag{5-15-14}$$

其中

$$\tilde{\boldsymbol{H}}=\boldsymbol{H}-\boldsymbol{D}\boldsymbol{K}=\begin{bmatrix}\boldsymbol{0} & \boldsymbol{I}\\ -\boldsymbol{K}_{\mathrm{P}} & -\boldsymbol{K}_{\mathrm{D}}\end{bmatrix} \tag{5-15-15}$$

为了确定 $\boldsymbol{w}$，选定如下正定二次型作为李雅普诺夫函数：

$$V(\boldsymbol{\xi})=\boldsymbol{\xi}^{\mathrm{T}}\boldsymbol{Q}\boldsymbol{\xi}>0,\quad \forall\boldsymbol{\xi}\neq 0 \tag{5-15-16}$$

式中，$\boldsymbol{Q}$ 为 $2n\times 2n$ 的正定矩阵。有

$$\begin{aligned}\dot{V}&=\dot{\boldsymbol{\xi}}^{\mathrm{T}}\boldsymbol{Q}\boldsymbol{\xi}+\boldsymbol{\xi}^{\mathrm{T}}\boldsymbol{Q}\dot{\boldsymbol{\xi}}\\ &=\boldsymbol{\xi}^{\mathrm{T}}(\tilde{\boldsymbol{H}}^{\mathrm{T}}\boldsymbol{Q}+\boldsymbol{Q}\tilde{\boldsymbol{H}})\boldsymbol{\xi}+2\boldsymbol{\xi}^{\mathrm{T}}\boldsymbol{Q}\boldsymbol{D}(\boldsymbol{\eta}-\boldsymbol{w})\end{aligned} \tag{5-15-17}$$

当选择 $\boldsymbol{K}_{\mathrm{P}}=\mathrm{diag}(\omega_{n1}^2,\cdots,\omega_{nn}^2)$，$\boldsymbol{K}_{\mathrm{D}}=\mathrm{diag}(2\xi\omega_{n1},\cdots,2\xi\omega_{nn})$ 时，由于 $\tilde{\boldsymbol{H}}$ 具有负实部，因此对于任意对称正定矩阵 $\boldsymbol{P}$，以下方程

$$\tilde{\boldsymbol{H}}^{\mathrm{T}}\boldsymbol{Q}+\boldsymbol{Q}\tilde{\boldsymbol{H}}=-\boldsymbol{P} \tag{5-15-18}$$

可得唯一解 $\boldsymbol{Q}$，且 $\boldsymbol{Q}$ 也是对称正定的。因此，式(5-15-17)变为

$$\dot{V}=-\dot{\boldsymbol{\xi}}^{\mathrm{T}}\boldsymbol{P}\boldsymbol{\xi}+2\boldsymbol{\xi}^{\mathrm{T}}\boldsymbol{Q}\boldsymbol{D}(\boldsymbol{\eta}-\boldsymbol{w}) \tag{5-15-19}$$

式中，右侧第一项负定。设 $\boldsymbol{z}=\boldsymbol{D}^{\mathrm{T}}\boldsymbol{Q}\boldsymbol{\xi}$，则式中的第二项可写为 $\boldsymbol{z}^{\mathrm{T}}(\boldsymbol{\eta}-\boldsymbol{w})$。采用控制律

$$\boldsymbol{w}=\frac{\rho}{\|\boldsymbol{z}\|}\boldsymbol{z}，\quad \rho>0 \tag{5-15-20}$$

进而可得

$$\begin{aligned}\boldsymbol{z}^{\mathrm{T}}(\boldsymbol{\eta}-\boldsymbol{w})&=\boldsymbol{z}^{\mathrm{T}}\boldsymbol{\eta}-\frac{\rho}{\|\boldsymbol{z}\|}\boldsymbol{z}^{\mathrm{T}}\boldsymbol{z}\\&\leqslant\|\boldsymbol{z}\|\|\boldsymbol{\eta}\|-\rho\|\boldsymbol{z}\|=\|\boldsymbol{z}\|(\|\boldsymbol{\eta}\|-\rho)\end{aligned} \tag{5-15-21}$$

如果选择 ρ 使得

$$\rho\geqslant\|\boldsymbol{\eta}\|，\quad \forall\boldsymbol{q},\dot{\boldsymbol{q}},\ddot{\boldsymbol{q}}_{\mathrm{d}} \tag{5-15-22}$$

则式(5-15-20)的控制律可保证对所有偏差轨迹具有 $\dot{V}<0$。

具体的控制律为

$$\boldsymbol{w}=\begin{cases}\dfrac{\rho}{\|\boldsymbol{z}\|}\boldsymbol{z}，& \mathrm{per}\,\|\boldsymbol{z}\|\geqslant\varepsilon\\ \dfrac{\rho}{\varepsilon}\boldsymbol{z}，& \mathrm{per}\,\|\boldsymbol{z}\|<\varepsilon\end{cases} \tag{5-15-23}$$

式(5-15-23)所示的控制律为一种滑模鲁棒控制律。

思考题与习题

5-1 质量-弹簧-阻尼系统中，设质量为 7，阻尼系数为 1，刚度为 9，系统处于临界阻尼状态且 $\omega_{\mathrm{n}}=\frac{1}{2}\omega_{\mathrm{res}}$，试给出基于控制律分解的控制系统设计方案。

5-2 质量-弹簧-阻尼系统中，设质量为 2，阻尼系数为 3，刚度为 8，系统的振荡频率为 $\omega_{\mathrm{res}}=6\mathrm{rad/s}$，系统处于临界阻尼状态，求控制参数 k_{v}，k_{p}。

5-3 试说明模型补偿控制中哪些动力学影响因素难以通过模型进行补偿。

5-4 试分析机器人关节传动系统中电机自身转动惯量对机器人整体转动惯量的影响。

5-5 试分析电机输出端反馈与减速器输出端反馈之间的主要区别及它们对系统控制产生的影响。

5-6 机械臂运动时，动力学方程中的质量矩阵是如何变化的？系统的质量对机械臂的运动会带来哪些主要影响？

5-7 基于机器人整体动力学模型的控制与基于关节独立伺服的机器人控制有哪些不同？

5-8 机械臂系统的主要扰动有哪些？会带来哪些主要影响？

第 6 章 机器人力控制及力位柔顺控制

与位置信号相比，力信号存在很多不同的特点，如力信号一般包含更高的频率，更容易受到噪声干扰等。同时，力信号的上述特点也导致力信号控制存在较大难度。机器人与传统的机械设备不同，传统的机械设备主要工作于预先确定好的工作环境中，运行参数一般是已知的。当机器人工作在与传统机械设备相同的环境或执行类似的任务时，可以参照传统机械设备的控制模式来运行。但更多的情况并非如此，机器人往往需要在未知环境中执行更为复杂的作业任务，因此存在着很多不确定性，运行参数也难以预先设置。在这种情况下，需要机器人既具有良好的位置控制能力，又具有良好的力位柔顺性能，最好像人一样，能够自主地适应环境的特点和作业任务的需求，能够灵活地完成高水平的作业任务。以上都对机器人的控制性能提出了更高的要求，即不仅需要对其进行位置控制，同时需要对其进行力控制，以及力和位置的协调运动——力位协调的柔顺控制。

人体的骨骼肌肉系统具备良好的力位柔顺能力。肌肉的等长收缩、等张收缩提供了良好特性。骨骼肌肉系统的刚性是可变化的，既可以在等长收缩中表现出更高的刚性和更大的力，又可以在等张收缩中灵活改变位置而保持输出力不变。在实际系统中，使机器人具备上述人体肌肉系统的可变刚性特性是十分困难的，目前的机器人在这一方面还存在着较大的不足。

6.1 质量-弹簧-阻尼系统的力控制

在图 6.1.1 所示的质量-弹簧-阻尼系统中，质量块受到输入的控制力 f 、扰动力 f_{dist}、与环境的接触力 f_{e} 及摩擦力的作用。系统的动力学方程如下：

$$f = m\ddot{x} + b\dot{x} + f_{\mathrm{e}} + f_{\mathrm{dist}} \tag{6-1-1}$$

其中，$f_e = k_e x$。库伦摩擦可视为恒定的，可以包含在外部扰动力 f_{dist} 中进行考虑，因此式(6-1-1)中仅包含与速度相关的黏滞摩擦。

对质量-弹簧-阻尼系统进行力控制的目的是控制质量块与环境的接触力，即控制力 f_e，使接触力达到期望的值 f_d。利用关系式 $f_e = k_e x$ 可对惯性力项进行改写，式(6-1-1)将变为

$$f = mk_e^{-1}\ddot{f}_e + b\dot{x} + f_e + f_{dist} \tag{6-1-2}$$

参考基于控制律分解的 PD 控制方法，取 $\alpha = mk_e^{-1}$，$\beta = b\dot{x} + f_e + f_{dist}$，并按如下控制律进行控制：

$$f = \alpha\ddot{f}' + \beta \tag{6-1-3}$$

将上式代入式(6-1-2)，可得

$$\ddot{f}' = \ddot{f}_e \tag{6-1-4}$$

式(6-1-4)的两端是力的二阶导数，该式反映的是单位质量系统与环境之间的一种特殊的力的二阶变化量之间的平衡关系。图 6.1.2 反映的也是作用在单位质量-环境系统上的控制力与接触的反作用力之间的平衡关系。

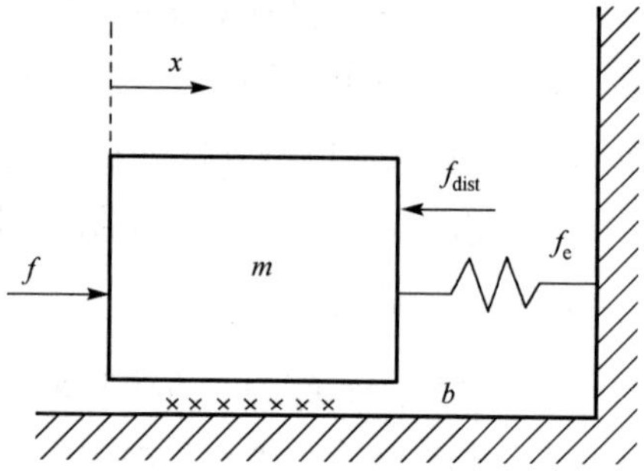

图 6.1.1 质量-弹簧-阻尼系统

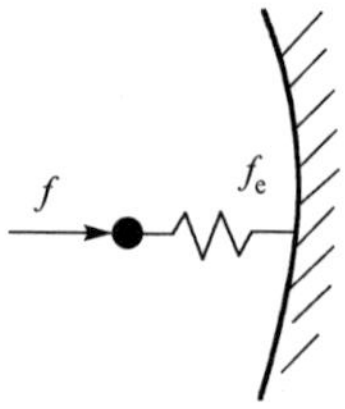

图 6.1.2 单位质量-环境系统

与位置控制系统类似，通过控制律分解，可将系统转化为一个单位质量系统，并且系统中仅保留了控制力与接触力。式(6-1-4)反映了单位质量系统中，上述两种作用力二阶变化率之间的平衡关系。

参照与位置控制类似的 PD 控制，定义力的误差为 $e_f = f_d - f_e$，并将控制力 $\ddot{f}'$ 选取为如下的 PD 控制形式：

$$\ddot{f}' = \ddot{f}_d + k_{vf}\dot{e}_f + k_{pf}e_f \tag{6-1-5}$$

综合后，质量-弹簧-阻尼系统总的控制律为

$$f = mk_e^{-1}[\ddot{f}_d + k_{vf}\dot{e}_f + k_{pf}e_f] + b\dot{x} + f_e + f_{dist} \tag{6-1-6}$$

对系统输入上述控制律作用后，系统的动态过程将符合二阶系统的规律，得到所需的接触力变化过程，即

$$\ddot{e}_{\mathrm{f}} + k_{\mathrm{vf}}\dot{e}_{\mathrm{f}} + k_{\mathrm{pf}}e_{\mathrm{f}} = 0 \tag{6-1-7}$$

实际上，式(6-1-6)所示的控制律在应用中还存在一些不能忽视的问题。

首先，f_{dist} 是未知的，无法在式(6-1-6)中给定，所以在实际的控制律中应该去掉这一项。在控制律中去掉 f_{dist} 之后，式(6-1-7)变为

$$\ddot{e}_{\mathrm{f}} + k_{\mathrm{vf}}\dot{e}_{\mathrm{f}} + k_{\mathrm{pf}}e_{\mathrm{f}} = \frac{f_{\mathrm{dist}}}{mk_{\mathrm{e}}^{-1}} \tag{6-1-8}$$

在稳态时，上式中误差的各阶导数为零，可得

$$e_{\mathrm{f}} = \frac{f_{\mathrm{dist}}}{mk_{\mathrm{e}}^{-1}k_{\mathrm{pf}}} = \frac{f_{\mathrm{dist}}}{\rho} \tag{6-1-9}$$

一般情况下，环境是刚性的，ρ 可能很小，则式(6-1-9)所示的误差较大。当参数波动 ρ 值发生变化时，误差也存在较大范围的波动。如果在控制律中用 f_{d} 代替 $b\dot{x} + f_{\mathrm{e}} + f_{\mathrm{dist}}$，则对应的误差由式(6-1-9)变为式(6-1-10)所示的形式：

$$e_{\mathrm{f}} = \frac{f_{\mathrm{dist}}}{1+\rho} \tag{6-1-10}$$

这样，误差的波动范围将大幅缩小，有利于误差的计算和其他处理。此时，控制律如下：

$$f = mk_{\mathrm{e}}^{-1}(\ddot{f}_{\mathrm{d}} + k_{\mathrm{vf}}\dot{e}_{\mathrm{f}} + k_{\mathrm{pf}}e_{\mathrm{f}}) + f_{\mathrm{d}} \tag{6-1-11}$$

对应的控制系统框图如图 6.1.3 所示。

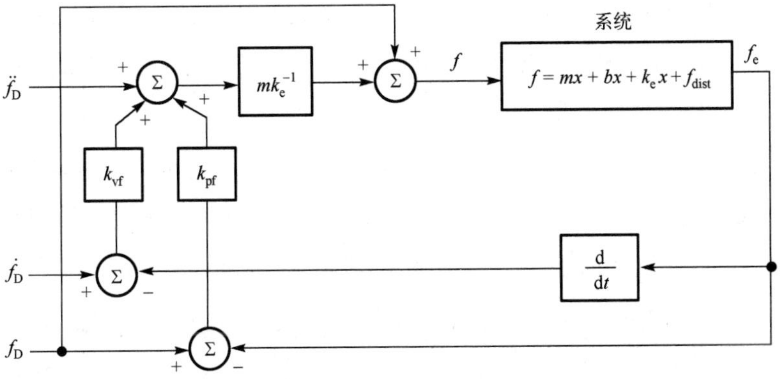

图 6.1.3　基于控制律分解方法的质量-弹簧-阻尼系统框图

其次，力信号具有比位置信号和速度信号更高的带宽，很容易引入噪声信号，因此在实际计算中，上述控制律对力信号的微分往往面临信号噪声过大的问题。为了解决这一问题，可以利用关系式 $f_{\mathrm{e}} = k_{\mathrm{e}}x$ 将力信号的微分用速度信号进行替换。从而，控制律变为

$$f = m(k_e^{-1}\ddot{f}_d + k_{vf}k_e^{-1}\dot{f}_d - k_{vf}\dot{x} + k_{pf}e_f) + f_d \tag{6-1-12}$$

如果力控制的目标是使接触力保持恒定，则 f_d 为常数，其导数为零，实用的控制律为

$$f = m(k_{pf}e_f - k_{vf}\dot{x}) + f_d \tag{6-1-13}$$

对应的控制系统框图如图 6.1.4 所示。

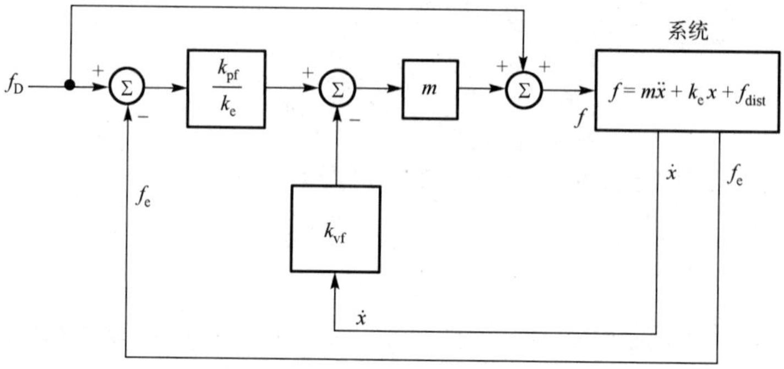

图 6.1.4　实际的质量-弹簧-阻尼系统的恒定值力控制系统框图

从上面的分析中可以看出，对于力信号的控制，原理上，完全可以采用与位置控制类似的闭环控制方法。不同之处在于，由于力信号具有更高的带宽，因此其对系统响应的快速性要求更高，同时还需要处理更高频率的噪声干扰信号。

6.2　自然约束与人工约束

力控制与位置控制的另一个主要区别是关于约束的。对于刚性机器人或在刚性环境中，位置控制在自由空间内有效，在约束空间内无效。而力控制正好与此相反，力控制在约束空间内有效，在自由空间内无效。

如图 6.2.1 所示，对机器人在自由空间 a 中可以施加位置控制，在约束空间 b 中可以施加力控制。但反过来，在自由空间 a 中，由于没有产生平衡力，因此无法对机器人施加力控制，在约束空间 b 中，由于存在环境阻碍，因此无法对机器人施加位置控制。

在图 6.1.1 所示的质量-弹簧-阻尼系统中，当摩擦力为零且质量块与环境始终不发生接触时，质量块将在自由空间中运动，其要么处于静止状态，要么处于匀速运动状态，对质量块施加力 f 时，施加的力将全部转化为惯性力，即只有惯性力与其平衡。在这种情况下，质量块将始终处于加速状态，无法将 f 控制到所需的值，以使质量块保持静止并稳定下来。因此，在自由空间中，施加力控制是无效的，施加力的过程始终是加速的动态过程，无法达到稳定的力控制状态。

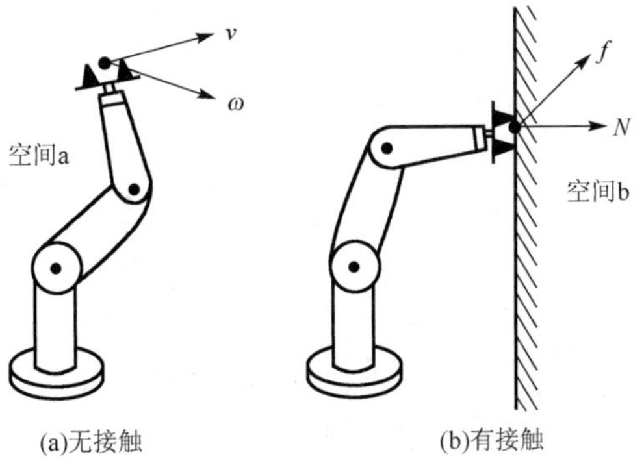

图 6.2.1　机器人与环境的关系

对于位置控制来说，很显然，当物体遇到障碍物时，物体会由于障碍物的阻挡而无法到达所需的期望位置。

根据以上分析，将机器人的作业空间划分为自由空间和约束空间是有益的。相应地，未来描述位置控制与力控制受到约束的不同状态时，可将约束划分为人工约束和自然约束两类。人工约束是指可以人为施加给系统的控制约束，而自然约束是系统和环境本身所固有的约束。结合力控制和位置控制两种控制输入，整体上可得到如下四种约束状态。

(1) 人工位置约束：决定施加位置控制的情况(人为)。

(2) 人工力约束：决定施加力控制的情况(人为)。

(3) 自然位置约束：决定施加位置控制的情况(系统和环境本身固有)。

(4) 自然力约束：决定施加力控制的情况(系统和环境本身固有)。

也就是说，可以将上述约束划分为力约束 $\boldsymbol{h}_e$ 和位置约束(体现为速度约束) $\boldsymbol{v}_e$ 两部分，并且满足如下关系：

$$\boldsymbol{h}_e^T \boldsymbol{v}_e = 0 \tag{6-2-1}$$

图 6.2.2 给出了两种典型的描述约束的情况：摇手柄和拧螺钉。为了描述具体的约束情况，需要建立相应的坐标系，称为约束坐标系。对于摇手柄，坐标系建立在手柄上随手柄一起运动，并使 X 轴始终指向手柄的旋转轴心。对于拧螺钉，坐标系建立在螺丝刀的末端随螺丝刀一起转动。

在实际应用中，采用力/力矩及线速度/角速度来描述上述约束是方便的，用速度描述约束时，它既可以表达运动状态，也可以表达静止状态，速度为零，即对应位置约束的情况。此外，需要说明的是，在分析自然约束和人工约束时，一般假设摩擦力为零。

下面对图 6.2.2 中的自然约束和人工约束进行具体分析。

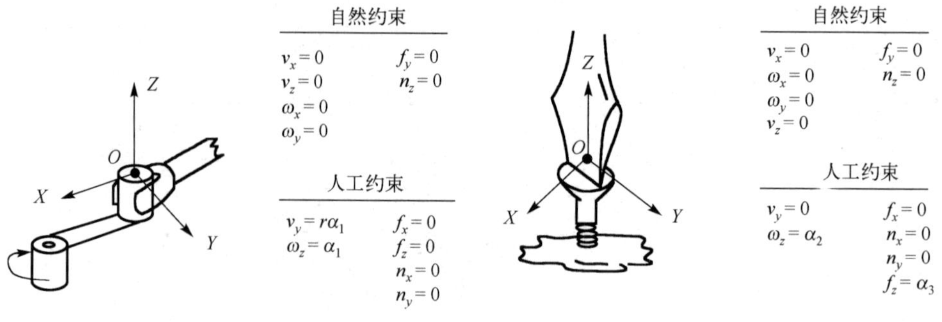

(a) 摇手柄　　(b) 拧螺钉

图 6.2.2　自然约束与人工约束

1．摇手柄自然约束

(1) 摇手柄的自然位置约束 $v_x=0$、$v_z=0$、$\omega_x=0$、$\omega_y=0$：由于坐标系固连在手柄上，所以沿 X 轴和 Y 轴方向的线速度为零。同样，绕 X 轴及 Y 轴的旋转角速度也为零。

(2) 摇手柄的自然力约束 $f_y=0$、$n_z=0$：这两个自然力约束是相互关联的，是同一个力的作用结果。不考虑摩擦力时，施加到手柄 Z 轴上的扭矩将转化为惯性力矩，并且无法达到匀速平衡状态，沿 Y 方向的切向力与上述情况类似，同样无法实现平衡，二者均为零。

2．摇手柄人工约束

(1) 摇手柄的人工位置约束 $v_y=r\alpha_1$、$\omega_z=\alpha_1$：沿 Y 轴的切向速度及绕 Z 轴的角速度是相互对应的，可以根据具体的需求情况人为施加控制作用。

(2) 摇手柄的人工力约束 $f_x=0$、$f_z=0$、$n_x=0$、$n_y=0$：沿 X 轴和 Z 轴方向都可以施加作用力，绕 X 轴和 Y 轴方向也可以施加扭矩。但实际摇手柄时并不需要施加对应的力和力矩，因此将其数值设置为零。

3．拧螺钉自然约束

(1) 拧螺钉的自然位置约束 $v_x=0$、$\omega_x=0$、$\omega_y=0$、$v_z=0$：螺丝刀只能在螺钉的沟槽中旋转，不能沿沟槽的垂直方向移动。不过，绕 X 轴和 Y 轴的角速度有些特殊，螺丝刀与螺丝钉沟槽的接触并不能完全限制其运动，但由于实际拧螺钉时并不希望存在类似的运动，因此这里仍然将其处理为自然位置约束 $\omega_x=0$、$\omega_y=0$。

(2) 拧螺钉的自然力约束 $f_y=0$、$n_z=0$：沿 Y 方向没有沟槽限制，可以移动，但不能施加力。绕 Z 轴旋转时由于没有摩擦力，所以绕 Z 轴的扭矩为零。

4. 拧螺钉人工约束

(1) 拧螺钉的人工位置约束 $v_y = 0$、$\omega_z = \alpha_2$：螺丝刀沿 Y 轴方向可以移动，可以进行速度控制。绕 Z 轴方向为拧螺钉的方向，可以控制旋转的角速度。

(2) 拧螺钉的人工力约束 $f_x = 0$、$n_x = 0$、$n_y = 0$、$f_z = \alpha_3$：沿 Z 轴方向可以施加力作用压紧螺钉，X 轴方向为沟槽的垂直方向，因此也可以施加力。绕 X 轴和绕 Y 轴的扭矩比较特殊，绕 X 轴转动时螺丝刀和螺钉之间只有一个接触点，无法施加扭矩。同样地，绕 Y 轴方向的接触为线接触，也无法施加扭矩。实际应用中仍可以将其视为人工力约束，但将数值赋值为零即可。

通过以上分析可以发现，自然力约束与人工位置约束之间存在如式(6-2-1)所示的互补关系，自然位置约束与人工力约束之间也存在同样的互补关系。在存在自然力约束的方向上可以施加人工位置控制，在存在自然位置约束的方向上可以施加人工力控制。这种互补机制为实施力位混合控制提供了条件。

6.3 机器人力位混合控制

对于图 6.3.1 所示的有接触的 3 自由度笛卡儿机械臂来说，由于关节空间与笛卡儿空间的运动完全一一对应，因此可以方便地建立约束坐标系，实现对机械臂的力位混合控制。

在实施力位混合控制时，引入了对角矩阵 $\boldsymbol{S}$ 和 $\boldsymbol{S}'$ 作为互锁开关，矩阵对角线上的元素为 0 或 1，$\boldsymbol{S}$ 中元素为 0 的位置在 $\boldsymbol{S}'$ 中对应的元素为 1，反过来同理，$\boldsymbol{S}$ 中元素为 1 的位置在 $\boldsymbol{S}'$ 中对应的元素为 0。通过 $\boldsymbol{S}$ 和 $\boldsymbol{S}'$ 实现互锁的开关作用，可将系统中的控制划分为力控制和位置控制两类，分别进行控制。

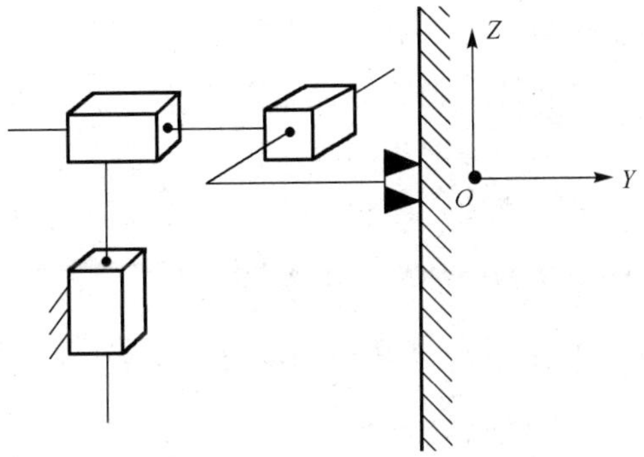

图 6.3.1　有接触的 3 自由度笛卡儿机械臂

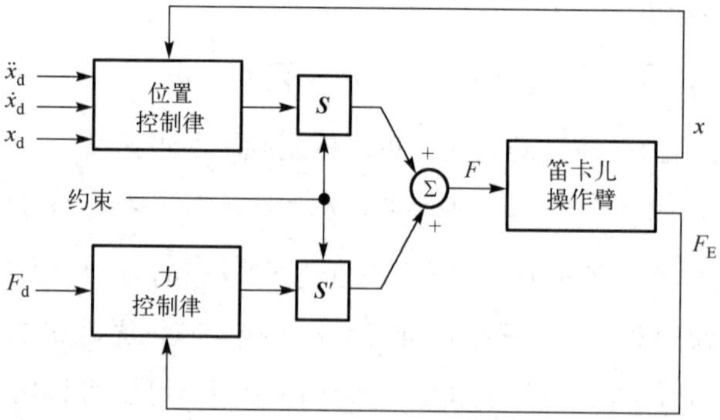

图 6.3.2　3 自由度笛卡儿机械臂的力位混合控制

$\boldsymbol{S}$ 矩阵和 $\boldsymbol{S}'$ 矩阵分别为

$$\boldsymbol{S}=\begin{bmatrix}1&0&0\\0&0&0\\0&0&1\end{bmatrix},\qquad \boldsymbol{S}'=\begin{bmatrix}0&0&0\\0&1&0\\0&0&0\end{bmatrix}\tag{6-3-1}$$

力位混合控制为实现某些机器人作业提供了一种方案，图 6.3.3 所示为将销钉插入孔中的作业。整个作业过程被划分为若干独立的力控制和位置控制过程。

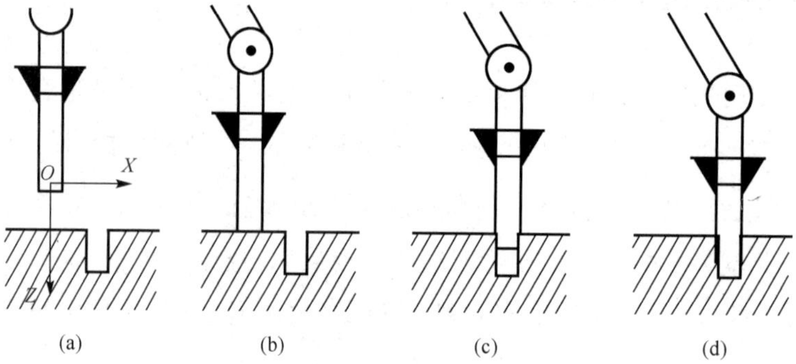

图 6.3.3　销钉插入孔中的作业过程

对于一般的多自由度机械臂，上述力位混合控制方案仍然是有效的。其基本思想是，通过使用笛卡儿空间的动力学模型，把实际机械臂的多自由度组合系统变换为一系列独立的、解耦的单位质量系统。一旦完成解耦和线性化，就可以应用相应的力控制和位置控制方法，实现多自由度机械臂的力位混合控制，控制框图如图 6.3.4 所示。

一般的多自由度机械臂在关节空间的动力学方程为

$$\boldsymbol{B}(\boldsymbol{q})\ddot{\boldsymbol{q}}+\boldsymbol{C}(\boldsymbol{q},\dot{\boldsymbol{q}})\dot{\boldsymbol{q}}+\boldsymbol{F}_{\mathrm{v}}\dot{\boldsymbol{q}}+\boldsymbol{F}_{\mathrm{s}}\operatorname{sgn}(\dot{\boldsymbol{q}})+\boldsymbol{g}(\boldsymbol{q})=\boldsymbol{\tau}-\boldsymbol{J}^{\mathrm{T}}(\boldsymbol{q})\boldsymbol{h}_{\mathrm{e}}\tag{6-3-2}$$

将关节力矩用操作空间对应的力矩表示，忽略摩擦，并对表达式做适当简化后，由上式可得

$$\ddot{\boldsymbol{q}}=\boldsymbol{B}^{-1}\boldsymbol{C}\dot{\boldsymbol{q}}-\boldsymbol{B}^{-1}\boldsymbol{g}+\boldsymbol{B}^{-1}\boldsymbol{J}^{\mathrm{T}}(\boldsymbol{\gamma}_{\mathrm{e}}-\boldsymbol{h}_{\mathrm{e}})\tag{6-3-3}$$

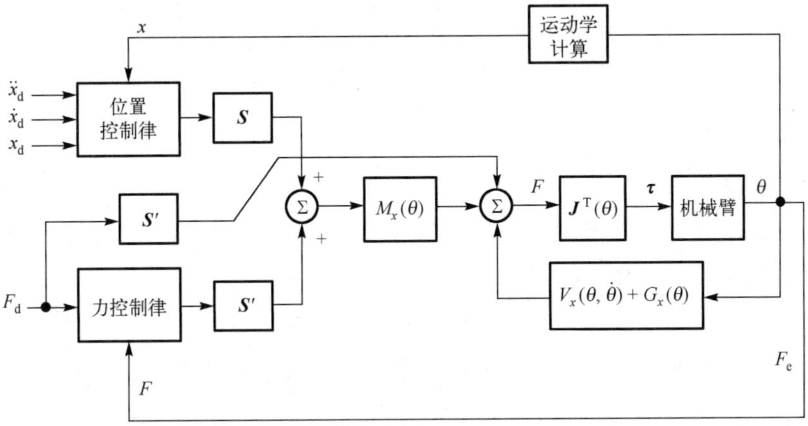

图 6.3.4　多自由度机械臂的力位混合控制框图

另外，操作空间的速度可以表示为

$$\boldsymbol{v}_e = \boldsymbol{J}\dot{\boldsymbol{q}} \tag{6-3-4}$$

对其求导，可得操作空间中加速度的表达式如下：

$$\dot{\boldsymbol{v}}_e = \boldsymbol{J}\ddot{\boldsymbol{q}} + \dot{\boldsymbol{J}}\dot{\boldsymbol{q}} \tag{6-3-5}$$

将式(6-3-5)代入式(6-3-3)，可得操作空间中描述的动力学方程为

$$\boldsymbol{B}_e(\boldsymbol{q})\dot{\boldsymbol{v}}_e + \boldsymbol{n}_e(\boldsymbol{q},\dot{\boldsymbol{q}}) = \boldsymbol{\gamma}_e - \boldsymbol{h}_e \tag{6-3-6}$$

其中

$$\boldsymbol{B}_e = (\boldsymbol{J}^{-1})^T \boldsymbol{B}\boldsymbol{J}^{-1}$$

$$\boldsymbol{n}_e = (\boldsymbol{J}^{-1})^T(\boldsymbol{C}\dot{\boldsymbol{q}} + \boldsymbol{g}) - \boldsymbol{B}_e\dot{\boldsymbol{J}}\dot{\boldsymbol{q}}$$

6.4　柔性环境模型

上述力位混合控制本质上是基于纯粹的力控制和位置控制来实现的。对一个自由度进行严格的位置控制或力控制时，是在伺服刚度频谱的高端和低端进行控制的。在理想的位置控制中，伺服刚度为无穷大，可以抑制所有作用于系统的干扰力。相反，在理想的力控制中，伺服刚度为零，可保持期望的作用力，不受位置变化的干扰。即在力位混合控制中，力控制和位置控制分别处于刚度的两个极端状态：零刚度或无穷大刚度。

在实际应用中，上述的力位混合控制方案仍然存在一些局限性，如需要进行大量计算、缺少动力学模型的精确参数、缺少可靠耐用的力传感器及用户无法确定使用力控制方法还是位置控制方法等，因此并没有在工业机器人中广泛应用。

在讨论机械臂与环境之间的交互作用时，不可避免地会涉及环境的受力变形及机械臂的变形问题。下面对模量与柔量、刚度与柔度等概念进行简要介绍。

1．模量与柔量

一种材料在受力状态下应力与应变之比称为模量，即模量=应力/应变，单位为牛顿/米。模量的倒数称为柔量。模量或柔量是材料本身所固有的属性。纵向应力与纵向应变之比就是材料的弹性模量，又称杨氏模量。材料在承受纵向应力时也会引起横向变形，横向正应变与轴向正应变绝对值的比值称为泊松比，也叫横向变形系数，是反映材料横向变形的弹性常数。此外，剪切变形时的模量称为剪切模量，扭转变形时的模量称为抗扭模量。

2．刚度与柔度

刚度是使物体或结构产生单位变形所需的外力值，与模量的概念大致一致，刚度=应力/应变，单位也是牛顿/米。柔度是刚度的倒数。

刚度与模量既有区别又密切相关，模量反映了材料本身的微观力学性质，而刚度反映了宏观物体或结构的力学特征，刚度取决于材质、形状、尺寸、边界条件等。比如，用钢铁和橡胶做成的棒体尽管大小、形状相同，但由于钢和橡胶的模量差别很大，因此钢棒的刚度要远大于橡胶棒的刚度。而如果用钢做成一根很细的钢丝，钢丝的刚度却很小。物体或构件的截面尺寸、两端所受的约束、横向与纵向尺寸的比值、所用的材料等都会对其刚度产生影响。

3．力向量

除非特别指定，一般情况下，力向量是指(6×1)的广义力向量，由力及力矩分量组成，即力向量包括在选定的坐标系中沿三个坐标轴的力分量及绕三个坐标轴的扭矩分量。

4．机械臂与环境接触时的动力学方程

机械臂与环境接触时，机械臂对环境施加作用力，同时机械臂也受到环境的反作用力。通常情况下，不考虑库伦摩擦时，动力学方程如下：

$$\boldsymbol{B}(\boldsymbol{q})\ddot{\boldsymbol{q}}+\boldsymbol{C}(\boldsymbol{q},\dot{\boldsymbol{q}})\dot{\boldsymbol{q}}+\boldsymbol{F}_{\mathrm{v}}\dot{\boldsymbol{q}}+\boldsymbol{g}(\boldsymbol{q})=\boldsymbol{u}-\boldsymbol{J}^{\mathrm{T}}(\boldsymbol{q})\boldsymbol{h}_{\mathrm{e}} \tag{6-4-1}$$

上式与自由空间中的情况有所不同，在方程等号的右边包含两个力的作用，$\boldsymbol{u}$为机械臂关节施加到环境的控制作用力，$\boldsymbol{h}_{\mathrm{e}}$为机械臂末端所受的来自环境的反作用力。

设机械臂末端的实际位姿和期望位姿分别为$\boldsymbol{x}_{\mathrm{e}}$和$\boldsymbol{x}_{\mathrm{d}}$，由于机械臂与环境存在接触，因此实际上不能通过控制作用使位姿误差$\tilde{\boldsymbol{x}}=\boldsymbol{x}_{\mathrm{d}}-\boldsymbol{x}_{\mathrm{e}}$为零，即无法到达期望的位姿。严格而言，这里的$x_{\mathrm{e}}$对应于机械臂与环境接触的临界状态的位姿，此时没有发生受力变形。

在平衡状态下，有

$$\boldsymbol{J}_{\mathrm{A}}^{\mathrm{T}}(\boldsymbol{q})\boldsymbol{K}_{\mathrm{P}}\tilde{\boldsymbol{x}}=\boldsymbol{J}^{\mathrm{T}}(\boldsymbol{q})\boldsymbol{h}_{\mathrm{e}} \tag{6-4-2}$$

式中，$\boldsymbol{J}_{\mathrm{A}}(\boldsymbol{q})$ 为分析雅可比矩阵，$\boldsymbol{J}(\boldsymbol{q})$ 为几何雅可比矩阵，二者之间的变换关系为 $\boldsymbol{J}(\boldsymbol{q})=\boldsymbol{T}_{\mathrm{A}}(\boldsymbol{x}_{\mathrm{e}})\boldsymbol{J}_{\mathrm{A}}(\boldsymbol{q})$；$\boldsymbol{K}_{\mathrm{P}}$ 表示关于等效力 $\boldsymbol{h}_{\mathrm{A}}$ 的刚度矩阵。

假设雅可比矩阵满秩，由式(6-4-2)可得

$$\tilde{\boldsymbol{x}}=\boldsymbol{K}_{\mathrm{P}}^{-1}\boldsymbol{T}_{\mathrm{A}}^{\mathrm{T}}(\boldsymbol{x}_{\mathrm{e}})\boldsymbol{h}_{\mathrm{e}}=\boldsymbol{K}_{\mathrm{P}}^{-1}\boldsymbol{h}_{\mathrm{A}} \tag{6-4-3}$$

式中，$\boldsymbol{T}_{\mathrm{A}}^{\mathrm{T}}(\boldsymbol{x}_{\mathrm{e}})\boldsymbol{h}_{\mathrm{e}}=\boldsymbol{h}_{\mathrm{A}}$ 是采用欧拉角描述角速度之后所对应的广义力的换算关系，而 $\boldsymbol{h}_{\mathrm{A}}$ 为使用欧拉角表示位姿时所对应的等效环境作用力。

式(6-4-3)还可以写为

$$\boldsymbol{h}_{\mathrm{A}}=\boldsymbol{K}_{\mathrm{P}}\tilde{x} \tag{6-4-4}$$

5. 主动柔顺与被动柔顺

应该说明的是，如果式(6-4-4)所示的柔性来自机械臂，而环境是刚性的，即系统的柔性是由机械臂关节的伺服增益来提供的，则这种柔顺称为主动柔顺。通过机械臂的主动柔顺，可使系统避免刚性机械臂与刚性环境的接触操作过程，有利于提高机器人作业的柔顺性。

除了主动柔顺外，在工程中经常采用被动柔顺的方法来解决接触作业中的刚性接触问题，如采用 RCC(Remote Centre of Compliance，远程柔顺中心)装置等。在一些工具(如扭矩扳手)中，也经常使用一种活动头，并将活动头安装在扳手的末端来提高柔顺性。但这些设备是通过机械结构和零件实现的，不便于调节，对不同工作条件的通用性相对较低。

为了描述主动柔顺控制，引入平衡点坐标系 $OXYZ$，用 $\boldsymbol{x}_r$ 表示没有弹性变形时的息止平衡位置，$\boldsymbol{x}_{\mathrm{e}}$ 表示机械臂末端实际位姿(这里主要对应于临界接触时刻的机械臂末端位姿)，$\boldsymbol{x}_{\mathrm{d}}$ 表示机械臂末端的期望位姿，$\boldsymbol{K}$ 表示环境刚度，$\boldsymbol{K}_{\mathrm{P}}$ 表示机械臂刚度。环境和机械臂都被等效看成了一个弹簧。机械臂与环境之间的作用力和反作用力为 $\boldsymbol{h}_{\mathrm{e}}$。

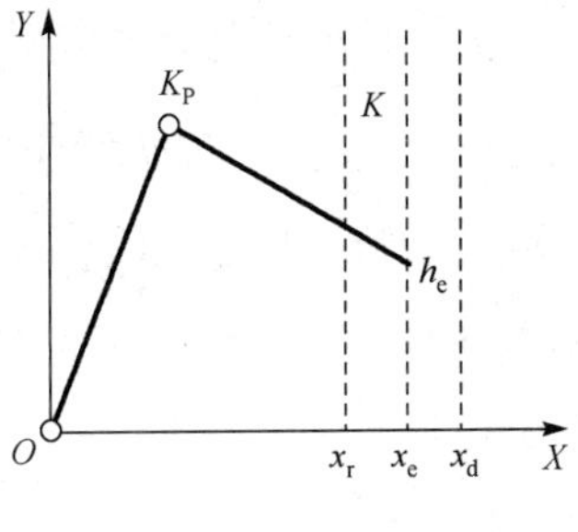

图 6.4.1　考虑弹性变形时的机械臂与环境

参照图 6.4.1，基于以上定义，可写出如下机械臂及环境之间的动力学关系：

$$\boldsymbol{h}_{\mathrm{e}}=\boldsymbol{K}_{\mathrm{P}}\mathrm{d}\boldsymbol{x}_{\mathrm{e,d}} \tag{6-4-5}$$

$$\boldsymbol{h}_{\mathrm{e}}=\boldsymbol{K}\mathrm{d}\boldsymbol{x}_{\mathrm{r,e}} \tag{6-4-6}$$

$$\mathrm{d}\boldsymbol{x}_{\mathrm{r,e}}=\mathrm{d}\boldsymbol{x}_{\mathrm{r,d}}-\mathrm{d}\boldsymbol{x}_{\mathrm{e,d}} \tag{6-4-7}$$

接触处于平衡点时，由上面的式子推导可得

$$\boldsymbol{h}_{\mathrm{e}}=(\boldsymbol{I}_6+\boldsymbol{K}\boldsymbol{K}_{\mathrm{P}}^{-1})^{-1}\boldsymbol{K}\mathrm{d}\boldsymbol{x}_{\mathrm{r,d}} \tag{6-4-8}$$

$$\mathrm{d}\boldsymbol{x}_{\mathrm{e,d}} = \boldsymbol{K}_{\mathrm{P}}^{-1}(\boldsymbol{I}_6 + \boldsymbol{K}\boldsymbol{K}_{\mathrm{P}}^{-1})^{-1}\boldsymbol{K}\boldsymbol{x}_{\mathrm{r,d}} \tag{6-4-9}$$

$\boldsymbol{x}_{\mathrm{e,d}}$ 反映了接触后机械臂的变形情况，而 $\boldsymbol{x}_{\mathrm{r,d}}$ 反映了接触后环境的变形情况。式(6-4-8)和式(6-4-9)给出了处于平衡力状态时的相互作用力及对应的位姿和变形。

主动柔顺控制通过调节关节的伺服增益来改变机械臂的刚度 $\boldsymbol{K}_{\mathrm{P}}$，但是在实际实施过程中仍然存在一些具体问题。例如，调节伺服增益涉及伺服系统本身参数的设计优化等，因此调节伺服增益往往会面临较大的困难。

6.5 柔性环境中的力控制

从上一节的分析中可以看出，接触力与变形是相互关联的，与机械臂的刚度、环境的刚度都有关系，因此，实际的力控制场合中很难得到 6.3 节所述的那样理想的力位关系。

在力位混合控制中，其基本思想是基于纯粹的力控制和纯粹的位置控制的。纯粹的力控制和纯粹的位置控制都属于一种极端的情况，都是针对刚体而言的，即假设机械臂和环境都是刚性的。力控制时位置可以任意配置，而位置控制时力可以任意配置。

但在实际系统中，在理想的力控制和理想的位置控制之间存在一种两者耦合的中间状态。在该中间状态中，位置与力总是相互关联在一起的，不再相互独立。后面的阻抗模型和阻抗控制方法即描述了这种力和位置之间的耦合关联状态。

下面针对这种力位耦合中的力控制情况进行讨论。

考虑如下机械臂动力学模型：

$$\boldsymbol{B}(\boldsymbol{q})\ddot{\boldsymbol{q}} + \boldsymbol{C}(\boldsymbol{q},\dot{\boldsymbol{q}})\dot{\boldsymbol{q}} + \boldsymbol{F}_{\mathrm{v}}\dot{\boldsymbol{q}} + \boldsymbol{F}_{\mathrm{s}}\,\mathrm{sgn}(\dot{\boldsymbol{q}}) + \boldsymbol{g}(\boldsymbol{q}) = \boldsymbol{\tau} - \boldsymbol{J}^{\mathrm{T}}(\boldsymbol{q})\boldsymbol{h}_{\mathrm{e}} \tag{6-5-1}$$

式中，$\boldsymbol{B}(\boldsymbol{q})$ 为惯性矩阵，$\boldsymbol{C}(\boldsymbol{q},\dot{\boldsymbol{q}})$ 为与科氏力和离心力有关的矩阵，$\boldsymbol{F}_{\mathrm{v}}$ 为黏滞摩擦系数，$\boldsymbol{F}_{\mathrm{s}}$ 为与速度方向相关的滑动摩擦系数，$\boldsymbol{g}(\boldsymbol{q})$ 为重力，$\boldsymbol{J}(\boldsymbol{q})$ 为雅可比矩阵，$\boldsymbol{h}_{\mathrm{e}}$ 为末端与环境之间的作用力。式(6-5-1)中包含了机械臂与环境之间的作用力，是动力学方程较为完整的表达形式。

对机械臂进行位置控制时，假设机械臂与环境之间的作用力被当成扰动来处理。关节扭矩 $\boldsymbol{\tau}$ 以控制输入 $\boldsymbol{u}$ 的形式对机械臂施加控制作用。由于滑动摩擦力是不确定的，一般不能包含在控制律中，控制作用 $\boldsymbol{u}$ 的表达式可选取为如下形式：

$$\boldsymbol{B}(\boldsymbol{q})\ddot{\boldsymbol{q}} + \boldsymbol{C}(\boldsymbol{q},\dot{\boldsymbol{q}})\dot{\boldsymbol{q}} + \boldsymbol{F}_{\mathrm{v}}\dot{\boldsymbol{q}} + \boldsymbol{g}(\boldsymbol{q}) = \boldsymbol{u} \tag{6-5-2}$$

有时为了简化表达，可令

$$\boldsymbol{n}(\boldsymbol{q},\dot{\boldsymbol{q}}) = \boldsymbol{C}(\boldsymbol{q},\dot{\boldsymbol{q}})\dot{\boldsymbol{q}} + \boldsymbol{F}_{\mathrm{v}}\dot{\boldsymbol{q}} + \boldsymbol{g}(\boldsymbol{q}) \tag{6-5-3}$$

从而将式(6-5-2)改写为如下的简略形式：

$$\boldsymbol{B}(\boldsymbol{q})\ddot{\boldsymbol{q}}+\boldsymbol{n}(\boldsymbol{q},\dot{\boldsymbol{q}})=\boldsymbol{u} \tag{6-5-4}$$

式(6-5-4)中的控制作用 $\boldsymbol{u}$ 可以是系统状态的函数。当选取 $\boldsymbol{u}$ 为如下形式时

$$\boldsymbol{u}=\boldsymbol{B}(\boldsymbol{q})\boldsymbol{y}+\boldsymbol{n}(\boldsymbol{q},\dot{\boldsymbol{q}}) \tag{6-5-5}$$

实现了对系统模型的补偿，补偿后的系统变为

$$\ddot{\boldsymbol{q}}=\boldsymbol{y} \tag{6-5-6}$$

因此，对系统施加控制作用 $\boldsymbol{u}$ 之后，实现了针对动力学模型补偿的线性化，这种控制方式是针对动力学模型的逆进行的，也是一种逆动力学控制。式(6-5-6)表示了一种单质量系统，由于被控量 $\boldsymbol{q}$ 是控制作用 $\boldsymbol{y}$ 的两次积分，因此在有些研究中也将其称为双积分系统。

当考虑机械臂末端的受力时，如果机械臂与末端的受力可以通过腕部的力传感器进行测量，则控制器还可以选择为如下包含了末端力补偿作用的形式：

$$\boldsymbol{u}=\boldsymbol{B}(\boldsymbol{q})\boldsymbol{y}+\boldsymbol{n}(\boldsymbol{q},\dot{\boldsymbol{q}})+\boldsymbol{J}_{\mathrm{A}}^{\mathrm{T}}(\boldsymbol{q})\boldsymbol{h}_{\mathrm{e}} \tag{6-5-7}$$

新系统的控制输入 y 可以按 PD 控制律选取为

$$\boldsymbol{y}=\ddot{\boldsymbol{q}}=\boldsymbol{J}_{\mathrm{A}}^{-1}(\boldsymbol{q})\boldsymbol{M}_{\mathrm{d}}^{-1}[-\boldsymbol{K}_{\mathrm{D}}\dot{\boldsymbol{x}}_{\mathrm{e}}-\boldsymbol{K}_{\mathrm{P}}\boldsymbol{x}_{\mathrm{e}}+\boldsymbol{K}_{\mathrm{P}}\boldsymbol{x}_{\mathrm{F}}-\boldsymbol{M}_{\mathrm{d}}\dot{\boldsymbol{J}}_{\mathrm{A}}(\boldsymbol{q},\dot{\boldsymbol{q}})\dot{\boldsymbol{q}}] \tag{6-5-8}$$

式中，$\boldsymbol{x}_{\mathrm{F}}$ 是与力偏差有关的位置偏差，$\boldsymbol{x}_{\mathrm{e}}$ 为末端位姿。

$\dot{\boldsymbol{J}}_{\mathrm{A}}(\boldsymbol{q},\dot{\boldsymbol{q}})\dot{\boldsymbol{q}}$ 为与笛卡儿空间和关节空间加速度相关联的补偿控制项，$\boldsymbol{M}_{\mathrm{d}}\dot{\boldsymbol{J}}_{\mathrm{A}}(\boldsymbol{q},\dot{\boldsymbol{q}})\dot{\boldsymbol{q}}$ 表示笛卡儿空间期望的惯性力，$-\boldsymbol{K}_{\mathrm{P}}\boldsymbol{x}_{\mathrm{e}}$ 为笛卡儿空间位置 PD 控制中的比例控制项，$-\boldsymbol{K}_{\mathrm{D}}\dot{\boldsymbol{x}}_{e}$ 为笛卡儿空间位置 PD 控制中的微分控制项，$\boldsymbol{K}_{\mathrm{P}}\boldsymbol{x}_{\mathrm{F}}$ 为力控制项。

从系统受力变形的角度看，位置偏差 $\boldsymbol{x}_{\mathrm{F}}$ 与力偏差之间的关系为

$$\boldsymbol{x}_{\mathrm{F}}=\boldsymbol{C}_{\mathrm{F}}(\boldsymbol{f}_{\mathrm{d}}-\boldsymbol{f}_{\mathrm{e}}) \tag{6-5-9}$$

其中，$\boldsymbol{C}_{\mathrm{F}}$ 为具有柔度含义的对角矩阵，由控制系统施加到机械臂上，起到与力作用相关的控制作用，是关于柔度的控制作用。$\boldsymbol{f}_{\mathrm{d}}$ 为期望的力，$\boldsymbol{f}_{\mathrm{e}}$ 为末端力。如图 6.5.1 所示，$\boldsymbol{x}_{\mathrm{r}}$ 为机械臂与环境接触时的临界平衡状态所对应的位置，没有弹性力作用。$\boldsymbol{x}_{\mathrm{d}}$ 为期望的目标位置。图中的机械臂在 Y 方向上与环境之间没有力的作用。

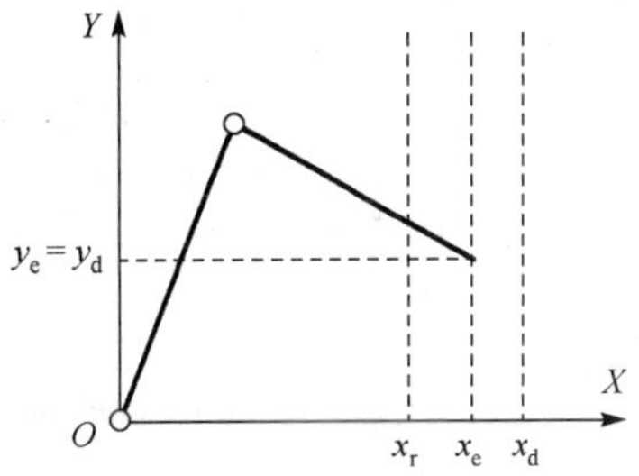

图 6.5.1　机械臂与弹性环境接触的情况

假设环境刚度为 $\boldsymbol{K}$，则环境的弹性模型为

$$\boldsymbol{f}_{\mathrm{e}}=\boldsymbol{K}(\boldsymbol{x}_{\mathrm{e}}-\boldsymbol{x}_{\mathrm{r}}) \tag{6-5-10}$$

笛卡儿空间速度与关节空间速度的关系为

$$\dot{\boldsymbol{x}}_{\mathrm{e}}=\begin{bmatrix}\dot{p}_{\mathrm{e}}\\ \dot{\varphi}_{\mathrm{e}}\end{bmatrix}=\boldsymbol{J}_{\mathrm{A}}(\boldsymbol{q})\dot{\boldsymbol{q}}$$

对上式求导，可得

$$\ddot{\boldsymbol{x}}_{\mathrm{e}} = \boldsymbol{J}_{\mathrm{A}}(\boldsymbol{q})\ddot{\boldsymbol{q}} + \dot{\boldsymbol{J}}_{\mathrm{A}}(\boldsymbol{q},\dot{\boldsymbol{q}})\dot{\boldsymbol{q}} \tag{6-5-11}$$

从而，上式中的 $\dot{\boldsymbol{J}}(\boldsymbol{q},\dot{\boldsymbol{q}})\dot{\boldsymbol{q}}$ 对应于笛卡儿空间的加速度，该式将关节空间和笛卡儿空间的加速度关联起来。由式(6-5-11)可得

$$\ddot{\boldsymbol{q}} = \boldsymbol{J}_{\mathrm{A}}^{-1}(\boldsymbol{q})[\ddot{\boldsymbol{x}}_{\mathrm{e}} - \dot{\boldsymbol{J}}_{\mathrm{A}}(\boldsymbol{q},\dot{\boldsymbol{q}})\dot{\boldsymbol{q}}] \tag{6-5-12}$$

将式(6-5-8)、式(6-5-7)代入式(6-5-4)可得

$$\boldsymbol{M}_{\mathrm{d}}\ddot{\boldsymbol{x}}_{\mathrm{e}} + \boldsymbol{K}_{\mathrm{D}}\dot{\boldsymbol{x}}_{\mathrm{e}} + \boldsymbol{K}_{\mathrm{P}}\boldsymbol{x}_{\mathrm{e}} = \boldsymbol{K}_{\mathrm{P}}\boldsymbol{x}_{\mathrm{F}} \tag{6-5-13}$$

式(6-5-13)给出了控制系统如何通过选择 $\boldsymbol{M}_{\mathrm{d}}$，$\boldsymbol{K}_{\mathrm{D}}$，$\boldsymbol{K}_{\mathrm{P}}$ 得到所需的动力学关系，并实现了末端位姿 $\boldsymbol{x}_{\mathrm{e}}$ 到 $\boldsymbol{x}_{\mathrm{F}}$ 的控制。等号右边反映了与位置偏差相关联的一种弹性力的作用。

将式(6-5-9)和式(6-5-10)代入式(6-5-13)，可得

$$\boldsymbol{M}_{\mathrm{d}}\ddot{\boldsymbol{x}}_{\mathrm{e}} + \boldsymbol{K}_{\mathrm{D}}\dot{\boldsymbol{x}}_{\mathrm{e}} + \boldsymbol{K}_{\mathrm{P}}(\boldsymbol{I}_3 + \boldsymbol{C}_{\mathrm{F}}\boldsymbol{K})\boldsymbol{x}_{\mathrm{e}} = \boldsymbol{K}_{\mathrm{P}}\boldsymbol{C}_{\mathrm{F}}(\boldsymbol{K}\boldsymbol{x}_{\mathrm{r}} + \boldsymbol{f}_{\mathrm{d}}) \tag{6-5-14}$$

式(6-5-14)对应的控制框图如图 6.5.2 所示。从图中可以看出力控制闭环中包含了位置控制闭环。或者也可以解释为上述力控制是基于内部的位置闭环控制实现的。

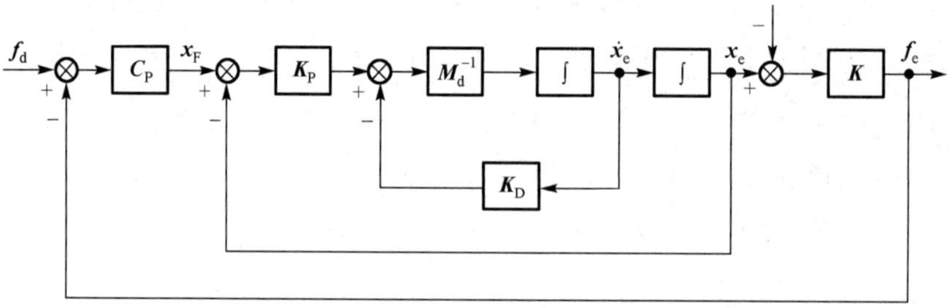

图 6.5.2　力位耦合中包含内部位置闭环的力控制框图

如果在式(6-5-14)所示的控制中取消位置闭环，仅保留速度闭环，如图 6.5.3 所示，控制系统的动力学方程变为

$$\boldsymbol{M}_{\mathrm{d}}\ddot{\boldsymbol{x}}_{\mathrm{e}} + \boldsymbol{K}_{\mathrm{D}}\dot{\boldsymbol{x}}_{\mathrm{e}} + \boldsymbol{K}_{\mathrm{P}}\boldsymbol{C}_{\mathrm{F}}\boldsymbol{K}\boldsymbol{x}_{\mathrm{e}} = \boldsymbol{K}_{\mathrm{P}}\boldsymbol{C}_{\mathrm{F}}(\boldsymbol{K}\boldsymbol{x}_{\mathrm{r}} + \boldsymbol{f}_{\mathrm{d}}) \tag{6-5-15}$$

取消内部的位置闭环之后，系统的阶数得以降低。

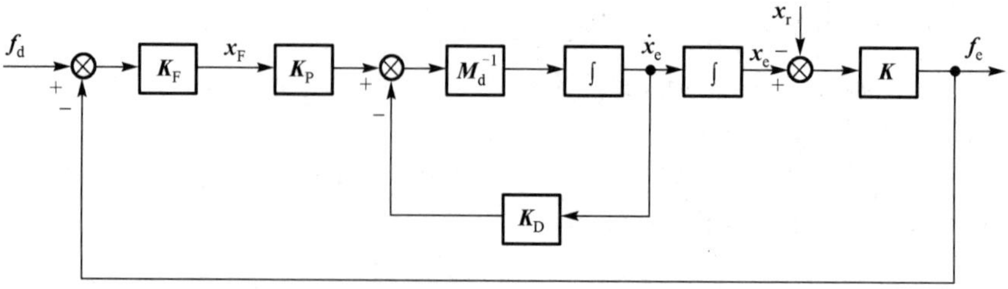

图 6.5.3　力位耦合中包含内部速度闭环的力控制方案

上述控制方案中，$\boldsymbol{C}_{\mathrm{F}}$ 是纯比例控制矩阵，对力的控制是有差的。如果希望实现稳态的无差力控制，可以将比例控制修改为比例积分控制，使力控制的稳态误差变为零。

在实际控制中，由于环境的刚度一般很高，因此需根据环境刚度、稳定裕度和系统带宽适当选择 $\boldsymbol{K}_{\mathrm{D}}$、$\boldsymbol{K}_{\mathrm{P}}$ 及比例和积分作用的权值。

实际上，上述力控制方案是一种基于阻抗机制实现的力控制。

6.6　柔性环境中的力位混合控制

本节先给出刚性环境中的力位混合控制方法，再进一步推出柔性环境中的力位混合控制方法。

1．刚性环境

机械臂与环境交互时存在力和位置约束。首先考虑位置约束，位置约束方程可以写为

$$\boldsymbol{\phi}(\boldsymbol{q})=0 \tag{6-6-1}$$

其中，$\boldsymbol{q}$ 为关节变量，关节变量的数目为 n，方程的个数(即向量 $\boldsymbol{\phi}$ 的维数)为 m，$m<n$。

如通常情况下，对于 6 自由度机械臂，有 $n=6$。对式(6-6-1)求导，可得

$$\boldsymbol{J}_{\phi}(\boldsymbol{q})\dot{\boldsymbol{q}}=0 \tag{6-6-2}$$

其中，$\boldsymbol{J}_{\phi}(\boldsymbol{q})=\partial\boldsymbol{\phi}/\partial\boldsymbol{q}$ 称为约束雅可比矩阵。该矩阵建立了位置约束状态下关节速度矢量 $\dot{\boldsymbol{q}}$ 与末端约束方向上速度之间的关系，这里由于约束的存在，末端约束方向上的速度为零。

在上述存在位置约束的方向上可以施加作用力，但在剩余的其他方向上由于存在自然力约束，因此对应的力为零。与之前的机械臂速度分析情况相似，可以利用虚功原理，建立关节力矩与末端位置约束方向上的力之间的关系。

假设自然位置约束方向上对应的力矢量用 $\boldsymbol{\lambda}$ 表示，根据虚功原理，有

$$\boldsymbol{\tau}\cdot\delta\boldsymbol{q}=\boldsymbol{\lambda}\cdot\delta\boldsymbol{x} \tag{6-6-3}$$

式中，$\boldsymbol{J}_{\phi}(\boldsymbol{q})=\delta\boldsymbol{x}/\delta\boldsymbol{q}$。因此可得

$$\boldsymbol{\lambda}=\boldsymbol{J}_{\phi}^{-\mathrm{T}}(\boldsymbol{q})\boldsymbol{\tau} \tag{6-6-4}$$

用雅可比矩阵描述的末端力矢量 $\boldsymbol{h}_{\mathrm{e}}$ 与关节力矩之间的关系为 $\boldsymbol{\tau}=\boldsymbol{J}^{\mathrm{T}}(\boldsymbol{q})\boldsymbol{h}_{\mathrm{e}}$，因此可得 $\boldsymbol{h}_{\mathrm{e}}$ 与 $\boldsymbol{\lambda}$ 之间的关系如下：

$$\boldsymbol{h}_{\mathrm{e}}=(\boldsymbol{J}^{-1})^{\mathrm{T}}(\boldsymbol{q})\boldsymbol{\tau}=(\boldsymbol{J}^{-1})^{\mathrm{T}}(\boldsymbol{q})\boldsymbol{J}_{\phi}^{\mathrm{T}}(\boldsymbol{q})\boldsymbol{\lambda}=\boldsymbol{S}_{\mathrm{f}}\boldsymbol{\lambda} \tag{6-6-5}$$

式中，$\boldsymbol{S}_{\mathrm{f}}=(\boldsymbol{J}^{-1})^{\mathrm{T}}(\boldsymbol{q})\boldsymbol{J}_{\phi}^{\mathrm{T}}(\boldsymbol{q})$，描述了 $\boldsymbol{h}_{\mathrm{e}}$ 与 $\boldsymbol{\lambda}$ 之间的选择关系。

用 $\boldsymbol{W}$ 表示对称正定加权矩阵，$\boldsymbol{S}_{\mathrm{f}}$ 的加权广义逆矩阵 $\boldsymbol{S}_{\mathrm{f}}^{+}$ 为

$$\boldsymbol{S}_{\mathrm{f}}^{+}=(\boldsymbol{S}_{\mathrm{f}}^{\mathrm{T}}\boldsymbol{W}\boldsymbol{S}_{\mathrm{f}})^{-1}\boldsymbol{S}_{\mathrm{f}}^{\mathrm{T}}\boldsymbol{W} \tag{6-6-6}$$

利用广义逆矩阵，可将 $\boldsymbol{\lambda}$ 表示为

$$\boldsymbol{\lambda}=\boldsymbol{S}_{\mathrm{f}}^{+}\boldsymbol{h}_{\mathrm{e}} \tag{6-6-7}$$

式(6-6-7)给出了位置约束方向上力矢量的计算方法。

在完成了位置约束方向的力矢量计算之后，其他方向为自然力约束所对应的方向，在这些方向上可以施加位置控制，定义并计算类似的矩阵 $\boldsymbol{S}_{\mathrm{v}}$，作为位置控制的选择矩阵。由于力子空间的维数为 m，剩余的位置(速度)子空间的维数为 $(6-m)$，因此 $\boldsymbol{S}_{\mathrm{f}}$ 为 $(6\times m)$ 维的，而 $\boldsymbol{S}_{\mathrm{v}}$ 为 $[6\times(6-m)]$ 维的。$\boldsymbol{S}_{\mathrm{f}}$ 和 $\boldsymbol{S}_{\mathrm{v}}$ 之间具有对偶关系，满足如下方程：

$$\boldsymbol{S}_{\mathrm{f}}^{\mathrm{T}}(\boldsymbol{q})\ \boldsymbol{S}_{\mathrm{v}}(\boldsymbol{q})=0 \tag{6-6-8}$$

同时，可定义 $\boldsymbol{S}_{\mathrm{v}}$ 的加权广义逆矩阵 $\boldsymbol{S}_{\mathrm{v}}^{+}$，并由此得到末端速度与自然力约束方向上速度之间的选择关系：

$$\boldsymbol{v}=\boldsymbol{S}_{\mathrm{v}}^{+}\boldsymbol{v}_{\mathrm{e}} \tag{6-6-9}$$

定义 (6×6) 维矩阵 $\boldsymbol{P}_{\mathrm{v}}=\boldsymbol{S}_{\mathrm{v}}\boldsymbol{S}_{\mathrm{v}}^{+}$ 和 $\boldsymbol{P}_{\mathrm{f}}=\boldsymbol{S}_{\mathrm{f}}\boldsymbol{S}_{\mathrm{f}}^{+}$。可以证明，矩阵 $\boldsymbol{P}_{\mathrm{v}}$ 和 $\boldsymbol{P}_{\mathrm{f}}$ 满足投影矩阵的条件，是一种投影矩阵。

假设向量 $\boldsymbol{b}$ 投影到向量 $\boldsymbol{a}$ 得到投影向量 $\boldsymbol{p}$，投影变换为 $\boldsymbol{p}=\boldsymbol{P}\boldsymbol{b}$，投影矩阵为 $\boldsymbol{P}=(\boldsymbol{a}\boldsymbol{a}^{\mathrm{T}})/(\boldsymbol{a}^{\mathrm{T}}\boldsymbol{a})$。当向量 $\boldsymbol{b}$ 投影到矩阵 $\boldsymbol{A}$ 张成的空间时，对应的投影矩阵为 $\boldsymbol{P}=\boldsymbol{A}(\boldsymbol{A}^{\mathrm{T}}\boldsymbol{A})^{-1}\boldsymbol{A}^{\mathrm{T}}$，投影变换为 $\boldsymbol{p}=\boldsymbol{P}\boldsymbol{b}$。投影矩阵 $\boldsymbol{P}$ 具有如下性质：

(1) $\boldsymbol{P}=\boldsymbol{P}^{\mathrm{T}}$，对称矩阵一定可以进行特征值分解。

(2) 投影至向量 $\boldsymbol{a}$ 时，rank($\boldsymbol{P}$)=1，投影至矩阵 $\boldsymbol{A}$ 对应的子空间时，rank($\boldsymbol{P}$)=rank($\boldsymbol{A}$)。

(3) $\boldsymbol{P}=\boldsymbol{P}^{2}$，投影矩阵是等幂的，投影只起一次作用。

因此，可以利用这两个矩阵将广义速度向量 $\boldsymbol{v}_{\mathrm{e}}$ 投影到对应的被控速度子空间中，以及将广义力向量 $\boldsymbol{h}_{\mathrm{e}}$ 投影到对应的被控力子空间中。

矩阵 $\boldsymbol{S}_{\mathrm{v}}$ 也可以像 $\boldsymbol{S}_{\mathrm{f}}$ 一样用雅可比矩阵来解释。当机械臂与环境接触时，假设在 m 个方向上存在位置约束，则机械臂的位姿可以用独立坐标的 $[(6-m)\times1]$ 维向量 $\boldsymbol{r}$ 进行描述。

$$\boldsymbol{r}=\boldsymbol{\psi}(\boldsymbol{q}) \tag{6-6-10}$$

设其逆变换为

$$\boldsymbol{q}=\boldsymbol{\rho}(\boldsymbol{r}) \tag{6-6-11}$$

对上式求导，可得

$$\dot{\boldsymbol{q}}=\boldsymbol{J}_{\rho}(\boldsymbol{r})\dot{\boldsymbol{r}} \tag{6-6-12}$$

其中，$\boldsymbol{J}_{\rho}(\boldsymbol{r})=\partial\boldsymbol{\rho}/\partial\boldsymbol{r}$ 为 $[6\times(6-m)]$ 维雅可比矩阵，由于约束的对偶性，有

$$\boldsymbol{J}_{\phi}(\boldsymbol{q})\boldsymbol{J}_{\rho}(\boldsymbol{r})=0 \tag{6-6-13}$$

按雅可比矩阵关系，有

$$\boldsymbol{v}_{\mathrm{e}}=\boldsymbol{J}(\boldsymbol{q})\dot{\boldsymbol{q}}=\boldsymbol{J}(\boldsymbol{q})\boldsymbol{J}_{\rho}(\boldsymbol{r})\dot{\boldsymbol{r}}=\boldsymbol{S}_{\mathrm{v}}\dot{\boldsymbol{r}}=\boldsymbol{S}_{\mathrm{v}}\boldsymbol{v} \tag{6-6-14}$$

式中，$\boldsymbol{v}$ 为自然力约束方向对应的 $[(6-m)\times 1]$ 维速度向量，因此可得

$$\boldsymbol{S}_{\mathrm{v}}=\boldsymbol{J}(\boldsymbol{q})\boldsymbol{J}_{\rho}(\boldsymbol{r}) \tag{6-6-15}$$

2. 柔性环境

当考虑环境的柔性时，需要对环境模型进行一些补充。机械臂与柔性环境接触如图 6.6.1 所示。将环境等效看成由刚体 R、刚体 S 及连接两个刚体的一个 6 自由度弹簧组成。

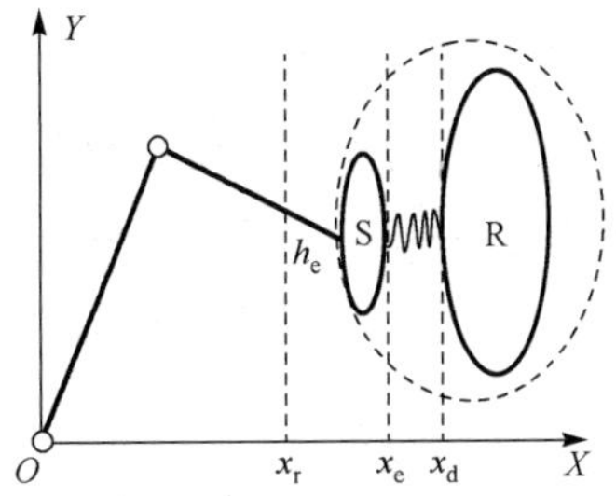

图 6.6.1　机械臂与柔性环境接触

机械臂末端与刚体 S 接触，因此机械臂与刚体 S 的情况与上面分析的刚性环境的情况一致。

假设接触无摩擦，机械臂末端与刚体 S 的作用力属于被控力子空间，力 $\boldsymbol{\lambda}$ 为 $(m\times 1)$ 维向量，有

$$\boldsymbol{h}_{\mathrm{e}}=\boldsymbol{S}_{\mathrm{f}}\boldsymbol{\lambda} \tag{6-6-16}$$

在力 $\boldsymbol{\lambda}$ 作用下，引起的环境变形如下：

$$\mathrm{d}\boldsymbol{x}_{\mathrm{r,s}}=\boldsymbol{C}\boldsymbol{h}_{\mathrm{e}} \tag{6-6-17}$$

式中，$\boldsymbol{C}$ 为刚体 R、S 之间弹簧的柔量矩阵。这里，假定在平衡点处两个刚体坐标系是重合的，即可以将 R 的坐标系看成平衡点的坐标系。

机械臂末端相对于平衡位姿的微位移可分解为速度子空间和力子空间对应的两部分：

$$\mathrm{d}\boldsymbol{x}_{\mathrm{r,s}}=\mathrm{d}\boldsymbol{x}_{\mathrm{v}}+\mathrm{d}\boldsymbol{x}_{\mathrm{f}} \tag{6-6-18}$$

其中

$$\mathrm{d}\boldsymbol{x}_{\mathrm{v}}=\boldsymbol{P}_{\mathrm{v}}\mathrm{d}\boldsymbol{x}_{\mathrm{r,s}} \tag{6-6-19}$$

属于被控速度子空间的分量，$\boldsymbol{P}_{\mathrm{v}}$ 为位置分量投影矩阵，而

$$\mathrm{d}\boldsymbol{x}_{\mathrm{f}}=(\boldsymbol{I}_6-\boldsymbol{P}_{\mathrm{v}})\mathrm{d}\boldsymbol{x}_{\mathrm{r,e}}=(\boldsymbol{I}_6-\boldsymbol{P}_{\mathrm{v}})\mathrm{d}\boldsymbol{x}_{\mathrm{r,s}} \tag{6-6-20}$$

对应于环境受力变形的分量。需要注意的是，一般情况下，有 $\boldsymbol{P}_{\mathrm{v}}\mathrm{d}\boldsymbol{x}_{\mathrm{r,e}}\neq\boldsymbol{P}_{\mathrm{v}}\mathrm{d}\boldsymbol{x}_{\mathrm{r,s}}$。

在式(6-6-18)的两侧均左乘 $\boldsymbol{S}_{\mathrm{f}}^{\mathrm{T}}$，并且考虑 $\boldsymbol{S}_{\mathrm{f}}^{\mathrm{T}}\boldsymbol{P}_{\mathrm{v}}=0$，可得

$$\boldsymbol{S}_{\mathrm{f}}^{\mathrm{T}}\mathrm{d}\boldsymbol{x}_{\mathrm{r,e}}=\boldsymbol{S}_{\mathrm{f}}^{\mathrm{T}}\mathrm{d}\boldsymbol{x}_{\mathrm{r,s}}=\boldsymbol{S}_{\mathrm{f}}^{\mathrm{T}}\boldsymbol{C}\boldsymbol{S}_{\mathrm{f}}\boldsymbol{\lambda} \tag{6-6-21}$$

上式可用于计算 $\boldsymbol{\lambda}$。将 $\boldsymbol{\lambda}$ 代入式(6-6-16)可得

$$\boldsymbol{h}_{\mathrm{e}}=\boldsymbol{S}_{\mathrm{f}}(\boldsymbol{S}_{\mathrm{f}}^{\mathrm{T}}\boldsymbol{C}\boldsymbol{S}_{\mathrm{f}})^{-1}\boldsymbol{S}_{\mathrm{f}}^{\mathrm{T}}\mathrm{d}\boldsymbol{x}_{\mathrm{r,e}}=\boldsymbol{K}'\mathrm{d}\boldsymbol{x}_{\mathrm{r,e}} \tag{6-6-22}$$

其中

$$K' = S_f(S_f^T C S_f)^{-1} S_f^T$$

另外，上式不可逆，但是可以由式(6-6-17)、式(6-6-18)推导得到对应的柔量矩阵 $C' = (I_6 - P_v)C$，以及如下公式：

$$\mathrm{d}x_f = C'h_e \tag{6-6-23}$$

矩阵 C' 的维数为 $(6-m)$。

此外，实际上机械臂与环境之间的接触可能沿一些方向是柔性的，而沿另一些方向是刚性的。所以力控制空间还可以进一步分解为两个不同的子空间，一个对应于弹性力，另一个对应于刚性接触的反作用力，此时矩阵 K' 和 C' 也需进行对应的调整。

根据机械臂与环境接触的具体情况，可分别建立力控制和位置(速度)控制闭环，建立如图 6.6.2 所示的力位混合控制系统。

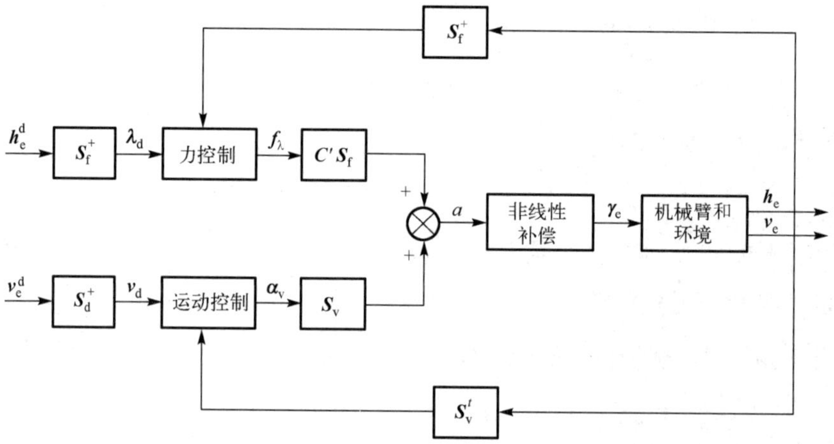

图 6.6.2　柔性环境中的机械臂力位混合控制系统框图

3. 约束及选择矩阵分析

对于图 6.6.3 所示的滑动接触操作，假设机械臂抓取方块沿平面滑动，不考虑摩擦力。自然位置约束为：$\dot{o}_z$、ω_x、ω_y。

自然力约束为：f_x、f_y、n_z。

对于该任务，被控力子空间的维数 $m=3$，被控力为 f_z、n_x、n_y。

被控速度子空间的维数为 $6-m=3$，被控速度为 $\dot{o}_x$、$\dot{o}_y$、ω_z。

因此，对应的选择矩阵 S_f 和 S_v 可选择为

$$S_f=\begin{bmatrix}0&0&0\\0&0&0\\1&0&0\\0&1&0\\0&0&1\\0&0&0\end{bmatrix},\quad S_v=\begin{bmatrix}1&0&0\\0&1&0\\0&0&0\\0&0&0\\0&0&0\\0&0&1\end{bmatrix}\qquad(6\text{-}6\text{-}24)$$

图 6.6.4 所示为插销钉操作。

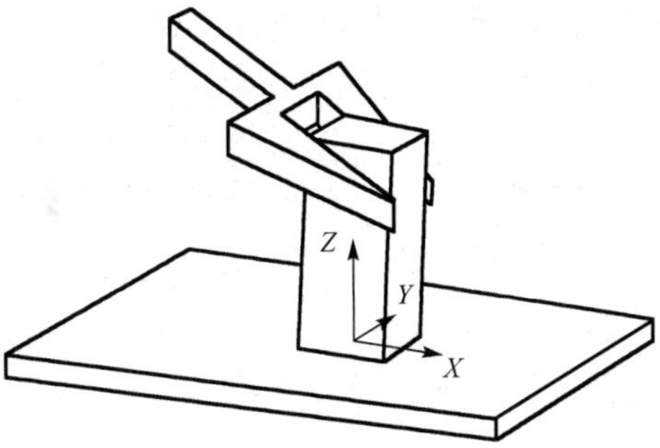

图 6.6.3　滑动接触

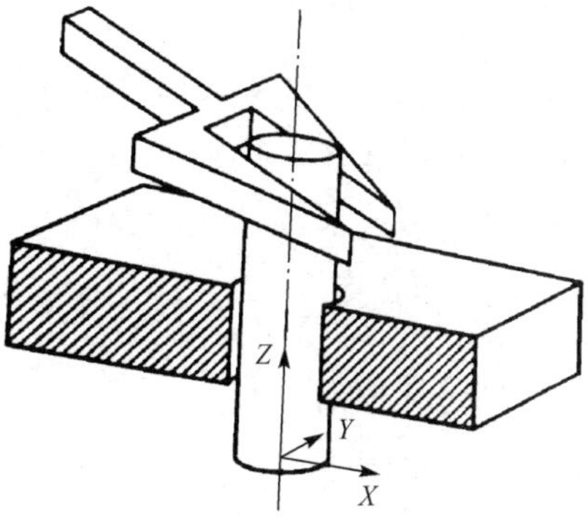

图 6.6.4　插销钉

自然位置约束为：$\dot{o}_x$、$\dot{o}_y$、ω_x、ω_y。

自然力约束为：f_z、n_z。

对于该任务，被控力子空间的维数 $m=4$，被控力为 f_x、f_y、n_x、n_y。

被控速度子空间的维数为 $6-m=2$，被控速度为 $\dot{o}_z$、ω_z。

因此，对应的选择矩阵 S_f 和 S_v 可选择为

$$S_f=\begin{bmatrix}1&0&0&0\\0&1&0&0\\0&0&0&0\\0&0&1&0\\0&0&0&1\\0&0&0&0\end{bmatrix},\quad S_v=\begin{bmatrix}0&0\\0&0\\1&0\\0&0\\0&0\\0&1\end{bmatrix}\qquad(6\text{-}6\text{-}25)$$

图 6.6.5 所示为摇手柄操作。

自然位置约束为：$\dot{o}_x$、$\dot{o}_z$、ω_x、ω_y。

自然力约束为：f_y、n_z。

对于该任务，被控力子空间的维数为 $m=4$，被控力为 f_x、f_z、n_x、n_y。

被控速度子空间的维数为 $6-m=2$，被控速度为 $\dot{o}_y$、ω_z。

因此，对应的选择矩阵 $\boldsymbol{S}_\mathrm{f}$ 和 $\boldsymbol{S}_\mathrm{v}$ 可选择为

$$\boldsymbol{S}_\mathrm{f}=\begin{bmatrix}1&0&0&0\\0&0&0&0\\0&1&0&0\\0&0&1&0\\0&0&0&1\\0&0&0&0\end{bmatrix},\quad \boldsymbol{S}_\mathrm{v}=\begin{bmatrix}0&0\\1&0\\0&0\\0&0\\0&0\\0&1\end{bmatrix} \tag{6-6-26}$$

4．斜面接触操作

图 6.6.6 所示为弹性斜面接触作业(两连杆机械臂在无摩擦的弹性斜面上的接触操作)，斜面与坐标轴 X 的夹角为 $\pi/4$。

自然位置约束为：$\dot{o}_y$；被控力为：f_y。

自然力约束为：f_x；被控速度为：$\dot{o}_x$。

因此，选择矩阵为

$$\boldsymbol{S}_\mathrm{f}=\begin{bmatrix}0\\1\end{bmatrix},\quad \boldsymbol{S}_\mathrm{v}=\begin{bmatrix}1\\0\end{bmatrix}$$

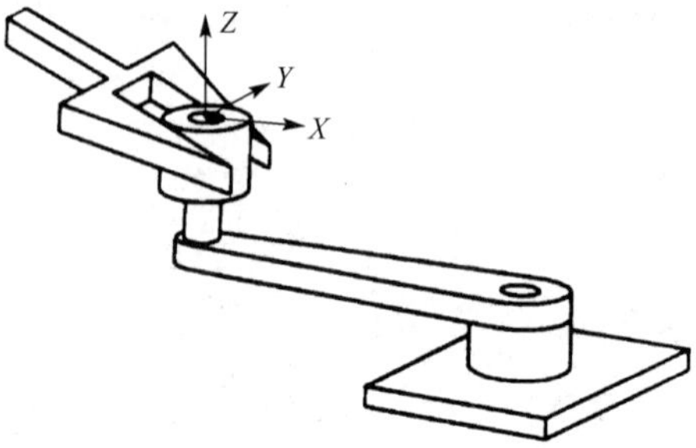

图 6.6.5　摇手柄

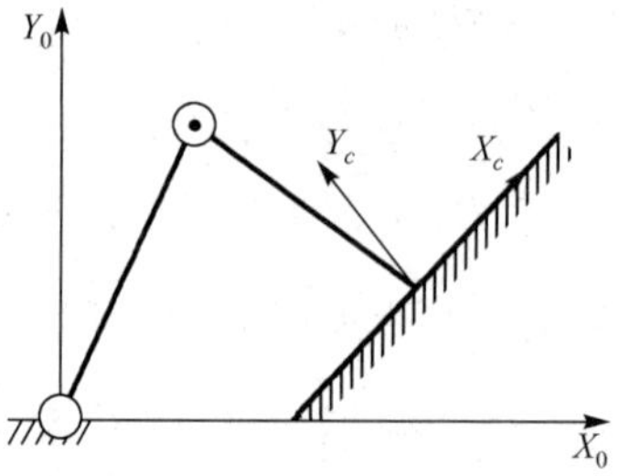

图 6.6.6　弹性斜面接触作业

广义逆矩阵为

$$\boldsymbol{S}_\mathrm{f}^{+}=(\boldsymbol{S}_\mathrm{f}^\mathrm{T}\boldsymbol{S}_\mathrm{f})^{-1}\boldsymbol{S}_\mathrm{f}^\mathrm{T}=\begin{bmatrix}0&1\end{bmatrix},\quad \boldsymbol{S}_\mathrm{v}=\begin{bmatrix}1&0\end{bmatrix}$$

对应的投影矩阵为

$$\boldsymbol{P}_\mathrm{f}=\boldsymbol{S}_\mathrm{f}\boldsymbol{S}_\mathrm{f}^{+}=\begin{bmatrix}0&0\\0&1\end{bmatrix},\quad \boldsymbol{P}_\mathrm{v}=\begin{bmatrix}1&0\\0&0\end{bmatrix}$$

如果指定约束坐标系 Y 轴方向的柔量为 c，利用式(6-6-22)所示的刚度矩阵 $\boldsymbol{K}'=\boldsymbol{S}_\mathrm{f}(\boldsymbol{S}_\mathrm{f}^\mathrm{T}\boldsymbol{C}\boldsymbol{S}_\mathrm{f})^{-1}\boldsymbol{S}_\mathrm{f}^\mathrm{T}$，或者由式(6-6-23)的柔量矩阵 $\boldsymbol{C}'=(\boldsymbol{I}_6-\boldsymbol{P}_\mathrm{v})\boldsymbol{C}$ 可得

$$\boldsymbol{K}'=\begin{bmatrix}0&0\\0&c^{-1}\end{bmatrix},\quad \boldsymbol{C}'=\begin{bmatrix}0&0\\0&c\end{bmatrix}$$

约束坐标系相对于基坐标系$\{X_0, Y_0\}$的旋转矩阵为

$$\boldsymbol{R}=\begin{bmatrix}1/\sqrt{2} & -1/\sqrt{2}\\ 1/\sqrt{2} & 1/\sqrt{2}\end{bmatrix}$$

利用旋转矩阵可以将选择矩阵换算到基坐标系中，有

$$\boldsymbol{S}_{\rm f}^0=\boldsymbol{R}\boldsymbol{S}_{\rm f}=\begin{bmatrix}-1/\sqrt{2}\\ 1/\sqrt{2}\end{bmatrix},\quad \boldsymbol{S}_{\rm v}^0=\boldsymbol{R}\boldsymbol{S}_{\rm v}=\begin{bmatrix}1/\sqrt{2}\\ 1/\sqrt{2}\end{bmatrix}$$

换算到基坐标系中的柔量矩阵为

$$\boldsymbol{C}^0=\boldsymbol{R}\boldsymbol{C}'\boldsymbol{R}^{\rm T}=c\begin{bmatrix}1/\sqrt{2} & -1/\sqrt{2}\\ -1/\sqrt{2} & 1/\sqrt{2}\end{bmatrix}$$

5. 力/运动混合控制

以自然约束和人工约束对机械臂与环境的接触作业进行分解之后，可以通过人工约束施加相应的控制作业，达到期望的控制目标。在一些方向上施加力控制作用，在另一些方向上施加位置(或速度)控制作用，按接触的特征实现力位混合控制，避免由于违反约束导致的冲突。

在控制系统设计中，机械臂末端的加速度模型可以为控制系统设计提供帮助。在柔性环境中，可写出如下表达式

$$\mathrm{d}\boldsymbol{x}_{\rm r,e}=\boldsymbol{P}_{\rm v}\mathrm{d}\boldsymbol{x}_{\rm r,e}+\boldsymbol{C}'\boldsymbol{S}_{\rm f}\boldsymbol{\lambda} \tag{6-6-27}$$

上式表示在一些方向上存在自然位置约束，在另一些方向上存在力约束。等号右边的第一项对应于可施加位置控制的方向，第二项对应于可施加力控制的方向。总的位置量由上述两部分构成。

一般情况下，在柔性环境模型中可以认为平衡点坐标系$\{r\}$是静止的。将机械臂末端的速度进行分解，可得以下速度关系：

$$\boldsymbol{v}_{\rm e}=\boldsymbol{S}_{\rm v}\boldsymbol{v}+\boldsymbol{C}'\boldsymbol{S}_{\rm f}\boldsymbol{\lambda} \tag{6-6-28}$$

等号右边第二项为弹性变形的速度，与弹性变形的导数相对应。

选定基坐标系为参考坐标系，假设接触作业时的相关几何关系及柔量矩阵均为常数，则有$\dot{\boldsymbol{S}}_{\rm v}=\boldsymbol{0}$、$\dot{\boldsymbol{S}}_{\rm f}=\boldsymbol{0}$、$\dot{\boldsymbol{C}}'=\boldsymbol{0}$，对式(6-6-28)求导可得

$$\dot{\boldsymbol{v}}_{\rm e}=\boldsymbol{S}_{\rm v}\dot{\boldsymbol{v}}+\boldsymbol{C}'\boldsymbol{S}_{\rm f}\ddot{\boldsymbol{\lambda}} \tag{6-6-29}$$

由式(6-3-6)可知，系统的动力学方程可描述为$\boldsymbol{B}_{\rm e}(\boldsymbol{q})\dot{\boldsymbol{v}}_{\rm e}+\boldsymbol{n}_{\rm e}(\boldsymbol{q},\dot{\boldsymbol{q}})=\boldsymbol{\gamma}_{\rm e}-\boldsymbol{h}_{\rm e}$，可选取如下控制律：

$$\boldsymbol{\gamma}_{\rm e}=\boldsymbol{B}_{\rm e}(\boldsymbol{q})\boldsymbol{\alpha}+\boldsymbol{n}_{\rm e}(\boldsymbol{q},\dot{\boldsymbol{q}})+\boldsymbol{h}_{\rm e} \tag{6-6-30}$$

得到新的线性化控制系统为

$$\dot{\boldsymbol{v}}_{\rm e}=\boldsymbol{\alpha} \tag{6-6-31}$$

在上面的模型补偿控制律的基础上，根据约束情况选择如下混合控制：

$$\boldsymbol{\alpha} = \boldsymbol{S}_{\mathrm{v}}\boldsymbol{\alpha}_{\mathrm{v}} + \boldsymbol{C}'\boldsymbol{S}_{\mathrm{f}}\boldsymbol{f}_{\lambda} \tag{6-6-32}$$

实现力与速度控制的解耦。

将式(6-6-32)和式(6-6-31)代入式(6-6-29)可得

$$\dot{\boldsymbol{v}} = \boldsymbol{\alpha}_{\mathrm{v}} \tag{6-6-33}$$

$$\ddot{\boldsymbol{\lambda}} = \boldsymbol{f}_{\lambda} \tag{6-6-34}$$

从而可以以 $\boldsymbol{v}_{\mathrm{d}}(t)$ 的方式指定期望的速度，以 $\boldsymbol{\lambda}_{\mathrm{d}}(t)$ 的方式指定期望的力，得到力和速度混合的控制方案。控制框图参见前文中的图 6.6.2。

期望速度 $\boldsymbol{v}_{\mathrm{d}}$ 可以采用如下 PI 控制器控制：

$$\boldsymbol{\alpha}_{\mathrm{v}} = \dot{\boldsymbol{v}}_{\mathrm{d}} + K_{\mathrm{Pv}}(\boldsymbol{v}_{\mathrm{d}} - \boldsymbol{v}) + K_{\mathrm{Iv}}\int_0^t [\boldsymbol{v}_{\mathrm{d}}(\zeta) - \boldsymbol{v}(\zeta)]\mathrm{d}\zeta \tag{6-6-35}$$

矩阵 $\boldsymbol{v}$ 用式(6-6-9)中的 $\boldsymbol{v} = \boldsymbol{S}_{\mathrm{v}}^{+}\boldsymbol{v}_{\mathrm{e}}$ 进行计算，而期望速度 $\boldsymbol{\lambda}_{\mathrm{d}}$ 可以采用如下 PD 控制器：

$$\boldsymbol{f}_{\lambda} = \ddot{\boldsymbol{\lambda}}_{\mathrm{d}} + K_{\mathrm{D}\lambda}(\dot{\boldsymbol{\lambda}}_{\mathrm{d}} - \dot{\boldsymbol{\lambda}}) + K_{\mathrm{P}\lambda}(\boldsymbol{\lambda}_{\mathrm{d}} - \boldsymbol{\lambda}) \tag{6-6-36}$$

向量 $\boldsymbol{\lambda}$ 可通过式(6-6-7)中的 $\boldsymbol{\lambda} = \boldsymbol{S}_{\mathrm{f}}^{+}\boldsymbol{h}_{\mathrm{e}}$ 进行计算。因此要用到末端力 $\boldsymbol{h}_{\mathrm{e}}$ 的测量值，也就是需要采用末端力/力矩传感器。理想情况下，$\dot{\boldsymbol{h}}_{\mathrm{e}}$ 可用时，可以通过 $\dot{\boldsymbol{\lambda}} = \boldsymbol{S}_{\mathrm{f}}^{+}\dot{\boldsymbol{h}}_{\mathrm{e}}$ 计算 $\dot{\boldsymbol{\lambda}}$ 。

但是，很多情况下，由于噪声的影响，采用 $\dot{\boldsymbol{h}}_{\mathrm{e}}$ 是不可行的，因此 $\dot{\boldsymbol{\lambda}}$ 经常由式(6-6-37)代替：

$$\dot{\boldsymbol{\lambda}} = \boldsymbol{S}_{\mathrm{f}}^{+}\boldsymbol{K}'\boldsymbol{J}(\boldsymbol{q})\dot{\boldsymbol{q}} \tag{6-6-37}$$

此外，同质量-弹簧-阻尼系统的力控制分析结果一样，由于力信号具有更高的频率和带宽，因此在力控制中需要考虑更多高频因素带来的影响。

6.7 机器人阻抗/导纳控制

上面的力位混合控制是在对接触作业的约束情况进行划分的基础上进行的，根据具体约束的特点，在不同的方向分别进行不同的控制，在一些方向上施加位置或速度控制，而在另一些方向上施加力控制。

阻抗控制则与之不同，阻抗控制在同一个方向的闭环控制中施加力与位置的柔顺关系，获得力与位置的混合，最终实现的是一种针对刚度控制的柔顺作用。而导纳是阻抗的倒数，从柔顺控制原理上看两者是一致的，但是阻抗和导纳控制在控制方案设计中存在一些不同之处，在具体应用上各自拥有其优点。

前文中，式(6-5-4)给出的动力学方程为

$$\boldsymbol{B}(\boldsymbol{q})\ddot{\boldsymbol{q}} + \boldsymbol{n}(\boldsymbol{q},\dot{\boldsymbol{q}}) = \boldsymbol{u} \tag{6-7-1}$$

其中，$\boldsymbol{n}(\boldsymbol{q},\dot{\boldsymbol{q}})=\boldsymbol{C}(\boldsymbol{q},\dot{\boldsymbol{q}})\dot{\boldsymbol{q}}+F_{\mathrm{v}}\dot{\boldsymbol{q}}+\boldsymbol{g}(\boldsymbol{q})$，选取如下控制律：

$$\boldsymbol{u}=\boldsymbol{B}(\boldsymbol{q})\boldsymbol{y}+\boldsymbol{n}(\boldsymbol{q},\dot{\boldsymbol{q}}) \tag{6-7-2}$$

在机械臂末端接触受力的情况下，经上述模型补偿后的机械臂动力学方程为

$$\ddot{\boldsymbol{q}}=\boldsymbol{y}-\boldsymbol{B}^{-1}(\boldsymbol{q})\boldsymbol{J}^{\mathrm{T}}(\boldsymbol{q})\boldsymbol{h}_{\mathrm{e}} \tag{6-7-3}$$

该式表明由于接触力的影响，在方程等号右边出现了非线性耦合项(第二项)。

控制作用 $\boldsymbol{y}$ 按如下方式选择：

$$\boldsymbol{y}=\boldsymbol{J}_{\mathrm{A}}^{-1}(\boldsymbol{q})\boldsymbol{M}_{\mathrm{d}}^{-1}(\boldsymbol{M}_{\mathrm{d}}\ddot{\boldsymbol{x}}_{\mathrm{d}}+\boldsymbol{K}_{\mathrm{D}}\dot{\tilde{\boldsymbol{x}}}+\boldsymbol{K}_{\mathrm{P}}\tilde{\boldsymbol{x}}-\boldsymbol{M}_{\mathrm{d}}\dot{\boldsymbol{J}}_{\mathrm{A}}(\boldsymbol{q},\dot{\boldsymbol{q}})\dot{\boldsymbol{q}}) \tag{6-7-4}$$

其中，$\tilde{\boldsymbol{x}}=\boldsymbol{x}_{\mathrm{d}}-\boldsymbol{x}_{\mathrm{e}}$，$\boldsymbol{M}_{\mathrm{d}}$、$\boldsymbol{K}_{\mathrm{D}}$、$\boldsymbol{K}_{\mathrm{P}}$ 为期望的质量、阻尼和刚度矩阵。将上式代入式(6-7-3)可得

$$\boldsymbol{M}_{\mathrm{d}}\ddot{\tilde{\boldsymbol{x}}}+\boldsymbol{K}_{\mathrm{D}}\dot{\tilde{\boldsymbol{x}}}+\boldsymbol{K}_{\mathrm{P}}\tilde{\boldsymbol{x}}=\boldsymbol{M}_{\mathrm{d}}\boldsymbol{B}_{\mathrm{A}}^{-1}(\boldsymbol{q})\boldsymbol{h}_{\mathrm{A}} \tag{6-7-5}$$

式中

$$\boldsymbol{B}_{\mathrm{A}}(\boldsymbol{q})=(\boldsymbol{J}_{\mathrm{A}}^{-1})^{\mathrm{T}}(\boldsymbol{q})\boldsymbol{B}(\boldsymbol{q})\boldsymbol{J}_{\mathrm{A}}^{-1}(\boldsymbol{q}) \tag{6-7-6}$$

该式是操作空间中的机械臂惯性矩阵，该矩阵依赖于位形。

式(6-7-5)建立了操作空间力向量 $\boldsymbol{M}_{\mathrm{d}}\boldsymbol{B}_{\mathrm{A}}^{-1}(\boldsymbol{q})\boldsymbol{h}_{\mathrm{A}}$ 与受力变形 $\tilde{\boldsymbol{x}}=\boldsymbol{x}_{\mathrm{d}}-\boldsymbol{x}_{\mathrm{e}}$ 之间的关系，用质量矩阵 $\boldsymbol{M}_{\mathrm{d}}$、阻尼矩阵 $\boldsymbol{K}_{\mathrm{D}}$ 和刚度矩阵 $\boldsymbol{K}_{\mathrm{P}}$ 来表征。质量矩阵 $\boldsymbol{M}_{\mathrm{d}}$、阻尼矩阵 $\boldsymbol{K}_{\mathrm{D}}$ 和刚度矩阵 $\boldsymbol{K}_{\mathrm{P}}$ 表征了机械系统的动力学特性。与电路阻抗相似，称其为机械阻抗。机械阻抗的倒数为机械导纳。没有混淆时，机械阻抗和机械导纳分别简称为阻抗和导纳。

$\boldsymbol{B}_{\mathrm{A}}^{-1}(\boldsymbol{q})$ 的存在使系统产生耦合。若希望在与环境交互中保持线性关系并解耦，则需要安装末端力传感器对接触力进行测量。如果末端力 $\boldsymbol{h}_{\mathrm{e}}$ 可以测量，则可以在控制律(6-7-2)中补充有关末端力的补偿控制项，得到

$$\boldsymbol{u}=\boldsymbol{B}(\boldsymbol{q})y+\boldsymbol{n}(\boldsymbol{q},\dot{\boldsymbol{q}})+\boldsymbol{J}^{\mathrm{T}}(\boldsymbol{q})\boldsymbol{h}_{\mathrm{e}} \tag{6-7-7}$$

并且，式中的 $\boldsymbol{y}$ 相应地变为

$$\boldsymbol{y}=\boldsymbol{J}_{\mathrm{A}}^{-1}(\boldsymbol{q})\boldsymbol{M}_{\mathrm{d}}^{-1}(\boldsymbol{M}_{\mathrm{d}}\ddot{\boldsymbol{x}}_{\mathrm{d}}+\boldsymbol{K}_{\mathrm{D}}\dot{\tilde{\boldsymbol{x}}}+\boldsymbol{K}_{\mathrm{P}}\tilde{\boldsymbol{x}}-\boldsymbol{M}_{\mathrm{d}}\dot{\boldsymbol{J}}_{\mathrm{A}}(\boldsymbol{q},\dot{\boldsymbol{q}})\dot{\boldsymbol{q}}-\boldsymbol{h}_{\mathrm{A}}) \tag{6-7-8}$$

假定力传感器的测量没有误差，则控制后的系统变为

$$\boldsymbol{M}_{\mathrm{d}}\ddot{\tilde{\boldsymbol{x}}}+\boldsymbol{K}_{\mathrm{D}}\dot{\tilde{\boldsymbol{x}}}+\boldsymbol{K}_{\mathrm{P}}\tilde{\boldsymbol{x}}=\boldsymbol{h}_{\mathrm{A}} \tag{6-7-9}$$

系统中消除了耦合作用，得到了受力与变形之间的阻抗关系。可以看出，在式(6-7-7)和式(6-7-8)中均引入了关于末端力的控制项，从而得到了式(6-7-9)所示的线性阻抗关系。其中，$\boldsymbol{h}_{\mathrm{A}}$ 与 $\boldsymbol{h}_{\mathrm{e}}$ 的关系如下：

$$\boldsymbol{T}_{\mathrm{A}}^{\mathrm{T}}(\boldsymbol{x}_{\mathrm{e}})\boldsymbol{h}_{\mathrm{e}}=\boldsymbol{h}_{\mathrm{A}} \tag{6-7-10}$$

式中，$\boldsymbol{x}_{\mathrm{e}}$ 表示末端位姿，$\boldsymbol{T}_{\mathrm{A}}$ 为分析雅可比矩阵和几何雅可比矩阵之间的变换矩阵，有 $\boldsymbol{J}(\boldsymbol{q})=\boldsymbol{T}_{\mathrm{A}}(\boldsymbol{\varphi}_{\mathrm{e}})\boldsymbol{J}_{\mathrm{A}}(\boldsymbol{q})$。这里的 $\boldsymbol{\varphi}_{\mathrm{e}}$ 表示用 ZYZ 欧拉角描述的机械臂末端的姿态。

上面的控制方案是针对末端力 $\boldsymbol{h}_{\mathrm{e}}$ 进行的，$\boldsymbol{h}_{\mathrm{e}}$ 的描述与位姿矩阵相关联，因此所获得的阻抗与当前机械臂末端的方向相关，对阻抗参数的选取形成了一定限制，增加了阻抗参数选取的难度。为避免这种问题，有效的方法是对控制输入 $\boldsymbol{y}$ 重新进行设计。

令 $O_{\mathrm{e}}X_{\mathrm{e}}Y_{\mathrm{e}}Z_{\mathrm{e}}$ 和 $O_{\mathrm{d}}X_{\mathrm{d}}Y_{\mathrm{d}}Z_{\mathrm{d}}$ 分别表示机械臂末端坐标系及其期望坐标系，则相对于基坐标系的变换矩阵及相互间的变换矩阵为

$$\boldsymbol{T}_{\mathrm{e}}=\begin{bmatrix}\boldsymbol{R}_{\mathrm{e}} & \boldsymbol{o}_{\mathrm{e}}\\ \boldsymbol{0}^{\mathrm{T}} & \boldsymbol{1}\end{bmatrix},\quad \boldsymbol{T}_{\mathrm{d}}=\begin{bmatrix}\boldsymbol{R}_{\mathrm{d}} & \boldsymbol{o}_{\mathrm{d}}\\ \boldsymbol{0}^{\mathrm{T}} & \boldsymbol{1}\end{bmatrix},\quad \boldsymbol{T}_{\mathrm{e}}^{\mathrm{d}}=(\boldsymbol{T}_{\mathrm{d}})^{-1}\boldsymbol{T}_{\mathrm{e}}=\begin{bmatrix}\boldsymbol{R}_{\mathrm{e}}^{\mathrm{d}} & \boldsymbol{o}_{\mathrm{d,e}}^{\mathrm{d}}\\ \boldsymbol{0}^{\mathrm{T}} & \boldsymbol{1}\end{bmatrix} \tag{6-7-11}$$

其中，$\boldsymbol{R}_{\mathrm{e}}^{\mathrm{d}}=\boldsymbol{R}_{\mathrm{d}}^{\mathrm{T}}\boldsymbol{R}_{\mathrm{e}}$，$\boldsymbol{o}_{\mathrm{d,e}}^{\mathrm{d}}=\boldsymbol{R}_{\mathrm{d}}^{\mathrm{T}}(\boldsymbol{o}_{\mathrm{e}}-\boldsymbol{o}_{\mathrm{d}})$，操作空间误差向量为

$$\tilde{\boldsymbol{x}}=-\begin{bmatrix}\boldsymbol{o}_{\mathrm{d,e}}^{\mathrm{d}}\\ \boldsymbol{\varphi}_{\mathrm{d,e}}\end{bmatrix} \tag{6-7-12}$$

其中，$\boldsymbol{\varphi}_{\mathrm{d,e}}$ 为从旋转矩阵 $\boldsymbol{R}_{\mathrm{e}}^{\mathrm{d}}$ 得到的欧拉角向量。式中的减号表示按通常情况将误差定义为期望值减去实际测量值所得的误差。

相对于期望坐标系，$\boldsymbol{o}_{\mathrm{d,e}}^{\mathrm{d}}$ 的时间导数为

$$\dot{\boldsymbol{o}}_{\mathrm{d,e}}^{\mathrm{d}}=\boldsymbol{R}_{\mathrm{d}}^{\mathrm{T}}(\dot{\boldsymbol{o}}_{\mathrm{e}}-\dot{\boldsymbol{o}}_{\mathrm{d}})-\boldsymbol{S}(\boldsymbol{\omega}_{\mathrm{d}}^{\mathrm{d}})\boldsymbol{R}_{\mathrm{d}}^{\mathrm{T}}(\boldsymbol{o}_{\mathrm{e}}-\boldsymbol{o}_{\mathrm{d}}) \tag{6-7-13}$$

计算 $\boldsymbol{\varphi}_{\mathrm{d,e}}$ 的时间导数时，可以利用基坐标系中 $\boldsymbol{\varphi}_{\mathrm{d,e}}$ 与角速度之间的变换关系：

$$\boldsymbol{\omega}_{\mathrm{e}}=\boldsymbol{T}(\boldsymbol{\varphi}_{\mathrm{e}})\dot{\boldsymbol{\varphi}}_{\mathrm{e}} \tag{6-7-14}$$

得出期望坐标系描述中 $\boldsymbol{\varphi}_{\mathrm{d,e}}$ 的时间导数为

$$\dot{\boldsymbol{\varphi}}_{\mathrm{d,e}}=\boldsymbol{T}^{-1}(\boldsymbol{\varphi}_{\mathrm{d,e}})\boldsymbol{\omega}_{\mathrm{d,e}}^{\mathrm{d}}=\boldsymbol{T}^{-1}(\boldsymbol{\varphi}_{\mathrm{d,e}})\boldsymbol{R}_{\mathrm{d}}^{\mathrm{T}}(\boldsymbol{\omega}_{e}-\boldsymbol{\omega}_{\mathrm{d}}) \tag{6-7-15}$$

当期望值 $\boldsymbol{o}_{\mathrm{d}}$ 和 $\boldsymbol{R}_{\mathrm{d}}$ 为常量时，向量 $\dot{\tilde{\boldsymbol{x}}}$ 可表示为

$$\dot{\tilde{\boldsymbol{x}}}=\boldsymbol{T}^{-1}(\boldsymbol{\varphi}_{\mathrm{d,e}})\begin{bmatrix}\boldsymbol{R}_{\mathrm{d}}^{\mathrm{T}} & \boldsymbol{0}\\ \boldsymbol{0} & \boldsymbol{R}_{\mathrm{d}}^{\mathrm{T}}\end{bmatrix}\boldsymbol{v}_{\mathrm{e}} \tag{6-7-16}$$

其中，$\boldsymbol{v}_{\mathrm{e}}=\begin{bmatrix}\dot{\boldsymbol{o}}_{\mathrm{e}}^{\mathrm{T}} & \boldsymbol{\omega}_{\mathrm{e}}^{\mathrm{T}}\end{bmatrix}^{\mathrm{T}}=\boldsymbol{J}(\boldsymbol{q})\dot{\boldsymbol{q}}$ 为末端线速度与角速度向量。因此

$$\dot{\tilde{\boldsymbol{x}}}=-\boldsymbol{J}_{A_{\mathrm{d}}}(\boldsymbol{q},\tilde{\boldsymbol{x}})\dot{\boldsymbol{q}} \tag{6-7-17}$$

其中，矩阵

$$\boldsymbol{J}_{A_{\mathrm{d}}}(\boldsymbol{q},\tilde{\boldsymbol{x}})=\boldsymbol{T}_{\mathrm{A}}^{-1}(\boldsymbol{\varphi}_{\mathrm{d,e}})\begin{bmatrix}\boldsymbol{R}_{\mathrm{d}}^{\mathrm{T}} & \boldsymbol{0}\\ \boldsymbol{0} & \boldsymbol{R}^{\mathrm{T}}\end{bmatrix}\boldsymbol{J}(\boldsymbol{q}) \tag{6-7-18}$$

表示操作空间误差定义的解析雅可比矩阵，是相对于期望坐标系描述的。

与相对于基坐标系的情况相类似，可以在期望坐标系中采用带有重力补偿的 PD 控制律，控制律表达式为

$$\boldsymbol{u}=\boldsymbol{g}(\boldsymbol{q})+\boldsymbol{J}_{A_{\mathrm{d}}}^{\mathrm{T}}(\boldsymbol{q},\tilde{\boldsymbol{x}})[\boldsymbol{K}_{\mathrm{P}}\tilde{\boldsymbol{x}}-\boldsymbol{K}_{\mathrm{D}}\boldsymbol{J}_{A_{\mathrm{d}}}^{\mathrm{T}}(\boldsymbol{q},\tilde{\boldsymbol{x}})\dot{\boldsymbol{q}}] \tag{6-7-19}$$

需要注意的是，上述控制律是相对于操作空间中的期望坐标系描述的。采用相对于期望坐标系的描述后，相关的控制策略可以针对期望坐标系来进行，避免了与机械臂具体构型相关联带来的影响和限制。

如果期望坐标系 $O_\mathrm{d}X_\mathrm{d}Y_\mathrm{d}Z_\mathrm{d}$ 是时变的，由式(6-7-13)及式(6-7-15)可将位置偏差的导数表示为

$$\dot{\tilde{\boldsymbol{x}}} = -\boldsymbol{J}_{A_\mathrm{d}}(\boldsymbol{q},\tilde{\boldsymbol{x}})\dot{\boldsymbol{q}} + \boldsymbol{b}(\tilde{\boldsymbol{x}},\boldsymbol{R}_\mathrm{d},\dot{\boldsymbol{o}}_\mathrm{d},\boldsymbol{\omega}_\mathrm{d}) \tag{6-7-20}$$

其中

$$\boldsymbol{b}(\tilde{\boldsymbol{x}},\boldsymbol{R}_\mathrm{d},\dot{\boldsymbol{o}}_\mathrm{d},\boldsymbol{\omega}_\mathrm{d}) = \begin{bmatrix} \boldsymbol{R}_\mathrm{d}^\mathrm{T}\dot{\boldsymbol{o}}_\mathrm{d} + \boldsymbol{S}(\boldsymbol{\omega}_\mathrm{d}^\mathrm{d})\boldsymbol{o}_\mathrm{d,e}^\mathrm{d} \\ \boldsymbol{T}^{-1}(\boldsymbol{\varphi}_\mathrm{d,e})\boldsymbol{\omega}_\mathrm{d}^\mathrm{d} \end{bmatrix} \tag{6-7-21}$$

计算式(6-7-20)的时间导数，有

$$\ddot{\tilde{\boldsymbol{x}}} = -\boldsymbol{J}_{A_\mathrm{d}}\ddot{\boldsymbol{q}} - \dot{\boldsymbol{J}}_{A_\mathrm{d}}\dot{\boldsymbol{q}} + \dot{\boldsymbol{b}} \tag{6-7-22}$$

结合式(6-7-7)所示的控制律，采用下面的控制输入 $\boldsymbol{y}$:

$$\boldsymbol{y} = \boldsymbol{J}_{A_\mathrm{d}}^{-1}\boldsymbol{M}_\mathrm{d}^{-1}(\boldsymbol{K}_\mathrm{D}\dot{\tilde{\boldsymbol{x}}} + \boldsymbol{K}_\mathrm{P}\tilde{\boldsymbol{x}} - \boldsymbol{M}_\mathrm{d}\dot{\boldsymbol{J}}_{A_\mathrm{d}}\dot{\boldsymbol{q}} + \boldsymbol{M}_\mathrm{d}\dot{\boldsymbol{b}} - \boldsymbol{h}_\mathrm{e}^\mathrm{d}) \tag{6-7-23}$$

可得到如下的方程:

$$\boldsymbol{M}_\mathrm{d}\ddot{\tilde{\boldsymbol{x}}} + \boldsymbol{K}_\mathrm{D}\dot{\tilde{\boldsymbol{x}}} + \boldsymbol{K}_\mathrm{P}\tilde{\boldsymbol{x}} = \boldsymbol{h}_\mathrm{e}^\mathrm{d} \tag{6-7-24}$$

该方程表示了关于力向量 $\boldsymbol{h}_\mathrm{e}^\mathrm{d}$ 的线性阻抗。所有向量均是参考期望坐标系的，与机械臂的位形无关。

阻抗控制框图如图 6.7.1 所示。

例：两连杆机械臂的阻抗控制。

对于前文中图 6.5.1 所示的两连杆机械臂与弹性环境接触的情况，末端作业中仅涉及位置变量，所有物理量均可以参考基坐标系。

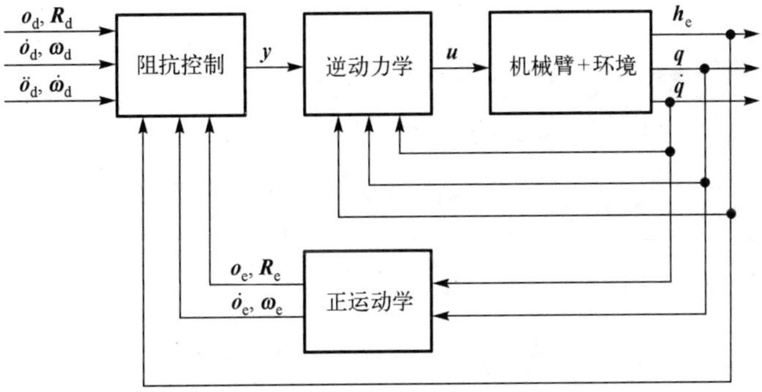

图 6.7.1　阻抗控制框图

可由式(6-7-7)和式(6-7-8)并利用末端力的测量值构成阻抗控制律：

$$\boldsymbol{x}_{\rm d}=\boldsymbol{o}_{\rm d}\,,\quad \tilde{\boldsymbol{x}}=\boldsymbol{o}_{\rm d}-\boldsymbol{o}_{\rm e}\,,\quad \boldsymbol{h}_{\rm A}=\boldsymbol{f}_{\rm e}\,,\quad \boldsymbol{x}_{\rm e}=\boldsymbol{o}_{\rm e}\,,\quad \boldsymbol{x}_{\rm r}=\boldsymbol{o}_{\rm r}$$

$$\boldsymbol{M}_{\rm d}={\rm diag}(m_{{\rm d}x}\ m_{{\rm d}y})\,,\quad \boldsymbol{K}_{\rm D}={\rm diag}(k_{{\rm D}x}\ k_{{\rm D}y})\,,\quad \boldsymbol{K}_{\rm P}={\rm diag}(k_{{\rm P}x}\ k_{{\rm P}y})$$

若 $\boldsymbol{x}_{\rm d}$ 为常数，则机械臂与环境沿操作空间两个方向的动力学方程为

$$m_{{\rm d}x}\ddot{\boldsymbol{x}}_{\rm e}+k_{{\rm D}x}\dot{\boldsymbol{x}}_{\rm e}+(k_{{\rm P}x}+k_x)\boldsymbol{x}_{\rm e}=k_x\boldsymbol{x}_{\rm r}+k_{{\rm P}x}\boldsymbol{x}_{\rm d}$$

$$m_{{\rm d}y}\ddot{\boldsymbol{y}}_{\rm e}+k_{{\rm D}y}\dot{\boldsymbol{y}}_{\rm e}+k\boldsymbol{y}_{\rm e}=k_{{\rm P}x}\boldsymbol{y}_{\rm d}$$

机械臂与柔性环境接触时的阻抗控制框图如图 6.7.2 所示。

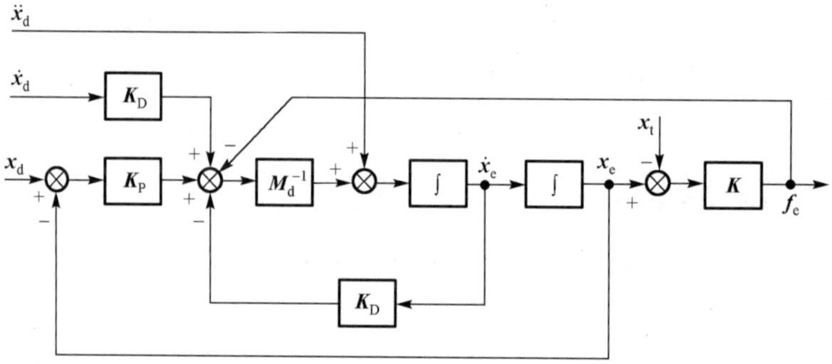

图 6.7.2　机械臂与柔性环境接触时的阻抗控制框图

沿垂直方向，无约束运动的时间响应由以下自然频率和阻尼因子决定：

$$\omega_{{\rm n}y}=\sqrt{\frac{k_{{\rm P}y}}{m_{{\rm d}y}}}\,,\quad \zeta_y=\frac{k_{{\rm D}y}}{2\sqrt{m_{{\rm d}y}k_{{\rm P}y}}}$$

而沿水平方向，接触力 $f_x=k_x(x_{\rm e}-x_{\rm r})$ 的响应由下式决定：

$$\omega_{{\rm n}x}=\sqrt{\frac{k_{{\rm P}x}+k_x}{m_{{\rm d}x}}}\,,\quad \zeta_x=\frac{k_{{\rm D}x}}{2\sqrt{m_{{\rm d}x}(k_{{\rm P}x}+k_x)}}$$

6.8　实际机器人的力位柔顺控制问题

上一节主要是从原理上对机器人的阻抗控制进行了讨论，在机器人实际系统的控制中，还面临一些具体实现方面的问题。

1. 力信息的采集方式

在机械臂与环境发生接触的控制过程中，一般需要在控制律中引入针对接触力的控制作用，而力信号的获取存在多种实现方案。最直接的力信号获取方式是在机械臂末端安装

六维的力传感器，由传感器给出三维空间的广义力，包括接触坐标系上沿三个坐标轴方向的三个力分量 f_x、f_y、f_z 以及绕三个坐标轴的三个转矩分量 n_x、n_y、n_z。容易理解，对上述六个分量同时进行测量不是容易的事情。另外，力信号的测量从原理上会受到惯性力的影响，如果要测量静态力，可以针对稳定状态进行测量。但是在测量动态力时，显然无法等待系统进入静态再进行测量，因此对动态力的测量更具挑战性。除了以上因素，相比于位置信号和速度信号，力信号一般具有更高的频率和更大的带宽，测量时需要对高频干扰信号进行滤波，处理难度增大。总体上，由于六维力信号的测量具有更大的难度，并且包含更多的高频干扰，因此在机器人力控制中有时也采取力信号的间接获取方法。

一种间接获取力信号的方法是通过关节电机的电流计算力信号。原理上，电机电流与电磁力呈线性关系，因此可以利用电机电流来估计所受的外力。但该方案在实施中也存在一些问题。比如在机械臂关节中一般需要安装减速比较大的减速器，如谐波减速器或 RV 减速器等。减速器具有明显的非线性特性，摩擦对其的影响也比较显著，因此利用电机电流估计外力的间接测量方法同样存在应用方面的问题。

除了以上方案，也有学者通过系统的其他状态信息对外力进行估计，既不采用力传感器也不使用电流。由于既不需要安装末端力传感器也不需要从伺服系统上提取高精度的电流数据，因此对于市场上应用广泛的工业机器人及一些对性能要求不高的应用来说，该方案具有一定的实用性。

2. 自由空间与约束空间的控制

机器人处于与环境相接触的状态时，实际上无论是力控制还是位置控制，两者均处于相应的极端模式，力控制处于刚度的低端，位置控制处于刚度的高端，而阻抗控制则处于刚度的某种中间状态。从原理上说，位置控制适用于自由空间，力控制适用于约束空间。

对于阻抗控制，也存在另一种具体的实现模式：导纳控制。阻抗控制和导纳控制同样存在类似的适应性的问题，在自由空间和约束空间中的表现存在不同的特点。

针对上述情况，有些学者针对接触时的控制问题将阻抗控制和导纳控制结合，采用切换的方式，实现变阻抗的控制策略。总体上，关于在自由空间和约束空间中的具体控制问题的研究也处于比较活跃的进程中。

3. 多自由度机械臂的弱刚性问题

机械臂是多个关节串联的结构，较长的臂展尺寸增大了作业空间，提高了作业能力和适应性。但是机械臂的长臂结构也为高精度位置控制带来了不利影响。由于长臂结构本身存在刚度上的不足(不可能将其设计为非常高的刚度，否则机器人的自重将明显增加)，因此在实际控制中，机器人刚度较低的影响因素是不能忽略的。机械臂作业时，由于自身的重力及作业过程中来自有效负载的重力作用，或者由于接触环境导致的受力状态，机械臂都将因较低的刚度产生相应的弹性变形。

一般来说，考虑弱刚性将带来很大的挑战，因为系统不再是刚体，变形后的结构参数等一系列环节都将受到影响，模型将变得更为复杂。可以想象，系统模型的复杂程度将明显增加，因此解决与机械臂弹性变形相关的控制问题具有非常高的难度。

另外，机械臂的弱刚性是相对的概念，在较轻负载的作业过程或者接触力较小的情况下，受力产生的变形自然也相对较小。因此在实际机器人系统的控制中，一种可以采用的做法是，在机械臂的控制中仍然将系统看成是刚性的，与以往情况一样基于刚性假设进行机械臂的控制，然后适当考虑受载及变形情况进行补偿控制，即通过补偿的思路来处理弱刚性导致的变形问题。

4. 柔体机器人

本书中的机器人建模和控制都是针对刚性机器人进行的。如果机器人不能等效为刚体，或者机器人本身是由柔性材料构建的，则机器人的刚体模型将无法反映机器人的实际情况。此外，假设机器人为刚体后所带来的误差过大，导致机器人无法工作时，机器人本质上已经变为柔体，需要采用弹性体的建模方法重新建立机器人的动力学模型。

由于柔体机器人与人体的骨骼肌肉系统的动力学性能更为接近，因此也有理由说，柔体机器人可能会带来更好的仿生性能，对柔体机器人的研究是必要的。正因如此，长期以来很多学者针对柔体机器人开展了大量研究工作。但由于柔体机器人相比于刚体机器人无论在建模方法还是在控制方面，都面临更大的困难，因此相关的研究和应用还存在较大的欠缺，距离人们期望的实用化进程还很远。

6.9 机器学习方法与机器人动力学控制

目前，机器学习方法在很多领域取得了很好的应用效果，在视觉图像处理及移动机器人导航控制中都有广泛的应用。但是，对于机器人的动力学控制，机器学习相关方法的应用还十分有限。形成这种情况的原因有两方面，一方面由于机器人控制的实时性要求较高，而机器学习相关方法的实时性还存在一些不足，导致其在应用时面临困难。另一方面，机器学习方法特别是深度强化学习方法在内部机制上缺乏可解释性，难以从原理上保证系统的稳定性，因此导致相关方法在应用时面临稳定性风险，而这一点是机器人控制所不能接受的。机器人的控制与所有的自动控制系统一样，稳定性、快速性、准确性始终是系统设计中最重要的。而稳定性又是机器人控制系统中最重要、最基本的要求，因此要想实现机器学习方法在机器人控制中的应用，首先需要解决控制的稳定性问题。

机器学习方法对于复杂的非线性系统，在建模及算法的复杂性方面较传统的方法具有明显的优势。为了让机器学习方法在机器人控制中有所应用，一种半参数化模型学习的控制方法为此提供了可行的思路。

按半参数化模型学习的思路，可将动力学模型的建立方法分为参数化、非参数化、半参数化三种模式。参数化方法是一种白箱方法，原理和过程清晰明确；非参数化方法是一种黑箱方法，模型的细节不清楚；而半参数化方法介于以上两种方法之间，是一种灰箱的方法。动力学模型建立方法分类如图 6.9.1 所示。

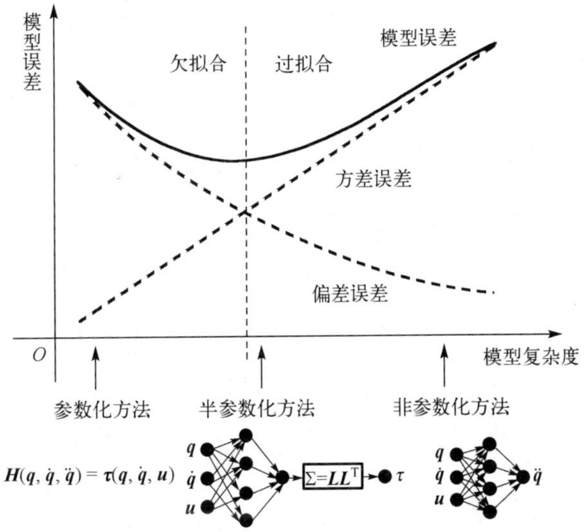

图 6.9.1　动力学模型建立方法分类

参数化方法具有模型复杂度低、物理意义明确、所需样本数据少、模型方差误差小等优点，但是参数化方法的偏差误差大，无法对实际系统中存在的摩擦、间隙、弹性等不可忽视的非线性进行建模，仅仅能辨识出最小参数集，不能辨识出全部动力学参数。

非参数化方法完全放弃参数化动力学模型，仅基于大量的样本数据及相应的损失函数，端到端地学习机器人动力学模型。该方法能以任意精度逼近样本数据的线性及非线性(甚至是数据噪声)。但该方法难以明确物理意义，并且存在训练数据获取困难、模型复杂度高、容易过拟合、泛化能力弱(内插和外推效果差、方差误差大)及运算量大等缺点。

半参数化方法兼顾了上述两种方法的优点，权衡了模型方差误差和偏差误差，模型复杂度适中，综合误差最小。该方法既能保证模型的物理意义明确、提高模型的泛化能力，又能对系统的非线性进行建模、提高建模效率。

模型参数学习的一种思路是对于可以用物理学理论清晰表达的部分采用参数化建模的方法，而难以表达的部分用机器学习的方法来获取(拟合)。另一种思路是在非参数化模型(如神经网络)基础上，加入先验物理学约束(如系统惯性矩阵对称正定)，结合自动微分等技术，获得动力学模型。

总体上，尽管通过半参数化方法解决了控制系统的稳定性问题，但由于摩擦、间隙等非线性具有明显的随机特征，因此会降低模型学习的意义。针对机器学习的机器人动力学控制方法还处于研究的初期阶段，仍有很多相关的理论和实际问题需要加以研究解决。

思考题与习题

6-1 试分析为什么将机器人看成等效的多刚体系统在实际应用中是可行的。

6-2 试说明机械臂在转动门把手开门时需要具有几个自由度。

6-3 力位混合控制的约束一般是在笛卡儿坐标系中针对机械臂的末端工具进行的，试分析在力位混合控制中关节空间的作用情况，并说明力位混合控制的优缺点。

6-4 试分析接触与非接触两种状态对机械臂的控制有哪些需求。

6-5 试说明被动柔顺的内在机制是什么，在实际中有哪些具体的应用。

6-6 用力传感器测量机械臂搬运物体的受力时，影响力测量信号的因素有哪些？如何提高力信号测量的精度？

6-7 在对机械臂进行阻抗控制时，机械臂末端的位姿轨迹与机械臂常规的轨迹控制相比有哪些不同？

参 考 文 献

[1] 约翰·克雷格. 机器人学导论(原书第 3 版)[M]. 贠超，王伟，译. 北京：机械工业出版社，2006.

[2] 蔡自兴，谢斌. 机器人学[M]. 3 版. 北京：清华大学出版社，2015.

[3] 马克 W. 斯庞, 赛斯·哈钦森, M.维德雅瑟格. 机器人建模和控制[M]. 贾振中，译. 北京：机械工业出版社，2016.

[4] 布鲁诺·西西里安诺，等. 机器人学：建模、规划与控制[M]. 张国良，等，译. 西安：西安交通大学出版社，2015.

[5] 寇宝泉，程树康. 交流伺服电机及其控制[M]. 北京：机械工业出版社，2008.

[6] 陈伯时. 电力拖动自动控制系统——运动控制系统[M]. 3 版. 北京：机械工业出版社，2003.

[7] 赛义德 B. 尼库，等. 机器人学导论:分析、控制及应用[M]. 孙富春，等，译. 北京：电子工业出版社，2013.

[8] 萨哈. 机器人导论[M]. 北京：机械工业出版社，2009.

[9] 罗忠，等. 机械工程控制基础[M]. 3 版. 北京：科学出版社，2018.